"十二五"职业教育国家规划教材

经全国职业教育教材审定委员会审定

浙江省普通高校"十三五"新形态教材

高职高专园林类专业系列教材

Photoshop+SketchUp
园林景观效果图制作

黄 艾 王 燚 编著

科学出版社

北 京

内 容 简 介

本书以计算机园林景观效果图制作流程为主线，根据企业岗位调研，以某小区中心游园不同类型园林效果图制作为载体，将平面图与立体图分开，通过园林景观平面效果图制作、园林景观立（剖）面效果图制作、园林景观SketchUp效果图制作、园林设计方案文本制作与出图等典型工作项目展开学习过程；通过工作任务实例讲解的形式让学生熟练掌握中文版Photoshop和SketchUp软件的使用方法和技巧，并完成相应的各类型效果图制作。各项目中还设置了知识拓展和相关链接，并附有"小试牛刀"和"挑战自我"供学生实践训练，可帮助学生更好地巩固学习。

本书提供了配套微课视频、课程标准、授课计划表、课程考核方案等相关教学资源，以及大量的效果图制作素材，供教师教学和学生学习时使用。并且本书还提供了利用国家教学资源库进行在线课程设计的操作步骤，方便教师开启混合式教学模式。

本书可作为高职高专院校、五年制高职、成人教育园林、环艺及相关专业的教材，也可供从事园林工作的人员参考。

图书在版编目（CIP）数据

Photoshop+SketchUp园林景观效果图制作 / 黄艾，王燚编著 .—北京：科学出版社，2021.7

（"十二五"职业教育国家规划教材·浙江省普通高校"十三五"新形态教材·高职高专园林类专业系列教材）

ISBN 978-7-03-063449-8

Ⅰ.①P… Ⅱ.①黄… ②王… Ⅲ.①园林设计-景观设计-计算机辅助设计-应用软件-高等职业教育-教材 Ⅳ.①TU986.2-39

中国版本图书馆CIP数据核字（2019）第255179号

责任编辑：万瑞达/责任校对：王万红
责任印制：吕春珉/封面设计：曹 来

科 学 出 版 社 出版

北京东黄城根北街16号
邮政编码：100717
http://www.sciencep.com

三河市骏杰印刷有限公司 印刷

科学出版社发行 各地新华书店经销

*

2021年7月第 一 版 开本：787×1092 1/16
2021年7月第一次印刷 印张：21 3/4
字数：664 000

定价：69.00元

（如有印装质量问题，我社负责调换〈骏杰〉）

销售部电话 010-62136230 编辑部电话 010-62130874（VL03）

本书编写指导委员会

编著：黄　艾（宁波城市职业技术学院）

王　燚（山西林业职业技术学院）

参编：陈淑君（宁波城市职业技术学院）

黄金凤（江苏建筑职业技术学院）

张立均（宁波城市职业技术学院）

潘贺洁（宁波城市职业技术学院）

夏丽芝（温州科技职业学院）

竹　丽（长沙环保职业技术学院）

金敏华（丽水职业技术学院）

蔡鲁祥（宁波财经学院）

主审：沈守云（中南林业科技大学）

吴立威（宁波城市职业技术学院）

前　言
Foreword

本书在《计算机园林景观效果图制作》（第二版）的基础上进行内容调整，由于书名略有调整，因此未作版次上的延续。

本书 2011 年 11 月第一版出版，2014 年被评为"十二五"职业教育国家规划教材，2015 年 8 月第二版出版，现已多次印刷，深受广大师生的好评。2020 年课程编写团队在第二版的基础上进行内容的更新，形成了该新形态教材。

本书根据园林企业效果图制作岗位任职要求，以产教融合真实案例——某小区中心游园不同类型园林景观效果图制作为载体，以效果图制作岗位能力培养为核心，同时结合"1+X"等级证书制度要求，通过园林景观平面效果图制作、园林景观立（剖）面效果图制作、园林景观 SketchUp 效果图制作和园林设计方案文本制作与出图等典型工作项目展开学习过程。本书定位在让学生做"熟练的绘图员"，而不是"软件专家"，将不同软件的学习和不同类型效果图制作有机融合，充分体现以学生自主学习为中心。另外，本书还配备了相应的微课视频，并且渗透立德树人的课程思政教育和创业教育，旨在将职业技能培养与职业精神并重，在培养学生专业技能和专业水平的同时，使学生养成爱岗敬业、团结协作、诚信友善的职业态度；培养学生精益求精、追求卓越的工匠精神和创新创造能力，以及高度的事业心和责任感，为建设中国特色社会主义事业作贡献。

本书为国家职业教育园林工程技术专业教学资源库（立项编号 2019-71）"计算机园林景观效果图制作"课程配套教材。课程学习平台提供了微课视频、电子教材、教学案例、教学课件等素材 223 个，素材容量 13.86GB，视频总时长 706 分钟。书中配有"课程资源使用说明"，详细讲述了如何利用国家资源库数字资源建设在线课程并开展线上教学或混合式教学。附录部分提供了课程考核方案、教学方案设计模版等，为任课教师开展教学提供了参考和借鉴。

本书项目 1、项目 2、项目 3 任务 3.6 和项目 4 为国家精品在线开放课程"园林景观效果图制作 -PS 篇"（证书编号：2018-2-0069）配套教材中的内容。该平台已经公开开课 10 期，累积选课人数近 6 万人。同时，本书也是学习强国慕课"园林景观效果图制作 -PS 篇"的配套教材。

本书配套的全方位立体化网络课程资源建设在 2013 年分别获得了浙江省高等教育教学成果奖评比高职组精品资源共享课一等奖和全国职业院校信息化教学大赛网络课程组一等奖；2015 年获得宁波市第九届教学成果奖一等奖。教学设计中提出的基于分层教学视角的"五学－六位"混合式教学模式设计与实践，获得 2016 年浙江省职业教育与成人教育优秀教科研成果评选二等奖；在中国高等教育学会组织的 2016 年度"信息技术与教学深度融合"案例征集活动中获得优秀案例奖。2018 年课程团队获得全国职业院校技能大赛职业院校教学能力比赛一等奖。

　　本书对应课程资源包下载地址：www.abook.cn（科学出版社职教技术出版中心）。

　　希望我们的这些工作能够对园林类专业的教学和课程改革有所帮助，更希望有更多的同人对我们的工作提出意见和建议，为推动园林类专业教学改革与发展做出贡献。

黄　艾

2021年1月

课程资源使用说明

"园林景观效果图制作-PS篇"课程是2018年认定的国家精品在线开放课程（证书编号：2018-2-0069），同时也是国家教学资源库（职业教育园林工程技术专业）（立项编号2019-71）主要建设课程，课程资源丰富。为了开展混合式教学，下面详细讲述如何在"职教云"平台利用国家教学资源库资源进行在线教学，具体操作步骤如下。

1. 利用资源库平台建课

1）进入"智慧职教"官方网站 https://www.icve.com.cn/，单击进入"职教云"平台。

2）用注册好的账号密码登录。

3）建课方式有三种方法：自主建设课程、利用资源库课程、混合式建课，这里讲述利用资源库建课。单击下图中的"新增课程"模块。

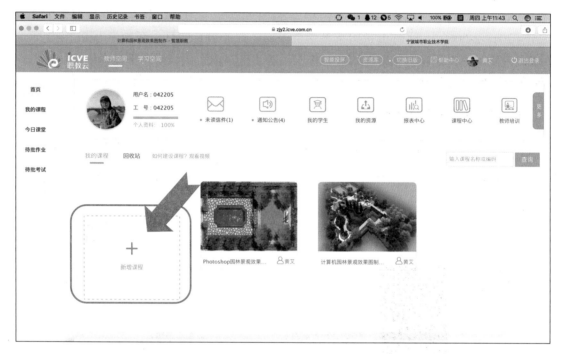

4）设置课程相关信息，包括"开课名称"和"所属专业大类"等，课程封面可以用默认图片，也可以通过"本地上传"来设置自己想要的封面图片。

5）单击步骤 4）新增的"PS- 园林景观效果图制作"图标，即可进入课程设计页面。

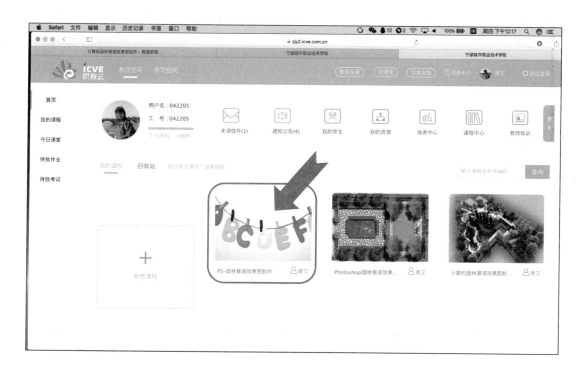

6）输入"课程简介"的相关内容，并单击"课程设计"选项。

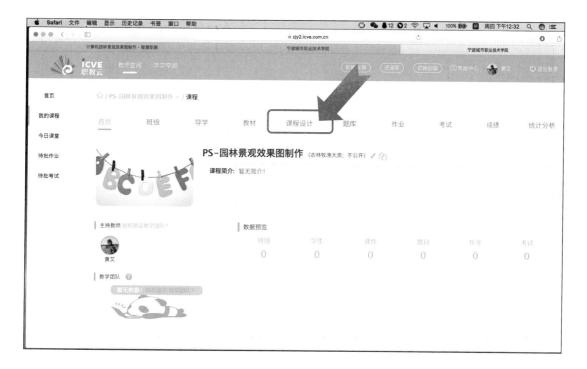

7）单击"资源库导入"按钮导入课程。

8）在"资源库项目"文本框中搜索"园林工程技术"，单击"查询"按钮，会弹出很多的园林专业相关课程名称，大家可以找到适合自己的课程，单击"查看"即可进入下一步。

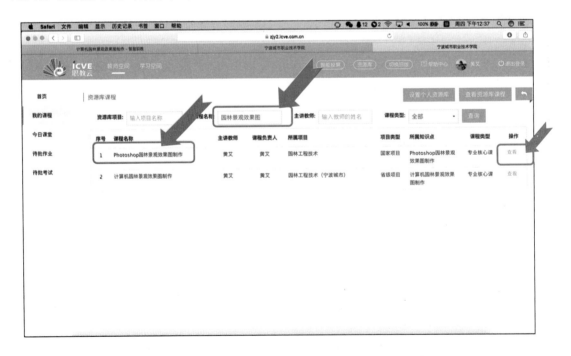

9）单击"导入"按钮导入目录。

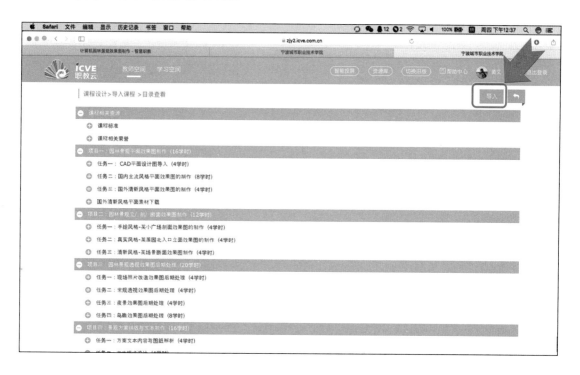

10）课程建设完成，可以单击"添加章节"，增加其他相关资源，也可以删除部分不合适的资源，还可以继续从资源库导入其他相关资源。

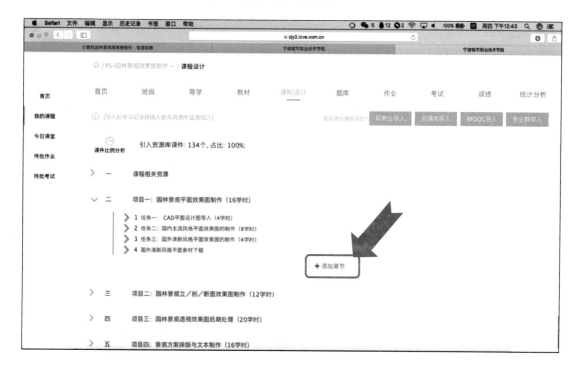

2. 添加班级和学生

1）单击"班级"，选择"新增班级"选项。

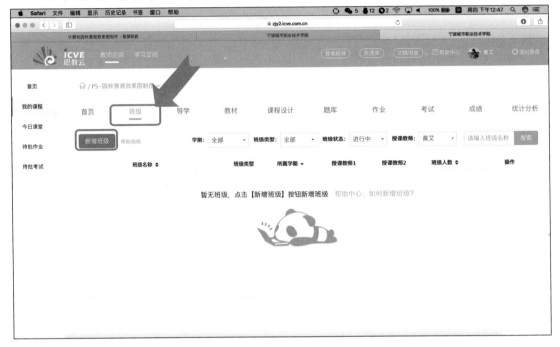

2）添加班级名称、授课教师信息等。

3）班级添加成功，单击"进入"按钮。

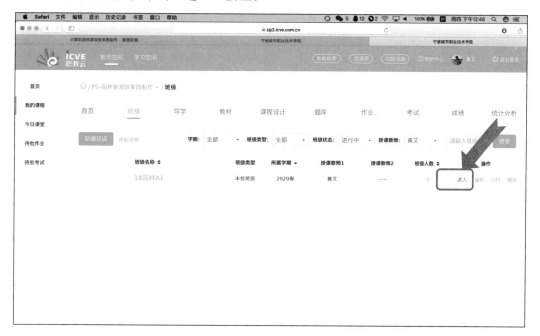

4）添加学生。方法一：将生成的班级二维码发送给学生，学生扫描填写信息并提交，老师审核通过后即可进入。方法二：单击"Excel 导入"按钮，然后单击"下载模板"（链接下载表格模板）。打开下载的 Excel 表格，将学生的学号、姓名复制到表格里，将文件保存好。单击"本地上传"按钮，上传预先保存的表格，学生名单导入即可完成。

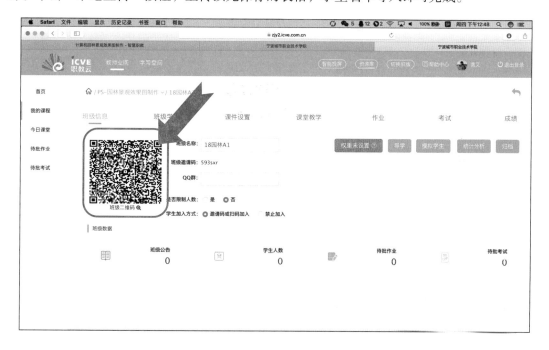

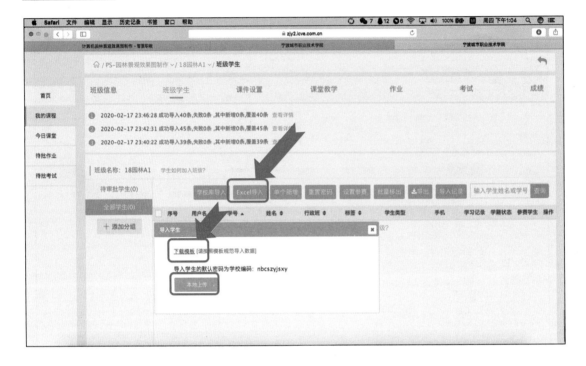

　　注意：建议采用导入的方式，这样可以省去学生注册账号的麻烦，统一导入时，用户名为：学号；密码为：nbcszyjsxy（每个学校不一样，导入名单时会显示密码）。

　　手机端的使用：下载"云课堂智慧职教"App，账号密码同电脑端，登录后即可看到自己建设的课程，单击进入课程即可进行相关管理。

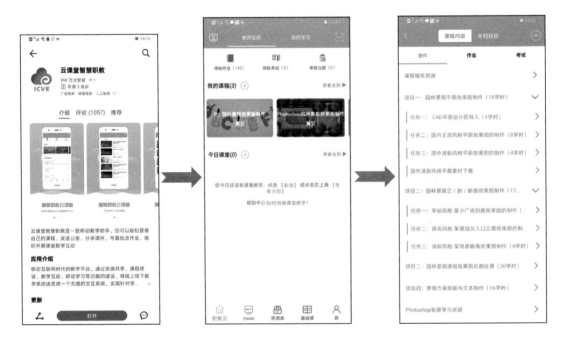

3. 组织线上教学

组织线上教学主要包括发布班级公告、创建课堂教学、布置作业、批改作业、学生辅导答疑、线上直播教学等。

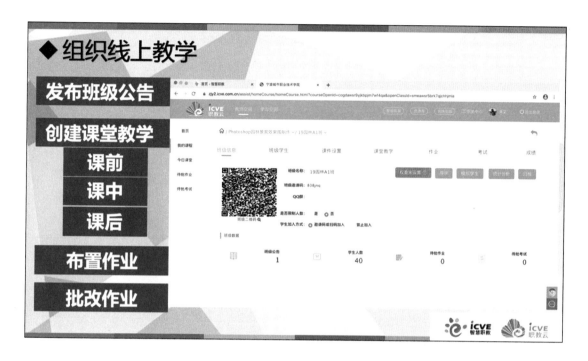

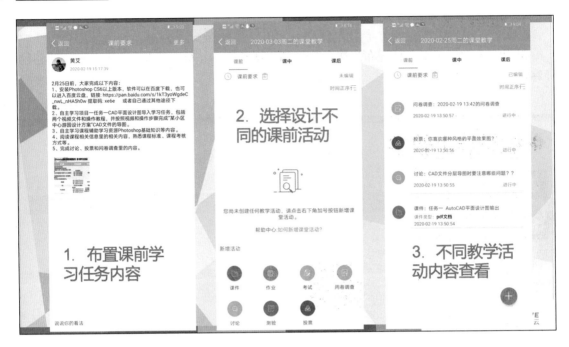

1. 布置课前学习任务内容

2. 选择设计不同的课前活动

3. 不同教学活动内容查看

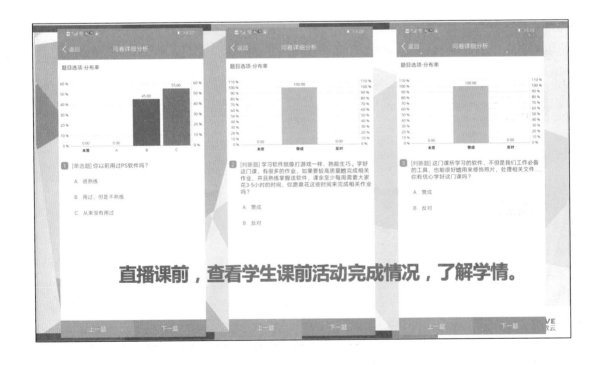

直播课前，查看学生课前活动完成情况，了解学情。

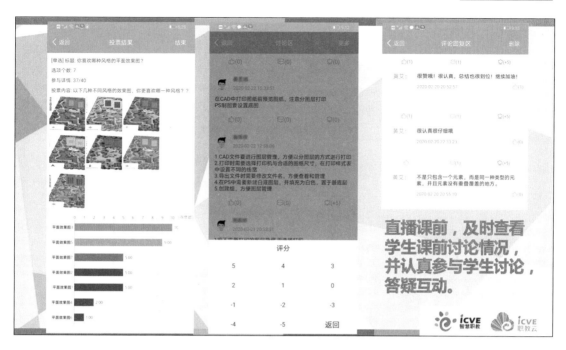

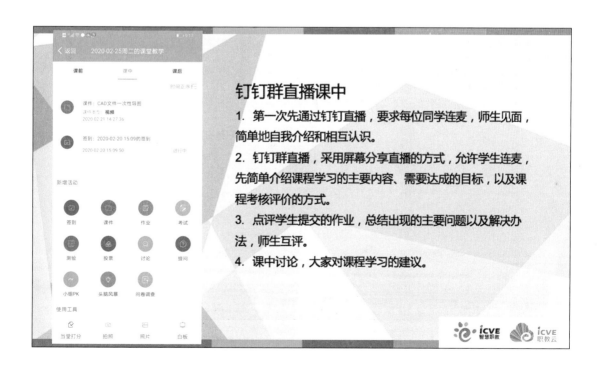

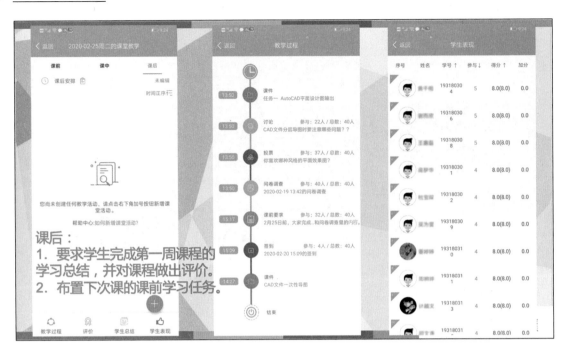

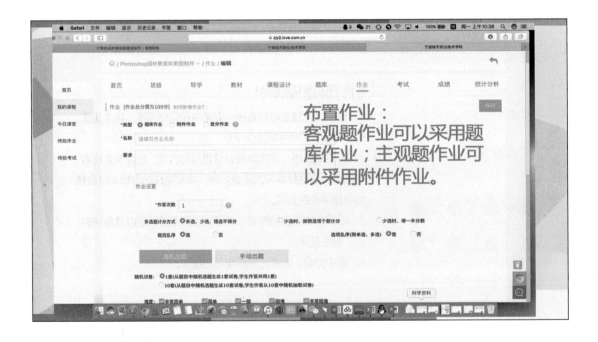

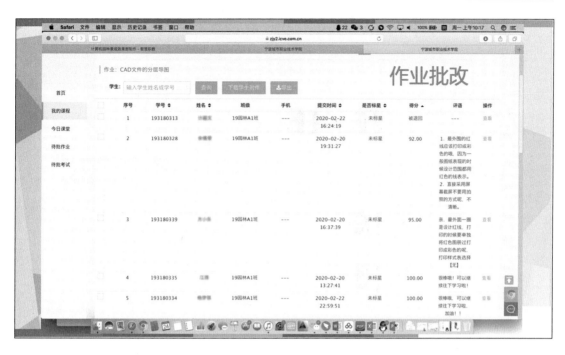

对学生作业写出评语，对不足之处提出修改意见。

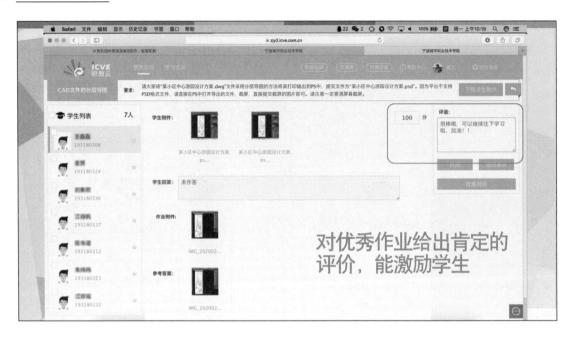

对优秀作业给出肯定的评价，能激励学生

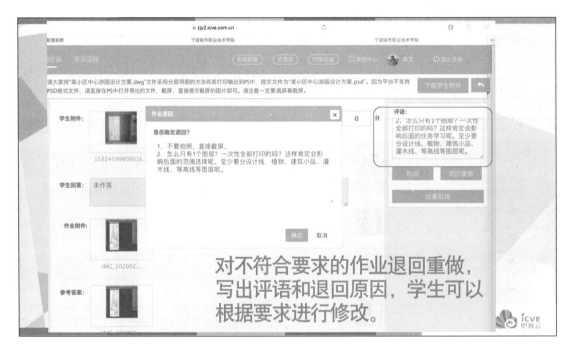

对不符合要求的作业退回重做，写出评语和退回原因，学生可以根据要求进行修改。

中国大学MOOC

职教云

目 录

Contents

课程导入

园林设计具有很强的专业性，设计师在设计过程中使用一些专业性较强的符号、图形来表达设计思想，这些符号和图形对于不具有专业知识的人来说较难理解。园林景观效果表现的是设计思想，由于园林设计平面图的专业性，若深入了解就需要一个更加形象直观的方式，园林景观平面效果图、立面效果图与透视效果图就是园林效果图中典型的展现形式。

手绘是园林景观效果图的一种表现形式，但是要求绘图者具有较强的美术基础，如图 0.0.1 所示。

图0.0.1　手绘园林景观效果图

随着计算机技术的发展和使用要求的提高，效果图的制作方法有了很大的改进，目前，效果图的制作主要依靠计算机软件。使用计算机软件制作出的效果图更加精确，制作过程更加简易，已经成为效果图制作的主流方法，学生有无美术基础都可以应用计算机来完成效果图的制作。如图 0.0.2 所示，图（a）为使用 SketchUp 软件完成的效果图，图（b）为使用 3ds Max+Photoshop 完成的效果图，图（c）为使用 SketchUp+Lumion 完成的效果图。

（a）　　　　　　　　　　　　　　　　　　（b）

图0.0.2　计算机绘制的园林景观效果图

（c）

图0.0.2　（续）

0.1　园林景观效果图的常用制作软件

目前，用于制作效果图的软件比较多，常用的主要有 AutoCAD、3ds Max、Photoshop、SketchUp、Lumion、InDesign 等软件，不同的软件功能不同，使用方法也不同。本书主要讲述 Photoshop 和 SketchUp 两大软件。

0.1.1　Photoshop

Photoshop 图像处理软件是一项顶级的平面设计与处理软件，在很多行业中都有重要应用，如平面广告设计、效果图后期处理、网页设计、数码照片处理和多媒体设计等，它几乎可以完成设计领域的所有表面工作。本书使用的是 Adobe Photoshop CS6，其工作界面如图 0.1.1 所示。

图0.1.1　Adobe Photoshop CS6工作界面

图像编辑是图像处理的基础，可以对图像作各种变换，如放大、缩小、旋转、倾斜、镜像、透视等，也可以进行复制、去除斑点、修饰图像的残损等。Photoshop 提供的绘图工具让外来图像与创意很好的融合，使图像的合成较为协调。校色、调色是 Photoshop 强大的功能之一，可方便、快捷地对图像的颜色进行明暗、色偏的调整和校正。

0.1.2 SketchUp

SketchUp 中文译名为草图大师，是一款简单易学、发展迅速的三维建模和应用软件，广泛应用于工业设计、产品设计、建筑设计、城市规划等。SketchUp 的三维建模功能因具有很多草图设计的特点而得到设计人员的青睐，成为方案设计和推敲的首选工具，用它制作的三维模型能够方便地转成其他格式的文件，大大提高了工作效率。本书使用的是 SketchUp Pro2016，其工作界面如图 0.1.2 所示。

图0.1.2　SketchUp Pro 2016工作界面

0.2　计算机园林景观效果图的制作流程

在制作效果图的过程中，计算机软件只起到工具作用，如何使用这个工具进行创作，表达自己的设计概念，完全取决于设计者自身，因此，效果图的制作没有一个固定的、必须的先后步骤，只是在使用计算机软件制作效果图时有一个相对科学的流程，这就是平常所说的先建模，再创建摄像机、赋予材质、设置灯光、渲染输出，最后进行后期效果图的处理。

0.2.1 建模

建模就是制作一个场景构件的模型，是效果图制作的基础，后面的操作都是基于模型进行再创作。在实际工作中，比较常见的建模方法有两种，即依据 CAD 图纸建模和依据图片建模。根据自己掌握的软件熟练程度，可以采用 3ds Max 软件或 SketchUp 软件两种不同的方式来建模。

0.2.2 创建摄像机和赋予材质

在实际工作中，这两个步骤是可以随意调换的，可以先赋予模型材质再创建摄像机，也可以先创建摄像机再赋予模型材质。创建模型后，为了使效果图有较强的表现力，往往需要在场景中添加一个或多个摄像机，以不同视角观察效果图的状态，在创建摄像机时要充分考虑构图的形态，使构图呈现出较强的层次感和立体透视感。

一般情况下，材质的制作应该根据图纸设计的外部效果进行调整制作，并需要效果图制作人员在制作过程中与设计师及时沟通。

0.2.3 设置灯光

在未创建灯光之前，系统有默认的灯光照明来有效地表现场景，但此时的灯光设置并不适合于最终的效果，尤其当场景变得复杂时，系统默认灯光便不能满足要求。场景需要用户人为地进行处理，使灯光能充分地表现出创建物体的形状、颜色、材质及纹理。灯光可以像其他造型体一样被创建、修改、调整和删除。它本身不能被着色显示，但是它可以影响周围物体表面的光泽、色彩以及亮度，从而使造型体更加具有真实感。

灯光的设置是为了更好地表达场景的氛围，3ds Max 中的灯光设置效果非常接近摄影中的灯光效果，通常分为主光源、辅助光、背景光和效果光。

0.2.4 渲染输出

前几个操作步骤完成后，需要将图片进行渲染输出，输出图片的大小要根据设计者的要求和效果图的打印尺寸而定。有时为了在渲染输出时方便，可以在场景对话框中设置输出尺寸和路径。

0.2.5 后期处理

3ds Max 中渲染输出的图片会有很多不足，原因是多方面的，可能是操作的原因，也可能是 3ds Max 软件自身的不足造成的，为了弥补这些缺陷，需要进行图像的后期处理。同时，由于有很多效果在 3ds Max 中很难制作出来，而需要在 Photoshop 中进行制作处理，为了提高工作效率，通常选择在后期进行集中制作。

0.3 学习内容设置

本书以园林景观效果图制作的流程为主线，以某一小区中心游园不同类型园林效果图制作为载体，将平面图与立体图分开，通过平面效果图制作、园林景观立（剖）面效果图制作、SketchUp 效果图制作、方案文本制作等四个典型工作项目展开学习；通过工作任务实例讲解的形式让学生熟练掌握使用 Photoshop 和 SketchUp 软件来制作效果图。本书学习内容设置如下。

项目 1：讲解使用 Photoshop 软件绘制园林景观平面效果图的全过程，以及各类型景观功能分析图的制作技巧；并通过平面效果图的绘制，熟悉 Photoshop 软件相关命令的用法和快捷键操作技巧。

项目 2：讲解使用 Photoshop 软件绘制园林景观立（剖）面效果图的技巧和流程；并通过立面效果图的绘制，熟练掌握 Photoshop 软件相关命令的用法和快捷键操作技巧。

项目 3：讲解使用 SketchUp 软件绘制园林景观鸟瞰效果图的全过程，包括单体模型的创建、整体鸟瞰场景的创建、组建的调入以及动画制作、渲染出图的方法以及 Photoshop 鸟瞰效果图后期处理的方法与技巧等。

项目 4：讲解园林设计方案文本的制作内容、方法和排版技巧等。

本书项目载体为某小区中心游园 CAD 设计图，内容由浅入深，循序渐进地引导初学者快速入门，逐步掌握效果图制作技术，全面了解园林制作景观效果图的不同软件的使用方法和技巧。具体学习项目的设置及教学要求如图 0.3.1 所示。

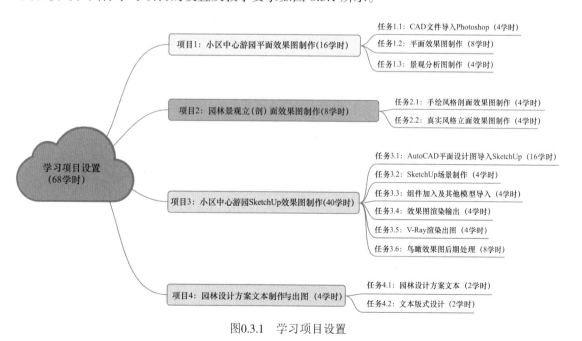

图0.3.1 学习项目设置

项目

小区中心游园平面效果图制作

教学指导 ☞

园林景观平面
效果图赏析

知识目标

1. 掌握AutoCAD图纸输出到Photoshop软件中的方法。

2. 熟悉Photoshop软件的工作界面布局及相应功能的使用方法与技巧。

3. 熟练掌握图层面板的操作方法和路径工具的应用技巧。

4. 掌握选框工具、套索工具、魔棒工具等不同选择工具的使用方法和技巧。

5. 掌握图像色彩调整的方法与技巧。

6. 掌握平面效果图各景观元素的制作方法与技巧。

7. 掌握不同风格平面效果图制作的流程与技巧。

8. 掌握不同类型分析图的绘制方法与技巧。

能力目标

1. 能够熟练将AutoCAD图纸输出并导入到Photoshop软件中。

2. 能够熟练运用Photoshop软件快捷键进行各相关命令操作。

3. 能正确使用图层面板和路径面板等命令工具。

4. 会根据需求使用不同的选择工具进行相关操作。

5. 能够熟练运用图像色彩平衡、曲线、色相/饱和度调整等进行图像色彩调整。

6. 能够根据要求熟练地制作平面效果图及景观元素。

7. 能够根据要求完成不同风格平面效果图的绘制。

8. 能够根据要求绘制不同类型的分析图。

素质目标

1. 培养学生认真、严谨、注重细节、精益求精的学习态度。

2. 培养学生独立完成作业的独立品质和按时完成作业的时间观念。

3. 通过优秀园林作品的赏析,培养学生的作品赏析能力和美感,增强对中国传统园林文化的文化自信。

任务 1.1　CAD文件导入Photoshop

【任务分析】

根据提供的项目载体"某小区中心游园环境景观设计图 .dwg"文件（电子文件见课程资源包），将设计图纸由 AutoCAD 输出到 Photoshop 中。

园林规划平面效果图的制作一般是由 AutoCAD 完成方案设计后，将设计方案输出到 Photoshop 中，再运用 Photoshop 软件完成平面效果图的制作。将设计方案由 AutoCAD 输出到 Photoshop 中的方法很多，主要有以下几种方法。

1）屏幕抓图法。

2）输出 *.bmp 格式法。

3）输出 *.eps 格式法。

4）虚拟打印机法。

其中，虚拟打印机法因为选择的打印机类型不同，输出效果也不同，常见的打印机类型有 PublishToWeb JPG.pc3、PublishToWeb PNG.pc3 和 DWG To PDF.pc3 等，绘图前应该根据图纸特征选择不同的输出方法。

项目载体为完成的"某小区中心游园环境景观设计图 .dwg"文件，如图 1.1.1 所示。因为该 CAD 文件已经很详细地进行了植物配置、铺装填充（不同图层效果如图 1.1.2 所示），所以最好的输出方式为虚拟打印成 PDF 格式，这种方法输出图像可以精确到每一根线的粗细，更适宜专业设计使用。

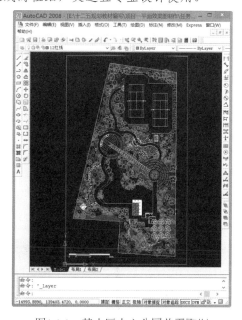

图1.1.1　某小区中心公园总平面图

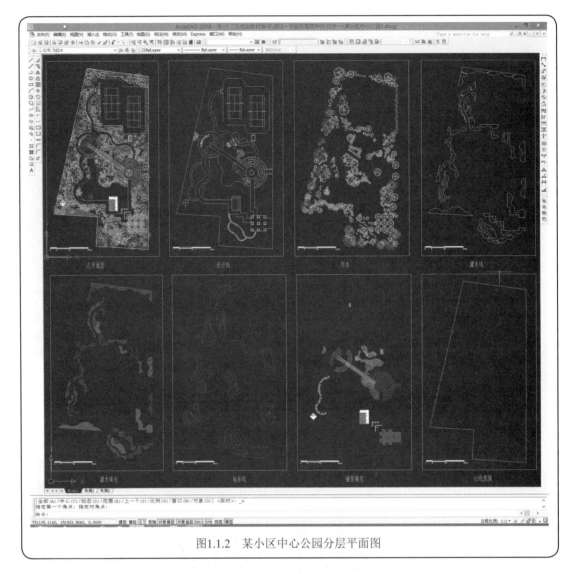

图1.1.2 某小区中心公园分层平面图

提示

如果 CAD 设计图纸中的植物、铺装填充等都已经绘制完成，一定要采用分层导图的方式对不同的图层进行多次打印输出。前提是 CAD 文件必须分图层管理好。

1.1.1 工作步骤

步骤一：打开 AutoCAD，进入其工作界面，打开名为"某小区中心游园环境景观设计图 .dwg"文件。

步骤二：单击【图层】下拉菜单，分别关掉上、中、下植物图层，铺装填充图层，灌木线以

CAD文件分层导入

CAD文件一次性导入

及灌木填充图层、地形线图层、红线图层等，只剩下 0 层和设计图层。

步骤三：单击【文件】菜单下的【打印】（快捷键【Ctrl+P】）选项，弹出【打印 -Model】对话框，如图 1.1.3 所示。

① 单击【打印机 / 绘图仪】下拉三角形，选择【DWG To PDF.pc3】选项。

②【图纸尺寸】选择【ISO A1 594.00 × 841.00 毫米】。

③【打印范围】选择【窗口】，并在 CAD 图中框选出设计线打印的区域。

④【打印偏移】处勾选【居中打印】。

⑤【打印样式表】选择【monochrome.ctb】。

⑥【图形方向】点选【纵向】。

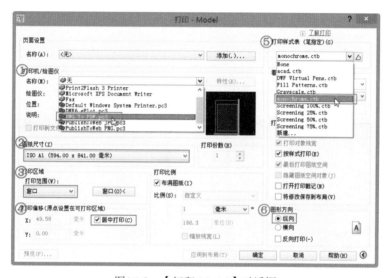

图1.1.3　【打印-Model】对话框

步骤四：单击【预览】按钮查看打印效果，右击，选择【打印】，在弹出的对话框中指定文件保存的位置和文件名，将文件命名为"设计"，即可完成"设计线"图层的打印。

步骤五：打开 Photoshop 软件，双击空白区域打开预先打印好的"设计 .pdf"文件，弹出【导入 PDF】对话框，将【分辨率】设为 200，【模式（M）】设为 RGB 颜色，其他采用默认的设置，如图 1.1.4 所示，单击【确定】按钮即可将预打印的文件在 Photoshop 中打开。图 1.1.5 所示为透明背景效果。

步骤六：在 Photoshop 中新建一个"白底"图层，将其填充为白色，将"设计"图层移到"白底"图层上方，效果如图 1.1.6 所示。

步骤七：回到 CAD 文件中，执行【文件】/【打印】命令（快捷键【Ctrl+P】），弹出【打印 -Model】对话框，在【页面设置】处选择【<上一次打印>】即可，系统将会自动记载上一次打印信息。单击【窗口】按钮，框选出"乔木"区域，直接单击【确定】按钮即可完成"乔木"图层的打印。

步骤八：在 Photoshop 中打开预先打印的"乔木 .pdf"文件，【导入 PDF】对话框采用默认的形式，直接单击【确定】按钮。

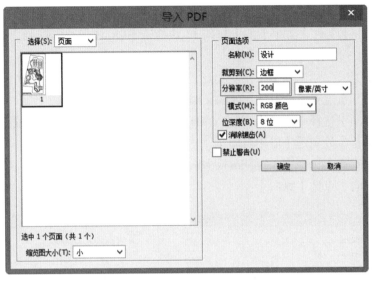

图1.1.4 【导入PDF】对话框设置

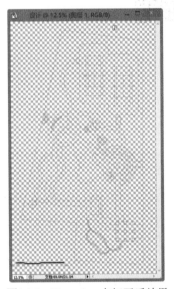

图1.1.5 Photoshop中打开后效果

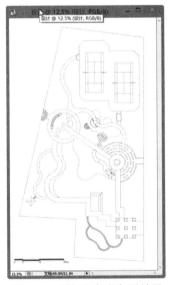

图1.1.6 添加白色底色后效果

步骤九：单击"乔木"文件的图层1，然后右击，在弹出的菜单中选择【复制图层】，弹出【复制图层】对话框（图1.1.7），将【目标】设置为"设计"。系统将自动地将"乔木"图层复制到刚才打开的"设计"文件中。

步骤十：采用同样的方法分别完成铺装填充图层、灌木线图层、灌木填充图层和地形线图层的打印，并分别将它们复制到"设计"文件中。

步骤十一：关闭其他所有图层，打开红线图层，执行【文件】/【打印】命令（快捷键【Ctrl+P】），弹出【打印-Model】对话框，其他各项选择如图1.1.3所示，将【打印样式表】设置为【None】即可，系统将会打印彩色的线稿图，直接单击【确定】按钮即可完成"红线范围"图层的打印。

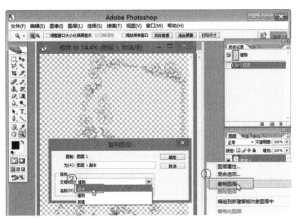

图1.1.7　复制"乔木"图层到"设计"文件

步骤十二：将打印好的"红线"文件在 Photoshop 中打开，并将它复制到"设计"文件中，按【Ctrl+S】快捷键，将文件保存为"总平面图 .psd"，效果如图 1.1.8 所示。

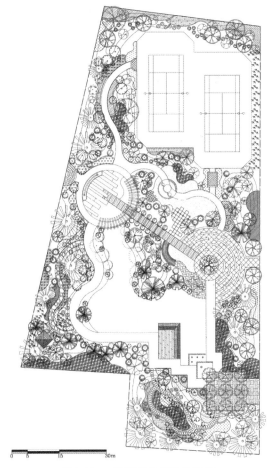

图1.1.8　打印完成后整体效果

步骤十三：在 Photoshop 中，单击【创建组】按钮，新建一个"线稿"组，将所有打印完成的线稿图层都放置在"线稿"组下。右击，在弹出的对话框中选择【实际像素】，即可查看虚拟打印后的最佳效果，如图 1.1.9 所示。

> **提示**
>
> CAD【打印样式表】设置为【monochrome.ctb】时，打印效果为黑色的线稿图；设置为【None】时，打印效果为彩色的线稿图。

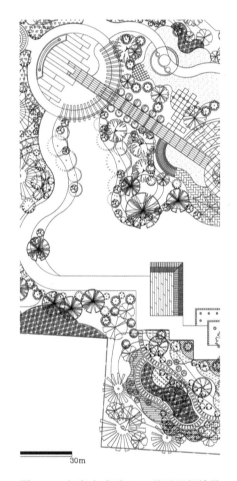

30m

图1.1.9　打印完成后100%显示局部效果

1.1.2　知识拓展

1. 屏幕抓图法

步骤一：启动 AutoCAD 2008 并打开需要转化的图，关闭不需要的图层，并将所有可见图层的颜色都转化为同一种颜色——白色，如图 1.1.10 所示。

步骤二：执行【工具】/【选项】命令，在弹出的对话框中选择【显示】标签，单

击【颜色】按钮，弹出如图 1.1.11 所示对话框，在将屏幕作图区的颜色改为白色后，按下
【应用并关闭】按钮，此时屏幕作图区的底色变为白色，而原来设置为黑色的图层现在以白
色显示，如图 1.1.12 所示。

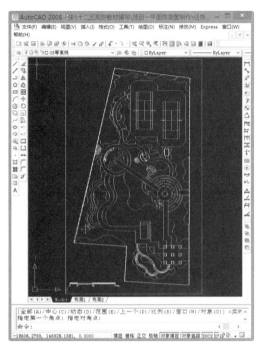

图1.1.10　所有图层颜色设置为白色后效果

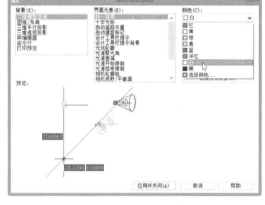

图1.1.11　【图形窗口颜色】对话框

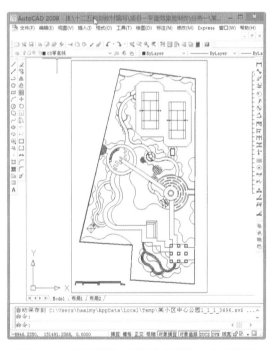

图1.1.12　【图形窗口颜色】设置为白色后效果

步骤三：按下键盘的【Print Screen】键，将当前屏幕以图像的形式存入剪贴板，然后关闭 AutoCAD。

步骤四：打开 Photoshop 软件，执行【文件】/【新建】命令（快捷键【Ctrl+N】），文件尺寸使用默认值，新建一个文件。

步骤五：执行【编辑】/【粘贴】命令（快捷键【Ctrl+V】），将剪贴板中暂存的图像粘贴到当前文件之中，利用工具命令面板中的裁剪工具（快捷键【C】）将周围不用的区域剪裁掉即可。右击，在弹出的对话框中单击【实际像素】，即可查看屏幕抓图法的最佳效果，如图 1.1.13 所示。

> **提示**
>
> 　　屏幕抓图法的优点：此方法充分利用了 Windows 系统的资源，操作简单，易于使用。
> 　　屏幕抓图法的缺点：只能获得固定尺寸的图像，且所获得图像的大小取决于屏幕所设的分辨率，显然不能满足出一张大图的需要，因此该方法仅适用于出小图的需要。

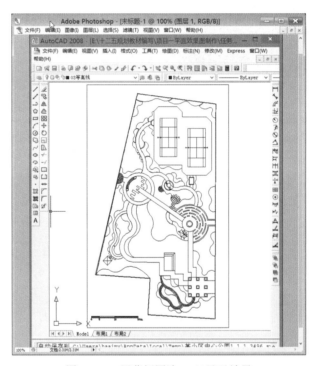

图1.1.13　屏幕抓图法100%显示效果

2. 输出*.bmp格式法

步骤一：执行【菜单】/【输出】命令，在弹出对话框中选择【文件类型】为 *.bmp 格式，单击【保存】按钮。

步骤二：双击 Photoshop 软件图标，直接打开上一步保存的图像即可。右击，在弹出的对话框中单击【实际像素】，即可查看输出 *.bmp 格式法的最佳效果，输出后效果如

图 1.1.14 所示。

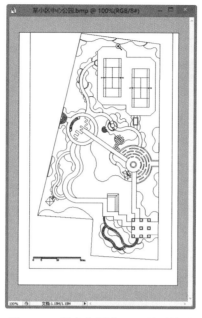

图1.1.14　输出位图法100%显示效果

3. 输出*.eps格式法

步骤一：执行【菜单】/【输出】命令，在弹出的对话框中选择【文件类型】为*.eps格式，单击【保存】按钮。

步骤二：双击 Photoshop 软件图标，打开上一步保存的 *.eps 文件，弹出如图 1.1.15 所示对话框，根据图纸需要设置合适的尺寸与图像分辨率。

步骤三：新建一个空白图层，将其填充为白色，并将其移到最底层。

步骤四：右击，在弹出的对话框中单击【实际像素】，即可查看输出 *.eps 格式法的最佳效果，输出后效果如图 1.1.16 所示。

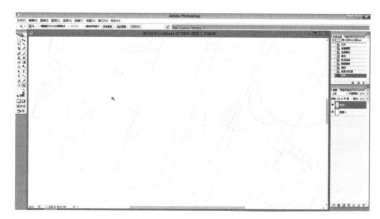

图1.1.15　设置文件大小与分辨率　　　　图1.1.16　输出*.eps格式法100%显示效果

提示

　　输出 *.eps 格式法的优点：操作比较简单。无须在输出 *.eps 格式文件 (仍是图形文件，而非图像文件) 时就确定最后出图的分辨率，在 Photoshop 中处理时才需要确定。故对于同一个 *.eps 格式的文件，可以满足不同分辨率的出图要求。

　　输出 *.eps 格式法的缺点：传入 Photoshop 的图形颜色较浅 (即有一定的透明度)，改善的方法是将该层复制几次后再合并这几层。同时采用此种方法输出的图形，线条有时会出现错位。

4. 输出*.jpg格式法

　　输出 *.jpg 格式法也是虚拟打印法的一种。执行【文件】/【打印】命令，打开【打印 -Model】对话框。在【打印 / 绘图仪】区域，打开【名称】下拉列表框，选择【Publish To Web JPG.pc3】。其他的操作与虚拟打印成 *.pdf 格式法相同，效果也基本一样，并且操作更简单。由于不能分图层打印，输出 *.jpg 格式法只适合 CAD 设计文件简单的情况，不适合需要将植物、铺装填充等都输出到 Photoshop 中的情况。

　　综上所述，采用配置虚拟打印机法具有较大的灵活性和易编辑性。在效果图的制作中，这种方法输出图像可以精确到每一根线的粗细，更适宜专业设计使用。

1.1.3　知识链接

PS基础知识

1. 图形图像的形式、模式和格式

（1）图形图像的形式

　　图形图像文件大致上可以分为两类：位图图像和矢量图形。了解和掌握这两类图形图像间的差异，对于创建、编辑和导入图片都有很大的帮助。

　　1）位图：也叫像素图、点阵图、光栅图像。简单来说，位图是由许多相等的小方块，即最小单位由像素构成的图，缩放会失真。构成位图的最小单位是像素，位图就是由像素阵列的排列来实现其显示效果的，每个像素有自己的颜色信息，在对位图图像进行编辑操作的时候，可操作的对象是每个像素，我们可以改变图像的色相、饱和度、明度，从而改变图像的显示效果。点阵图像的优点是弥补了向量式图像的缺点，能够制作色彩丰富多变的图像，可以栩栩如生地反映现实世界，也可容易地在不同的软件间进行切换。但它的缺点是占用的磁盘空间较大，在执行缩放或旋转操作时易失真。

　　例如，将一幅位图图像 [图 1.1.17 (a)] 放大显示时，其效果如图 1.1.17 (b) 所示。可以看出，将位图图像放大后，图像的边缘产生了明显的锯齿状。

　　2）矢量图：使用直线和曲线来描述图形，这些图形的元素是一些点、线、多边形、圆和弧线等，它们都是通过数学公式计算获得的。例如，一幅花的矢量图形实际上是由线段形成外框轮廓，外框的颜色以及外框所封闭的颜色决定花显示出的颜色。矢量图形最大的优点是无论放大、缩小或旋转等，图像都不会失真，和分辨率无关。例如，将一幅矢量图形 [图 1.8.18 (a)] 放大显示时，其效果如图 1.1.18 (b) 所示。矢量图形文件占用空间较小，

适用于图案设计、文字设计和一些标志设计、版式设计等。Adobe 公司的 Illustrator、Corel 公司的 CorelDRAW 是众多矢量图形设计软件中的佼佼者。

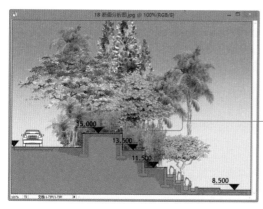

（a）原图形100%显示

（b）放大600%后的显示效果

图1.1.17 位图放大效果

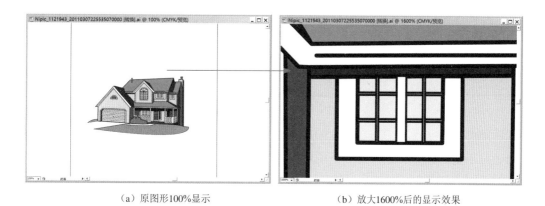

（a）原图形100%显示　　　　　　　　　　（b）放大1600%后的显示效果

图1.1.18 矢量图放大效果

（2）图像的色彩模式

图像色彩模式是 Photoshop 软件提供的用于描述颜色的标准形式。每幅图像都具有各自的色彩模式，以满足不同的设计需要。要在 Photoshop 软件中较好地处理一幅图像，对色彩知识与色彩模式的掌握是很有必要的。创建色彩模式是将一种色彩转换成数字数据的方法，从而使色彩在图像处理软件与印刷设备中被相同地描述。不同的色彩模式描述色彩的方式是不一样的，适合范围也有所不同，不同模式之间可以相互转换，但有些转换是不可逆的，所以转换之前应该认真确定或留有备份。

要查看图像的色彩模式，可以执行【图像】/【模式】命令，勾选的命令即当前图像的色彩模式，如图 1.1.19 所示。

1）RGB 色彩模式。这种模式是由红（Red）、绿（Green）、

图1.1.19 【图像模式】菜单

蓝（Blue）三种基本颜色组成，每一种颜色又可以有 0 ～ 255 层共 256 层颜色变化，可以反映出大约 16700000 种颜色。这种模式下图像中的每个像素占 3 字节。这种颜色模式是屏幕显示的最佳模式，像显示器、电视机、投影仪等都采用这种色彩模式。但这种色彩模式超出了打印机打印色彩的范围，在这种色彩模式下打印出来的结果往往会损失一些亮度和色彩，所以打印的时候要慎重选择这种模式。

2）CMYK 色彩模式。CMYK 色彩模式是由品蓝（Cyan）、品红（Magenta）、品黄（Yellow）、黑（Black）四种基本颜色组成，图像中任何一个像素的颜色值都以 C、M、Y、K 四个值来表示，取值范围为 0 ～ 100%。其中的 C、M、Y 分别和 R、G、B 是互补色。所谓互补色，是指用白色减去这种颜色得到的另一种颜色，如用白色减去红色就得到红色的互补色品蓝。

CMYK 模式又称减色模式，这是彩色印刷最普遍的图像模式，在 CMYK 模式下，图像的处理速度较慢。因此，在通常情况下先将图像在 RGB 模式下处理完成，然后转换成 CMYK 模式打印输出。

3）HSB 色彩模式。HSB 色彩模式将颜色分解为色调（Hue）、饱和度（Saturation）和亮度（Lightness）。色调 H 即纯色，它组成了可见光谱。饱和度 S 描述的是色彩的纯度，色彩的纯度越高，我们看到的色调的感觉就越强烈、越清楚。 亮度 L 描述的是色彩的明亮程度，亮度为 0 时是黑色，亮度为 100% 时是白色。该模式下图像中的每个像素占 3 字节。

4）Lab 色彩模式。Lab 色彩模式是通过一个光强和两个色调来描述的。光强 L 用来描述色调的明暗，数值从 0 ～ 100%。a 色调数值从 -128 ～ 128，表示颜色从绿—白—品红。b 色调数值从 -128 ～ 128，表示颜色从品蓝—白—品黄。该模式下图像中的每个像素占 3 字节。该色彩模式是所有色彩模式中能表示颜色范围最大的模式。

5）索引色彩模式。这种模式下图像中的每个像素占 1 字节，它最多可以表示 256 种颜色。这种模式下的图像质量不是很高，但是它所占磁盘空间比较小，多用于 Web 网页的制作。

6）灰度模式（Grayscale）。这种模式下图像中的每个像素占 1 字节，如 0 代表的是白色，100% 代表的是黑色，中间值表示的是不同程度的灰色。灰度模式可以和彩色模式互相转换，实际上，如果要将彩色模式的图像转换为位图模式或双色调模式，则必须先转换为灰度模式 。

除了以上介绍的六种色彩模式之外，还有一些其他的色彩模式，如位图模式、双色调模式等，但由于不常用，就不再一一介绍。

（3）Photoshop 常用文件格式

1）PSD 格式。PSD 格式是 Photoshop 的固有格式，PSD 格式可以比其他格式更快速地打开和保存图像，能很好地保存图层、通道、路径、蒙版以及压缩方案，不会导致数据丢失。但是，支持这种格式的应用程序较少。

2）BMP 格式。BMP（Bitmap）格式是微软公司开发的 Microsoft Pain 的固有格式，这种格式被大多数软件所支持。BMP 格式采用了一种叫 RLE 的无损压缩方式，对图像质量不会产生较大影响。

3）PDF 格式。PDF（Portable Document Format）是由 Adobe Systems 创建的一种文件格

式，允许在屏幕上查看电子文档。PDF 文件还可被嵌入到 Web 的 HTML 文档中。

4）JPEG 格式。JPEG（由 Joint Photographic Experts Group 缩写而成，意为联合图形专家组）是我们平时最常用的图像格式。它是一个最有效、最基本的有损压缩格式，被绝大多数的图形处理软件所支持。JPEG 格式的图像还广泛用于网页的制作。如果对图像质量要求不高，但又要求存储大量图片，可优先选用 JPEG 格式。但是，对于要求图像输出打印的，最好不使用 JPEG 格式，因为它是在损坏图像质量的基础上来提高压缩质量的。

5）GIF 格式。GIF 格式是输出图像到网页最常采用的格式。GIF 采用 LZW 压缩，限定在 256 色以内的色彩。GIF 格式以 87a 和 89a 两种代码表示。GIF 87a 严格支持不透明像素；而 GIF 89a 可以控制哪些区域透明，因此，更大地缩小了 GIF 的尺寸。如果要使用 GIF 格式，就必须转换成索引色模式（Indexed Color），使色彩数目转为 256 或更少。

6）TIFF 格式。TIFF（Tag Image File Format，意为有标签的图像文件格式）是 Aldus 在 Mac 初期开发的，目的是使扫描图像标准化。它是跨越 Mac 与 PC 平台最广泛的图像打印格式。TIFF 使用 LZW 无损压缩方式，大大缩小了图像尺寸。另外，TIFF 格式的一个特别的功能是可以保存通道，这对于处理图像是非常有好处的。

2. 分辨率与图像文件尺寸

对于由像素点组成的点阵图来说，它的长和宽可以用像素数来表示，在图像中，我们把每单位长度上的像素数称为图像的分辨率。分辨率有很多种，经常接触到的分辨率概念有以下几种。

（1）屏幕分辨率

屏幕分辨率是指计算机屏幕上的显示精度，是由显卡和显示器共同决定的。屏幕分辨率一般以水平方向和垂直方向的像素的数值来反映，如大小为 400 像素 × 300 像素的图像，表示它的长为 400 像素点，宽为 300 像素点。

（2）打印分辨率

打印分辨率又称打印精度，是由打印机品质决定的。打印分辨率一般以打印出来的图纸上单位长度中墨点的多少来反映（以水平方向 × 垂直方向来表示），单位为 dpi。打印分辨率越高，意味着打印的喷墨点越精细，表现在打印出的图像上就是直线更挺，斜线的锯齿更小，色彩也更加流畅。

（3）图像的输出分辨率

图像的输出分辨率是与打印机分辨率、屏幕分辨率无关的另一个概念，它与一个图像自身所包含的像素的数量（图形文件的数据尺寸）以及要求输出的图幅大小有关。输出分辨率一般以水平方向或垂直方向上的单位长度中像素数值来反映，通常用像素数 / 英寸（pixels per inch，简称 ppi）来定义，如 72ppi、28ppi 等。

在 3ds Max 中按照 3400 像素 × 2475 像素渲染得到的一幅图形文件，其数据尺寸为 3400 像素 × 2475 像素。如果按照 A4 图幅输出，其图像输出分辨率可达 290ppi；如果按照 A2 图幅输出，其图像输出分辨率则为 145ppi。相反，如果要求输出分辨率达到 150ppi 以上，图幅大小要求为 A4 时，则图像文件的数据尺寸应该达到 1745 像素 × 1235 像素；如果要求输出分辨率达到 150ppi 以上，图幅大小要求为 A2 时，则图像文件的数据尺寸应达到 3526 像素 ×2481 像素以上。计算公式为

输出分辨率 × 图幅大小（宽或高）= 图像文件的数据尺寸（对应的宽或高）

一般来说，打印精度为 600dpi 的喷墨打印机，图像的输出分辨率达到 100ppi 时，人眼已无法辨别精度。对于打印精度要求高的精美印刷排版而言，一般都要求图像的输出分辨率达到 300ppi 以上。

由表 1.1.1 分析可知，分辨率是影响图像质量的唯一因素。分辨率越大，图像质量就越高；分辨率越小，图像质量就越差。因此，分辨率既会影响图像最后输出的质量，也会影响文件的大小。处理位图时，输出图像的质量决定于处理过程开始时设置的分辨率的大小，可以通过执行【图像】/【图像大小】命令来设置文件大小及分辨率，如图 1.1.20 所示。

图1.1.20 【图像大小】对话框

表 1.1.1 分辨率的影响

图像尺寸一定	分辨率越大	像素数越多	图像质量越好	文件所占的空间越大
	分辨率越小	像素数越少	图像质量越差	文件所占的空间越小
分辨率一定	像素数越多	文件尺寸越大	图像质量不改变	文件所占硬盘空间越大
	像素数越少	文件尺寸越小		文件所占硬盘空间越小
像素数一定	分辨率越高	文件尺寸越小	图像质量越高	文件所占硬盘空间不变
	分辨率越低	文件尺寸越大	图像质量越差	

3. Photoshop CS2工作界面

Photoshop 的启动与其他程序相同，其工作界面由七部分组成，如图 1.1.21 所示。在此，我们只介绍后期处理中最常用的一些内容。

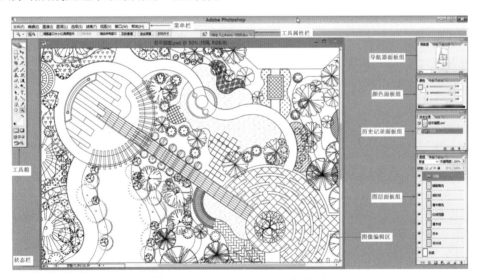

图1.1.21 Photoshop CS2 工作界面

（1）菜单栏

菜单栏位于标题栏的下方，包括【文件】、【编辑】、【图像】、【图层】、【选择】、【滤镜】、【视图】、【窗口】和【帮助】等九项内容。菜单栏中包含了图像处理的大部分操作命令，是Photoshop 图像处理的重点。

（2）工具箱

工具箱是 Photoshop 的重要组成部分，聚集了图像编辑所需的工具。在默认状态下，工具箱位于界面窗口的最左边。工具箱在界面窗口中的显示与否，可以通过按【Tab】键或执行菜单栏中的【窗口】/【工具】命令加以控制。Photoshop 工具箱如图 1.1.22 所示。

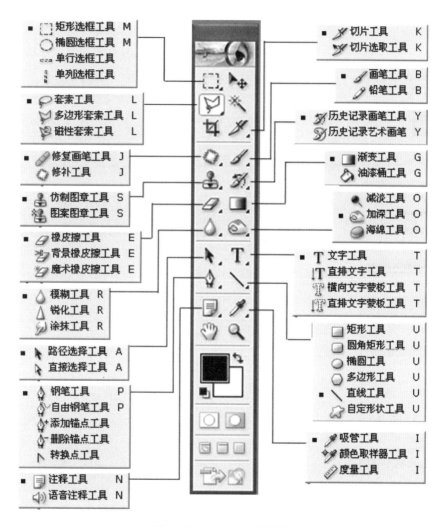

图1.1.22　Photoshop工具箱

1）单击工具箱中的某一按钮，当该按钮显示为白色时，表示该工具被选中。按对应的快捷键，也可以将该工具选中。

2）在工具箱中的某一按钮右下角显示黑色三角形的工具处按住鼠标左键不放，可以弹出一个含有隐藏工具的工具列，单击工具列中所需工具，可以将隐藏工具选中。

3）按住【Alt】键的同时单击某工具，或按住【Shift】键的同时按住该工具相对应的快捷键，可以在该工具包含的多个隐藏工具间进行切换。

4）选择工具后，可以通过工具属性栏进行各属性设置。

> **提示**
>
> 如果要移动工具箱，可以用鼠标选中工具箱上方的蓝条进行移动。另外，按【Tab】键可以快速地隐藏工具箱与所有浮动面板；再次按【Tab】键，可重新显示工具箱与所有浮动面板。使用【Shift+Tab】快捷键可以在保留工具箱的情况下，显示或隐藏所有面板。

（3）面板组

控制面板是 Photoshop 中一项很有特色的功能，我们可利用面板设置工具参数、选区颜色、编辑图像和显示信息等。默认情况下，面板被分为四组，用户可根据需要将他们进行任意分离、移动与组合。例如，要使【图层】面板脱离原来面板窗口成为独立的面板，可单击【图层】标签并按住鼠标左键将其拖动到其他位置。若要还原【图层】面板至原位置，只需将其拖动回原来的位置。如果我们已经将调板分离，并更改了多种设置，此时又想恢复其缺省位置，可执行【编辑】/【常规】命令，打开【预置】对话框，单击其中的【复位所有警告对话框】按钮，便可恢复系统默认设置。

图1.1.23 【导航器】面板

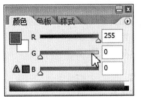

图1.1.24 【颜色】面板

1）导航器面板组。【导航器】面板：用于显示图像的缩略图，当图像被放大超出当前窗口时，可将光标定位至该面板，拖动时即可调整图像窗口中所显示的图像区域，如图1.1.23所示。【信息】面板：用于收集光标所在位置的坐标和颜色值，当选用了某些工具进行区域选择或旋转时，还可以显示选择区域的尺寸。

2）颜色面板组。【颜色】面板：用来选择或设定所需要的颜色，便于工具绘图和填充等操作，如图1.1.24所示。【色板】面板：可以快速地选取前景色或背景色，或将常用的颜色存到色板内以便日后使用，执行【窗口】/【显示面板】命令，即可显示或隐藏色板。【样式】面板：用来快速定义图形的格式属性，用于将预设的效果应用到图像中，它的功能有些类似文字样式。

图1.1.25 【历史记录】面板

3）历史记录面板组。【历史记录】面板：可记录每次执行的动作，如图1.1.25所示。只需在浮动面板上选取想要恢复的步骤，即可快速回到该操作步骤，此外还可以配合历史记录笔刷与艺术历史记录工具使用。【动作】面板：可以录制一连串的编辑动作，以便以后重复运用这些步骤时节省工作时间。

图1.1.26 【图层】面板

4）图层面板组。【图层】面板：主要用于控制图层的操作，可以进行新建图层或合并图层等操作，另外可以轻易地修改使用图层，如图1.1.26所示。【通道】面板：可以用来记录图像的颜色数据，并可以切换成图像的颜色通道，以便进行各通道的编辑，也可以将"蒙版"存储在通道中变成 Alpha 1 通道。【路径】面板：可以存储向量路径类工具所描绘的贝塞尔曲线路径，并可以将路径应用在填色、扩边或将路径转换为选择区域等不同方面。

（4）状态栏

状态栏位于窗口最底部，共有三部分信息：最左侧显示当前图像缩放的比例，用户可以在该窗口中自定义显示比例；中间区域有一黑色的三角图标，单击它可以显示当前图像文件有关信息，包括文档大小、文档尺寸、暂存盘大小等；右侧为所选工具的操作信息。

在状态栏上按住鼠标左键不放，可以显示打印预览效果以及图像的尺寸与打印纸张尺寸的关系，两条对角线覆盖的矩形区域代表图像，其中灰色矩形区域代表打印纸张的大小。

如果按住【Alt】键，再将光标指向状态栏并按住鼠标左键不放，可以显示图像的宽度、高度、通道、色彩模式以及分辨率等信息。

4. 图像文件操作

（1）新建文件

要想新建一个图像文件，可执行【文件】/【新建】命令（快捷键【Ctrl+N】），出现设置对话框。在对话框中可设置新建文件的名称、图像大小、分辨率、图像模式与背景色等。

（2）打开图像文件

要想打开一个已有图像文件，可执行【文件】/【打开】命令（快捷键【Ctrl+O】），也可以双击窗口中的空白区域，在出现的对话框中选择要打开的文件名即可。

（3）存储文件

图像处理完成后需要对所做图像进行保存，执行【文件】/【存储】命令（快捷键【Ctrl+S】）即可。

执行【文件】/【存储为】命令（快捷键【Shift+Ctrl+S】），可选择保存图像所采用的格式以利于以后的使用。

另外，还可以将图像保存为 Web 格式的文件，以便于丰富网页版面内容。

5. 图像窗口操作

（1）图像缩放

放大或缩小图像时，窗口的标题栏和底部的状态栏中将显示缩放百分比，在 Photoshop 中，图像的缩放方式有以下几种。

- 选择工具栏中的缩放工具（快捷键【Z】），将光标移动到所选图像上，单击则可以对图像进行放大或缩小。
- 选择工具栏中的缩放工具（快捷键【Z】），在需放大的图像部分上拖动鼠标，将出现一个虚线框；释放鼠标后，虚线框内的图像将充满窗口。
- 在工具栏中双击缩放工具，则图像以 100% 比例显示。
- 双击工具栏中的手形工具，则图像将以屏幕最大显示尺寸显示。
- 在图像上右击，将弹出缩放菜单，如图 1.1.27 所示。

> **提示**
>
> 　　无论在什么情况下，按住【Ctrl】+空格键，鼠标指针将变为放大模样，在窗口中拖动鼠标即可放大视图；按住【Alt】+空格键，鼠标指针将变为缩小模样，在窗口中拖动鼠标即可缩小视图。另外，当选择缩放工具时，按住【Alt】键拖动鼠标可缩小视图。

（2）图像显示

图像在屏幕上有三种显示状态，分别是标准显示、带菜单的全屏显示和全屏显示状态。

单击工具箱下方的【状态显示】按钮可以控制图像的显示状态，反复按【F】键，也可以在三种显示状态之间进行切换。

图1.1.27　缩放菜单

同时打开多个图像文件时，可以利用菜单栏中的【窗口】/【文档】/【层叠】或【平铺】命令合理布局图像窗口。

> **提示**
>
> 　　在同时打开多个图像文件时，可以利用【Ctrl+Tab】快捷键进行不同图像之间的转换。在同时打开多个不同软件或文件时，利用【Alt+Tab】快捷键可以实现不同操作软件之间的转换。

（3）图像查看

查看图像有如下几种方法。

- 选择工具箱中的抓手工具（快捷键【H】），将光标移动到图像上，当光标变为手形形状时拖动鼠标，即可查看图像的不同部分。
- 拖动图像窗口上的水平、垂直滚动条可以查看图像的不同部分。
- 按【PageUp】键或【PageDown】键可以上下滚动图像窗口查看图像。

> **提示**
>
> 　　无论在什么情况下，按住空格键，鼠标指针将变为手形形状，在窗口中拖动鼠标即可查看图像的不同部分。

6. 标尺、网格和参考线等常规设置

用户可以对 Photoshop 的常规选项、文件处理方式、显示与光标、透明度与色域、单位和标尺、参考线和网格、增效工具与暂存盘、文件浏览器等进行优化设置，以便于使用软件的过程中更加得心应手。执行【编辑】/【首选项】/【常规】命令会弹出如图 1.1.28 所示对话框。

【常规】选项：可以设置历史记录步数和是否显示工具提示等。

【文件处理】选项：可以设置文件存储选项和文件兼容性等。

【显示与光标】选项：可以显示光标的显示方式和绘画光标的形状。

【单位与标尺】选项：可以设置单位和分辨率等。

【参考线、网格与切片】选项：可以设置参考线、网格与切片的颜色和样式等。

图1.1.28　【常规】选项卡设置对话框

【增效工具与暂存盘】选项：可以设置虚拟内存的盘符。

【内存与图像高速缓存】选项：可以设置 Photoshop 图像缓存以及使用内存的大小。

（1）标尺

标尺可以显示当前光标所在位置的坐标值和图像尺寸，使用标尺可以更精确地对齐对象和选取范围。在 Photoshop 中，有水平标尺和垂直标尺两种。要在工作中显示标尺，可执行【视图】/【标尺】命令（快捷键【Ctrl+R】）。标尺是有刻度单位的，这样才能标出图像大小和对象的位置，在默认情况下，标尺的单位选择厘米，我们可以根据习惯进行设置使用。执行【编辑】/【首选项】/【单位与标尺】命令会弹出如图 1.1.29 所示对话框。

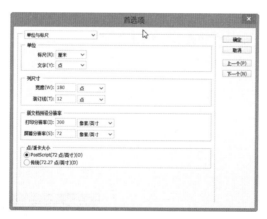

图1.1.29　【单位与标尺】选项卡设置对话框

（2）网格

网格可以用来对齐参考线，方便在制作图像时对齐。要显示网格可执行【视图】/【显示】/【网格】命令（快捷键【Ctrl+"】）。当不再需要网格线时，可再次执行【视图】/【显示】/【网格】命令。网格的间距与单位、参考线的颜色都可以通过执行【编辑】/【预设】/【参考线与网格】命令进行设置。

（3）参考线

参考线与网格一样可以用于对齐物体，它比网格要方便得多，可以任意设定其位置。

在使用参考线之前，必须先显示标尺，然后在标尺上单击拖动至窗口中，放开鼠标键即可出现参考线。当需要控制所绘制图形的确切尺寸时，可以从标尺处拖动参考线。

在选取移动工具的状态下，按【Alt】键并单击参考线，可使参考线在水平或垂直方向之间切换。

显示/隐藏参考线：执行【视图】/【显示】/【参考线】命令（快捷键【Ctrl+H】）即可。

锁定参考线：执行【视图】/【锁定参考线】命令（快捷键【Alt+Ctrl+；】）可锁定参考线，锁定后就不能移动。

清除参考线：执行【视图】/【清除参考线】命令可清除参考线。如果想删除其中的一条或几条，可通过拖动参考线到窗口外的方法进行删除。

移动参考线：按住【Ctrl】键并拖动鼠标可以移动参考线，或者先选择移动工具，再将鼠标光标向着参考线拖动也可移动参考线。

> **提示**
>
> 如果需要参考线严格与标尺刻度对齐，可以按住【Shift】键拖动参考线。

7. 图层操作技巧

图层是 Photoshop 软件中很重要的一部分，是学习 Photoshop 必须掌握的基础概念之一。图层对于中高级的图形图像设计师较为简单，但是对于初学者来说难度较大。

在 Photoshop 中，图层是一层层没有厚度的、透明的"电子画布"，它的上下顺序可以任意调整。我们可以把图像的不同部分放在不同的图层中叠放在一起，最后形成一幅完整的图像，我们还可以修改每一个图层中的图像，而不影响其他的图层，这也是图层最基本的工作原理（图1.1.30）。一个文件中的所有图层都具有相同的分辨率、相同的通道数和相同的图像色彩模式。

（a）各图层　　　　　（b）【图层】面板　　　　　（c）合成效果

图1.1.30　图层

在处理图像的过程中，一个图像文件可以含有多个图层，但图层过多将影响图像的处理速度。我们可以单独对不同的图层执行新建、复制、删除和合并等操作，并且这些操作都不会影响到其他的图层。【图层】面板如图1.1.31所示，其用来显示图像中不同图层的图像信息，在该面板上可以完成图层的新建、复制、删除、链接等操作。

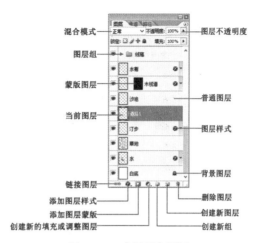

图1.1.31　【图层】面板

（1）新建图层

在Photoshop中，新建图层的方法很多，也比较灵活。

- 在【图层】面板中单击【新建】按钮，可以在当前层的上方创建一个新图层。
- 执行【图层】/【新建】/【图层】命令可以新建一个图层。
- 向图像中添加文字时，系统会自动产生一个新的文字图层。
- 当使用【形状】工具在图像中创建图形时，系统将自动产生一个新的形状图层。
- 对选择区域内的图像进行复制时，系统将自动产生一个新层。

（2）复制图层

复制图层可以在同一图像内进行，也可以在不同的图像之间进行。

- 在【图层】面板中，将需要复制的图层拖动至【新建】按钮上可以复制一个图层。
- 执行【图层】/【复制图层】命令，可以复制图层。
- 选择工具箱中的移动工具，将图层从源图像中拖动到目标图像中，可以进行不同图像之间的图层复制。

（3）删除图层

- 在【图层】面板中选择要删除的图层，然后单击【删除】按钮，可以删除当前图层。
- 执行【图层】/【删除】命令，可以删除当前图层。
- 在【图层】面板上，将要删除的图层拖至【删除】按钮，可以删除图层。

（4）图层模式

当两个图层重叠时，通常默认状态为"正常"，同时Photoshop也提供了多种不同的色彩混合模式，适当地更改模式会使用户的图像得到意想不到的效果。混合模式得到的结果与图层的明暗色彩有直接的关系，因此进行混合模式的选择，必须根据图层的自身特点灵活运用。在【图层】面板左上侧，单击下拉箭头，在弹出的下拉菜单中可以选择各种图层混合模式，如图1.1.32所示。

（5）图层属性

单击【图层】面板右上角的小黑三角形，在弹出的下拉菜单中选择【图层属性】命令，或执行【图层】/【图层属性】命令，或直接右击，在弹出的菜单上选择【图层属性】命令，在弹出的对话框中可以设定图层的名称以及图层的显示颜色，如图1.1.33所示。

图1.1.32　图层混合模式菜单

图1.1.33　【图层属性】对话框

（6）锁定图层

当设置好图层后，为了防止图层遭到破坏，可以将突出的某些功能锁定。

- 锁定透明像素：在【图层】面板上选取图层，激活【锁定透明像素】按钮▣，则图层上原本透明的部分将被锁住，不允许编辑。

- 锁定图像像素：选取图层，激活【锁定图像像素】按钮 🖉，则图层的图像编辑被锁住，不论是透明区域还是图像区域都不允许填色或者色彩编辑，这个动作对背景层是无效的。

- 锁定位置：选取图层，激活【锁定位置】按钮✛，则图层的位置编辑将被锁住，图层上的图形将不允许进行移动编辑。如果使用移到工具，将会弹出警告对话框，提示该命令不可用。

- 锁定全部：选取图层。激活【锁定全部】按钮🔒，则图层的所有编辑将被锁定，图层上的图像将不允许进行任何操作。

（7）链接图层

打开一张分层的图像文件，在【图层】面板上选中某图层为当前层，按住【Ctrl】键的同时单击所要链接的图层，当图层变为蓝色显示时，则表示链接图层与当前图层链接在一起，如图1.1.34所示。可以对链接在一起的图层进行整体移动、缩放、旋转等操作。不需要链接时，只需要按住【Ctrl】键并在要解除链接的图层上单击即可。

（8）图层排列顺序

打开一张分层的图像文件，在【图层】面板上选中某一图层，可以更改该图层的排列顺序。执行【图层】/【排列】命令，在弹出的下拉菜单中，可以选择相应的命令来改变图层的位置。另外，还可以在【图层】面板中通过直接拖拽来调整图层至相应的位置，如图1.1.35所示。

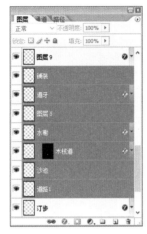

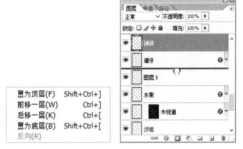

图1.1.34　链接图层　　　　　　　　　图1.1.35　排列顺序命令

（9）将背景图层转换为普通图层

有时需要对"背景"图层执行编辑时（例如调整其不透明度或是移动、旋转等），要将背景图层转换为普通图层。执行【图层】/【新建】/【背景图层】命令，或是在【图层】面板中双击"背景"图层，可以调出【新建图层】对话框。在该对话框中设定图层的名称、图层的显示颜色、混合模式、不透明度等。最后单击【确定】按钮，即可将背景图层转换为普通图层。

（10）图层合并

在实际的工作中，有时一张效果图会由上百个图层组成，这时合理地管理图层就很重要了。将一些同类的图层或是影响不大的图层合并在一起，可以减少磁盘的使用空间。执行【图层】命令，在弹出的下拉菜单中有三种合并图层的方式。

- 【向下合并】命令是指将当前工作层与其下面的图层合并为一层。如果当前工作层与其他图层存在链接关系，此时【向下合并】命令将变为【合并链接图层】命令。执行该命令后可以将当前工作层与和它存在链接关系的图层合并在一层。
- 【合并可见图层】命令是指将所有的可见图层合并为一层，不合并隐藏的图层。如果某一图层不希望被合并，可以将其前面的"眼睛"图标 关闭。
- 【拼合图层】是指将所有的图层合并为一层。如果有没有显示出来的图层，系统就会弹出询问对话框，询问是否要扔掉隐藏的图层。如果不需要隐藏的图层，可单击【确定】按钮。如果所有图层均为显示状态时，执行该命令将合并所有图层。

（11）有关图层操作的快捷键

有关图层操作的快捷键如下。

- 在对话框新建一个图层:【Ctrl+Shift+N】
- 通过复制建立一个图层:【Ctrl+J】
- 通过剪切建立一个图层:【Ctrl+Shift+J】
- 与前一图层编组:【Ctrl+G】
- 取消编组:【Ctrl+Shift+G】
- 向下合并或合并链接图层:【Ctrl+E】
- 合并可见图层:【Ctrl+Shift+E】
- 将当前层下移一层:【Ctrl+[】
- 将当前层上移一层:【Ctrl+]】
- 将当前层移到最下面:【Ctrl+Shift+[】
- 将当前层移到最上面:【Ctrl+Shift+]】
- 激活下一个图层:【Alt+[】
- 激活上一个图层:【Alt+]】
- 激活底部图层:【Shift+Alt+[】
- 激活顶部图层:【Shift+Alt+]】

1.1.4 小试牛刀

打开配套教学资源包(具体下载方法见前言)中的相关 CAD 文件,选择其中的一张图纸,完成将设计图纸由 AutoCAD 输出到 Photoshop 中的任务。

 任务 1.2 平面效果图制作

【任务分析】

在任务 1.1 完成 CAD 输出图形(图 1.2.1)的基础上,完成该图纸的平面效果图的制作,效果如图 1.2.2 所示。

在实际绘制前,应该对整体布局的线框进行分析,在将平面图中的各个部分都分析清楚的情况下,制定绘制流程,即绘制各个部分相互之间的前后顺序,这样才能使平面效果图绘制工作变得更加科学、更加实效。针对该小区中心游园景观设计方案总平面图,按照园林景观各构成元素分类,大致将其制定为以下的绘制程序。

1)园路的制作。

2)草地的制作。

3)道牙的制作。

4)水体的制作。

5)广场铺装的制作。

6）主体建筑、公共建筑及小品的制作。

7）乔木、灌木及花卉与地被植物模块的制作及置入。

8）细节的处理与水体的调整。

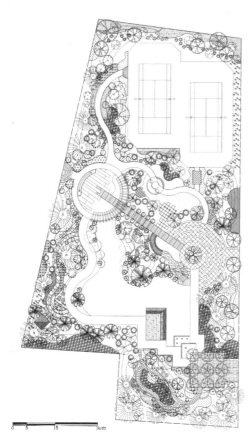

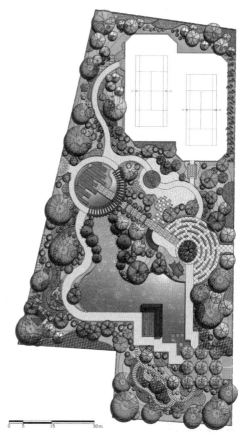

图1.2.1 打印完成后的整体效果　　　　图1.2.2 完成后的总平面图

提示

在具体制作过程中，主要应注意以下几点。

1）草地的制作：注意添加杂色滤镜的应用与草地自然化的处理。

2）水体的制作：注意填充图案的应用及图层不透明度的处理和阴影的制作。

3）建筑模块的制作：注意复制时技巧的运用及楼房阴影的处理。

4）树木的置入：注意放置位置的自然性，不可太死板。

1.2.1 工作步骤

1. 园路的制作

步骤一：用 Photoshop 软件打开任务 1.1 完成的"总平面 .psd"文件，单击"设计线"图层，使用魔棒工具（快捷键【W】），并按住【Shift】键，在图像中将所有主园路的区域选中。

步骤二：为了方便后续修改，应该将所选的区域设置一个新图层。执行【图层】/【新建】命令，建立一个新的图层。在【图层】控制面板中右击，在弹出的【图层属性】对话框中，将图层命名为"园路"，设置完毕后单击【确定】按钮。

步骤三：单击工具面板选择前景色，在弹出的如图 1.2.3 所示的【拾色器】对话框中，将颜色参数设置为（R：245，G：215，B：187），设置完毕后单击【确定】按钮。

步骤四：单击"园路"图层，按【Alt+Delete】快捷键，对所选择的区域用前景色进行填充。按【Ctrl+D】快捷键可取消选择区域。填充完成后效果如图 1.2.4 所示。

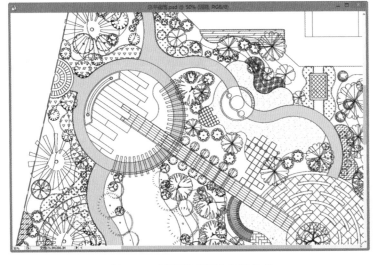

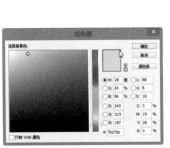

图1.2.3　【拾色器】对话框　　　　　　　　图1.2.4　园路填充颜色后的效果

步骤五：执行【滤镜】/【杂色】/【添加杂色】命令，在弹出的如图 1.2.5 所示【添加杂色】对话框中将数量参数设置为 10%，分布为"平均分布"，设置完毕后单击【确定】按钮。效果如图 1.2.6 所示。

步骤六：按【Ctrl+O】快捷键，可查看整体效果。这样主园路的制作基本完成，效果如图 1.2.7 所示。执行【文件】/【保存】命令（快捷键【Ctrl+S】）将图形保存。

> **提示**
>
> 园路的制作一般采取直接填充一种偏暖色调的方法来处理。因为园路与草坪、铺装等交界的区域一般要设计道牙，所以在平面效果图制作中，最好能给园路区域制作道牙。另外，因为道牙和路面一般不在一个平面上，为了表达出立体感，可以给道牙做一个投影效果，来体现道牙高出路面的效果。这里的道牙效果将放在草地制作完成后再做。

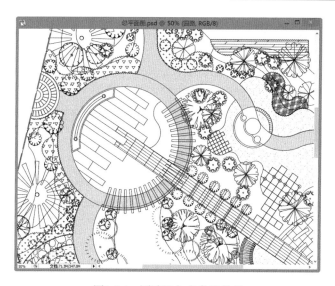

图1.2.5　【添加杂色】对话框　　　　　　图1.2.6　园路添加杂色后效果

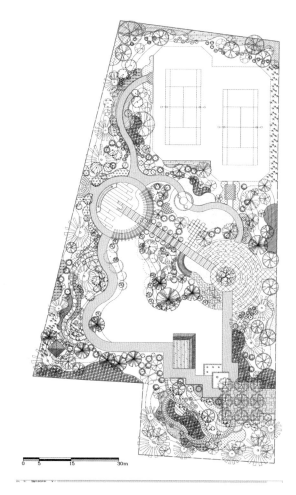

图1.2.7　园路制作完成后效果

2. 草地的制作

草地的制作一般直接采用填充绿色调，然后做杂色，做加深减淡的自然化处理；或者直接采用现存的草坪平面素材，采用定义图案的形式对草地区域进行填充。下面将详细介绍这两种不同的草地处理方法，在以后的效果图处理中，可以根据表达的需要选择不同的处理方法。

草地制作-1

（1）草地的制作——填充颜色法

步骤一：关掉"铺装填充""灌木填充""灌木线""乔木"图层，单击"设计线"图层。使用魔棒工具（快捷键【W】）将图形内的所有草地区域选中，建立一个新的图层"草地1"。单击工具面板中【拾色器】，设置深浅不同的两种绿色，颜色设置参数为前景色（R：153，G：249，B：96）、背景色（R：93，G：211，B：16），设置完毕后单击【确定】按钮确认。

步骤二：单击工具面板上的【渐变工具】按钮（快捷键【G】），选择【径向渐变】样式，对所选择的草地区域由中心向外拖动鼠标实施颜色渐变填充，效果如图1.2.8所示。

步骤三：执行【滤镜】/【杂色】/【添加杂色】命令，在弹出的【添加杂色】对话框中将数量参数设置为10%，单击"平均分布"，同时勾选"单色"，设置完毕后单击【确定】按钮确认。

步骤四：选择"地形线"图层，使用魔棒工具（快捷键【W】），选中所有最外围的一圈地形线区域，执行【选择】/【羽化】命令（快捷键【Alt+Ctrl+D】），在弹出的【羽化选区】对话框中，将羽化数据参数设置为20，如图1.2.9所示。

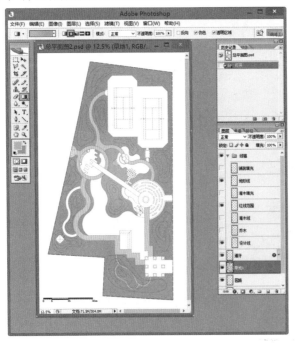

草地制作-2

草地制作-3

图1.2.8　草地区域颜色渐变后效果

图1.2.9　羽化选区

步骤五：回到"草地1"图层，执行【图像】/【调整】/【曲线】命令（快捷键【Ctrl+M】），弹出【曲线】对话框。如图1.2.10所示，适当调整曲线的位置，使选择区域颜色减淡一些。

步骤六：采用同样的方法对其他的地形线进行加深减淡的调整，使草地地形看上去更自然。这样草地的制作基本完成，效果如图1.2.11所示。按【Ctrl+S】快捷键将文件保存。

（2）草地的制作——填充图案法

步骤一：关掉"铺装填充""灌木填充""灌木线""乔木"图层，单击"设计线"图层。使用魔棒工具（快捷键【W】）将图形内的所有草地区域选中，建立一个新的图层"草地2"。

步骤二：按【Ctrl+O】快捷键打开"草地.jpg"的图像文件，按【Ctrl+A】快捷键将草坪全部选中，然后执行【编辑】/【定义图案】命令，将草地定义为图案，如图1.2.12所示。

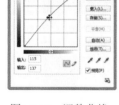

图1.2.10　调整曲线　　　　图1.2.11　采用填充颜色法　　　图1.2.12　定义草地图案
　　　　　　　　　　　　　　　处理后的草地效果

步骤三：执行【编辑】/【填充】命令（快捷键【Shift+Backspace】），弹出【填充】对话框，如图1.2.13所示。然后选择上一步定义的草地图案，单击【确定】按钮，即对草地区域用草地图案进行填充，效果如图1.2.14所示。

步骤四：执行【图像】/【调整】/【色彩平衡】命令（快捷键【Ctrl+B】），弹出【色彩平衡】对话框，如图1.2.15所示。适当调整绿色和黄色，使草地颜色接近黄绿色调。

步骤五：通过【曲线】工具和【加深/减淡】工具（快捷键【O】）进行调整，结合地形线对草地进行颜色加深减淡处理，使草地看上去更自然。这样草地的制作基本完成，效果如图1.2.16所示。按【Ctrl+S】快捷键将文件保存。

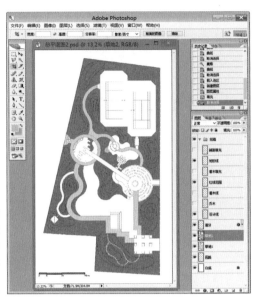

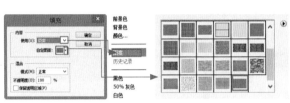

图1.2.13 【填充】对话框设置　　　　图1.2.14 填充草地图案效果

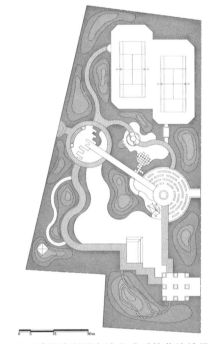

图1.2.15 【色彩平衡】对话框　　　　图1.2.16 采用填充图案法完成后的草地效果

3. 道牙的制作

下面我们为草地与铺装、路面等交界的地方制作道牙效果。道牙的制作可以在园路、铺装制作完成后进行；也可以直接选择草地，为草地边界制作道牙效果。直接选择草地区域一次性制作道牙效果，更方便快捷。

步骤一：通过快捷方式选择所有的草地区域，新建一个"道牙"图层。

步骤二：将前景色设置为白色，执行【编辑】/【描边】命令，弹出【描边】对话框，如图1.2.17所示。设置描边宽度为12像素，位置为内部，执行【描边】命令后效果如图1.2.18所示。

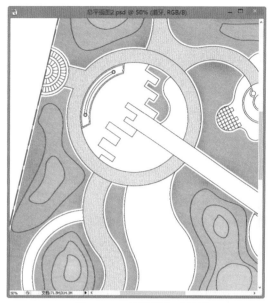

图1.2.17　【描边】对话框设置　　　　　图1.2.18　草地描边后效果

步骤三：仔细观察描白边的道牙区域，删除不必要的部分区域。如图1.2.19所示，亭子周边的草地道牙应该删除，使用多边形套索命令（快捷键【L】）框选出需要删除的区域，直接按【Delete】键就可以删除，删除后效果如图1.2.20所示。

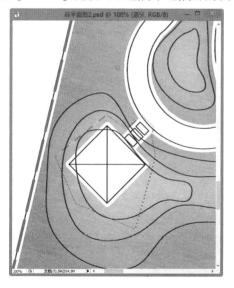
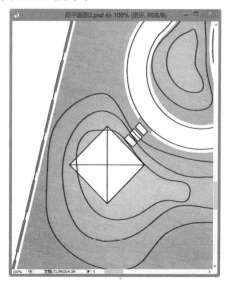

图1.2.19　框选出不必要的区域　　　　　图1.2.20　删除选择区域

步骤四：采用同样的方法，删除其他的不必要的区域。

步骤五：将前景色设置为黑色，快速选择所有的道牙区域，对其进行2像素的描边，描边位置为"居中"，效果如图1.2.21所示。这样就可以制作出CAD线稿的效果。

　　步骤六：双击"道牙"图层，在弹出的对话框中选择【混合属性】，弹出【图层样式】对话框，再选中【投影】，弹出如图1.2.22所示对话框，设置角度为60°，距离为3像素，大小为1像素，单击【确定】按钮确认。执行【投影】后命令的道牙最终效果如图1.2.23所示。

图1.2.21　道牙描黑边后效果

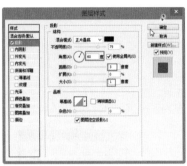

图1.2.22　道牙【投影】对话框设置

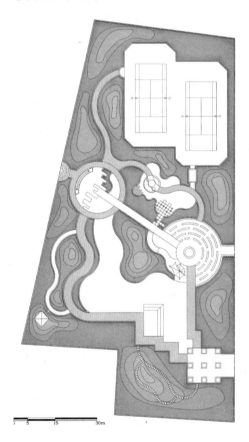

图1.2.23　道牙制作完成后效果

4. 水体的制作

该小区中心游园水体景观共分为三个部分：琴韵小广场处的两处小水景和银月湖水面。下面针对这两块不同的水面，详细讲述不同的水面处理技巧。

水体制作-1 水体制作-2

步骤一：使用魔棒工具（快捷键【W】），选择"设计线"图层，选中琴韵广场处弧形水体，建立一个新的图层"水体1"。

步骤二：单击工具面板中【拾色器】，设置深浅不同的两种蓝色，颜色设置为前景色（R:93，G:212，B:246），背景色（R:35，G:96，B:208），设置完毕后单击【确定】按钮。确认后单击工具面板上的渐变工具（快捷键【G】），对所选择的水体区域多次拖动鼠标实施颜色渐变填充，执行渐变后的效果如图1.2.24所示。

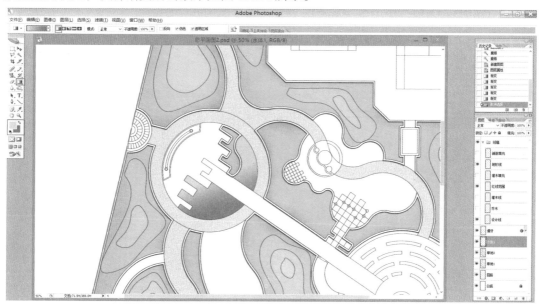

图1.2.24 水体执行颜色渐变后效果

步骤三：在"水体1"【图层】面板上右击，在弹出的对话框中选择【混合属性】，弹出【图层样式】对话框，再选中【内阴影】，弹出如图1.2.25所示对话框，设置角度为60°，距离为12像素，大小为5像素，单击【确定】按钮。执行【内阴影】命令后的水体最终效果如图1.2.26所示。

步骤四：采用同样的方法，完成景墙周围水体的制作，制作完成后效果如图1.2.27所示。

> **提示**
>
> 高出地面的元素需要制作"投影"效果，低于地面的元素需要制作"内阴影"效果。阴影的【距离】和元素的高度有关，高度越高，阴影的距离越大。阴影的【大小】和元素边界有关。

步骤五：使用魔棒工具（快捷键【W】），选择"设计线"图层，选中银月湖水面，建立一个新的图层"水面"。然后单击工具面板上的渐变工具，对所选择的水体区域多次拖动鼠标实施颜色渐变填充，实施渐变后的效果如图 1.2.28 所示。

  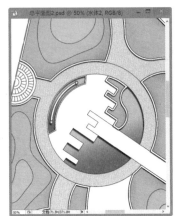

图1.2.25 水体图层【内阴影】　图1.2.26 制作【内阴影】后水体效果　图1.2.27 景墙周围水体效果
设置对话框

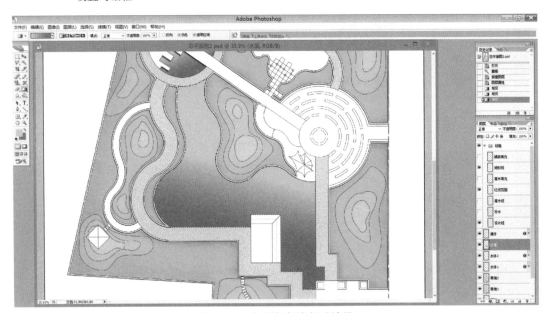

图1.2.28 水面渐变填充后效果

步骤六：为水体增加水纹的效果。打开"水面01.jpg"的图像文件，按【Ctrl+A】快捷键将水面全部选中，然后执行【编辑】/【拷贝】命令（快捷键【Ctrl+C】）。

步骤七：选中水体区域，执行【编辑】/【贴入】命令（快捷键【Ctrl+V】），将水面纹理粘贴到水体区域内。执行【编辑】/【自由变换】命令（快捷键【Ctrl+T】），调整水面纹理大小正好与水体区域大小基本一致，如图 1.2.29 所示。

步骤八：此时，水面的纹理颜色较深，将渐变填充的颜色效果完全覆盖了，因此应该对其透明度做调整。在图层控制面板中，将图层的不透明度调整为30%，得到如图 1.2.30 所示的效果。

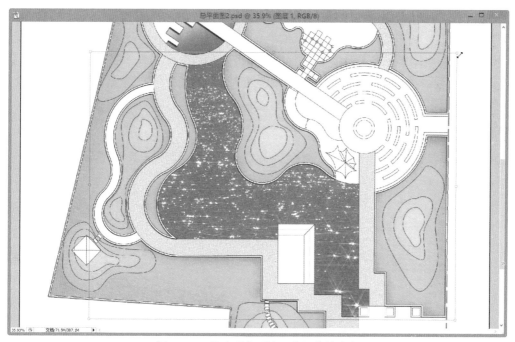

图1.2.29　粘贴到水面纹理并调整其大小

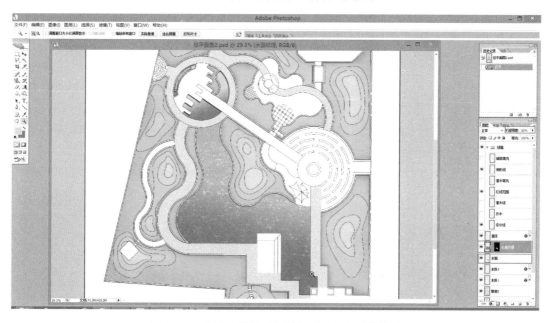

图1.2.30　调整水面纹理图层的不透明度后的效果

> **提示**
>
> 直接按数字键也可设置当前图层的不透明度，如按【1】键表示 10% 不透明度，按【5】键表示 50% 不透明度，以此类推，按【0】键表示 100% 不透明度。连续按数字键，如【7】键和【5】键，表示不透明度为 75%。

步骤九：制作水体岸边在水面上所产生的阴影。执行【图层】/【向下合并】命令（快捷键【Ctrl+E】），将"水面纹理"图层和"水面"图层两个图层合并成一个水体图层。

步骤十：在水体【图层】面板上右击，在弹出的对话框中选择【混合属性】，弹出【图层样式】对话框，选中【内阴影】，设置角度为60°，距离为25像素，大小为10像素，单击【确定】按钮。执行【内阴影】命令后的水体最终效果如图1.2.31所示。

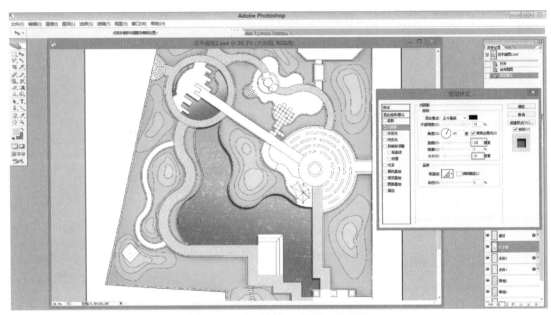

图1.2.31 水面制作内阴影后的效果

步骤十一：执行【滤镜】/【渲染】/【镜头光晕】命令，弹出如图1.2.32所示对话框，调整亮度为120%，选择镜头类型为50～300mm变焦，并在预览框中调整光晕中心的位置。水面执行【镜头光晕】命令后的效果如图1.2.33所示。

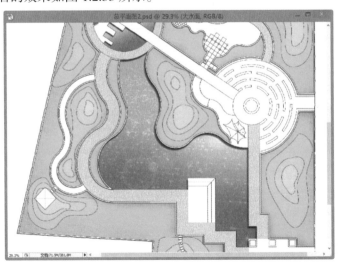

图1.2.32 【镜头光晕】对话框设置　　图1.2.33 执行【镜头光晕】命令后水面效果

步骤十二：采用同样的方法可以对其他的水体做不同的【渲染】效果。所有水面处理完成后效果如图 1.2.34 所示。

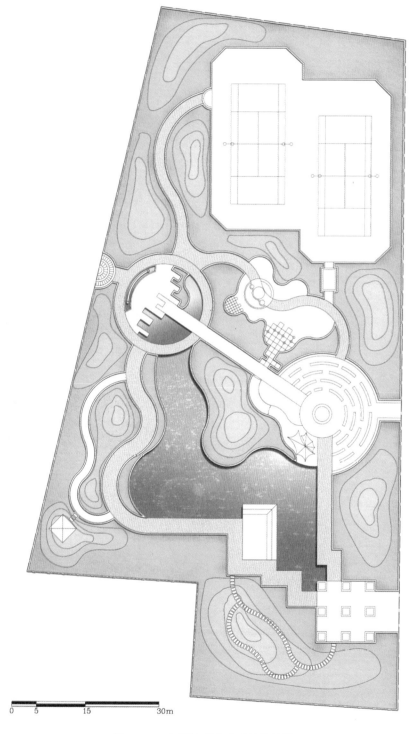

图1.2.34　水面处理完成后整体效果

> **提示**
>
> 　　水面的处理可以直接采用填充渐变颜色，或者是在填充渐变颜色的基础上再增加水面纹理的形式，可以使水面表现更生动，但是要注意图层的先后顺序以及图层不透明度的设置。另外，给水面增加"光晕"效果，可以使水面光照效果更好。

5. 广场铺装的制作

　　广场铺装的制作最常采用的方法是置入法（即将一幅图像中的选择区域用鼠标拖动至另一幅图像中的方法）和填充法（即将一幅图像定义为填充图案，然后在另一幅图像中用图案填充要填充的选择区域的方法），下面就按照图1.2.35给出顺序在不同的区域内进行广场铺装的制作。

　　（1）琴韵广场铺装的制作

　　步骤一：打开教学资源包中的"任务1.2—铺装材质"文件，如图1.2.36所示。按【Ctrl+A】快捷键将铺装全部选中，然后执行【编辑】/【拷贝】命令（快捷键【Ctrl+C】）。

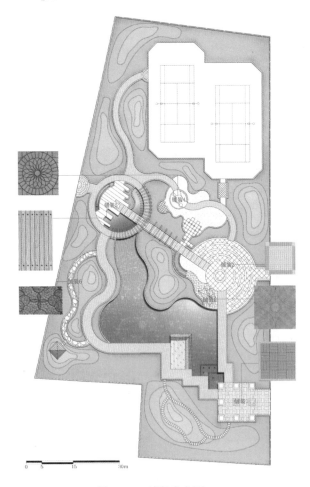

铺装制作-1

铺装制作-2

铺装制作-3

铺装制作-4

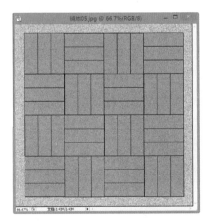

图1.2.35　铺装意向图　　　　　　　　　图1.2.36　铺装材质

步骤二:打开"铺装填充"图层,在"设计线"图层中选中琴韵广场铺装区域,将铺装材料粘贴到铺装区域内,将自动生成的图层名改为"铺装1"。

步骤三:选中"铺装1"区域,回到"铺装填充"图层,按【Delete】键删除该区域的填充图案。

步骤四:执行【视图】/【标尺】命令(快捷键【Ctrl+R】)将标尺显示,选择移动工具,将鼠标指针移到标尺刻度处,拉出一条辅助线,调整铺装图案的大小,如图1.2.37所示。

步骤五:选中该铺装图案进行复制(在移动命令状态下按【Alt】键),将该广场区域全部用该铺装材料铺满。"铺装1"图层填充完成后效果如图1.2.38所示。

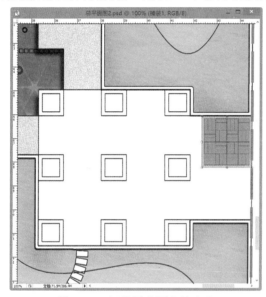
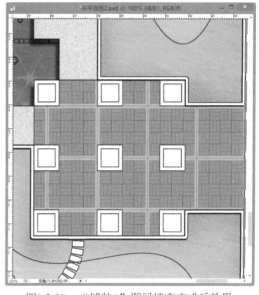

图1.2.37 调整铺装图案的大小　　　　　图1.2.38 "铺装1"图层填充完成后效果

(2)迷宫广场铺装的制作

步骤一:打开教学资源包"任务1.2—铺装材质"中名为"方形铺地.jpg"的铺装材质文件(图1.2.39),用吸管工具吸取一块铺装颜色。

步骤二:在"设计线"图层选择迷宫广场区域,新建一个"铺装2"图层,将选择区域用前景色进行填充。填充完成后效果如图1.2.40所示。

(3)拉膜下铺装的制作

步骤一:打开教学资源包"任务1.2—铺装材质"中名为"花样铺装2.jpg"的铺装材质文件,如图1.2.41所示。按【Ctrl+A】快捷键将铺装全部选中,然后执行【编辑】/【拷贝】命令(快捷键【Ctrl+C】)。

步骤二:在"设计线"图层选择中选择拉膜区域,回到"铺装填充"图层,按【Delete】键删除该区域的填充图案。

步骤三:再回到"设计线"图层,增加选择花架下的铺装区域,将铺装材料粘贴到铺装区域内,将自动生成的图层名改为"铺装3"。填充完成后效果如图1.2.42所示。

(4)游戏沙池材质的制作

步骤一:在"设计线"图层选择中选择游戏沙池区域,新建一个图层"铺装4",设置前景色为一个浅色调，填充选择区域。

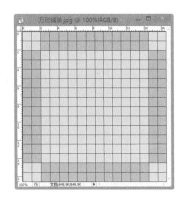

图1.2.39　方形铺地材质

图1.2.40　直接填充颜色后效果

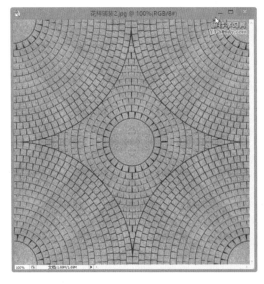

图1.2.41　花样铺装材质

图1.2.42　"铺装3"图层完成后效果

步骤二： 执行【滤镜】/【杂色】/【添加杂色】命令，按要求设置参数，如图1.2.43所示。

完成后游戏沙池效果如图1.2.44所示。

（5）木铺装材质的制作

步骤一： 打开教学资源包"任务1.2—铺装材质"中名为"木栈道.jpg"的铺装材质文件，如图1.2.45所示。按【Ctrl+A】快捷键将铺装全部选中，然后执行【编辑】/【拷贝】命令（快捷键【Ctrl+C】）。

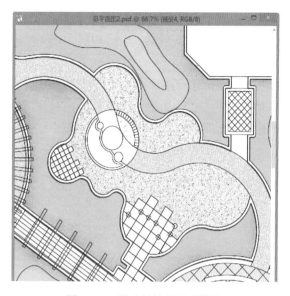

图1.2.43 【添加杂色】效果设置

图1.2.44 游戏沙池处理后效果

步骤二：在"设计线"图层选中琴韵广场木铺装区域，将该材质粘贴到选择区域。按【Ctrl+T】快捷键自由变换，对材质进行旋转，调整角度刚好与铺装线平行，然后复制该材质。完成后木铺装效果如图 1.2.46 所示。

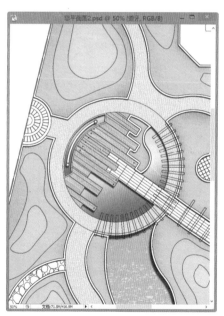

图1.2.45 木栈道材质

图1.2.46 木栈道填充后效果

（6）卵石铺装材质的制作

步骤一：打开教学资源包"任务 1.2—铺装材质"中名为"卵石拼花 .jpg"的铺装材质文件。按【Ctrl+A】快捷键将铺装全部选中，然后执行【编辑】/【定义图案】命令，将该材质定义为图案。

步骤二：在"设计线"图层选择卵石铺装区域，再回到"铺装填充"图层，按【Delete】键删除该区域的填充图案。新建一个图层，用刚定义的图案填充选择区域，效果如图 1.2.47 所示。

步骤三：再回到"卵石拼花"文件，右击，选择【图像大小】，源文件图像大小如图 1.2.48 所示，修改其大小参数，如图 1.2.49 所示。对修改参数后的图像重新定义图案，再对相应区域用新图案重新填充。填充完成后效果如图 1.2.50 所示。

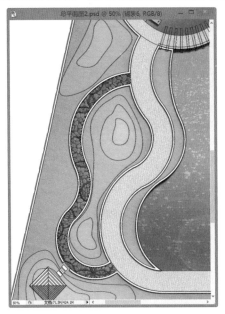

图1.2.47　直接填充图案后效果

图1.2.48　源文件图像大小

图1.2.49　修改后图像大小

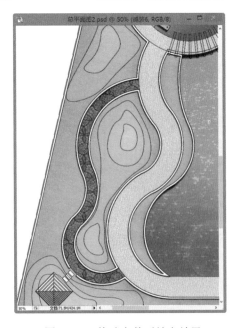

图1.2.50　修改参数后填充效果

（7）圆形铺装材质的制作

步骤一：打开教学资源包"任务 1.2—铺装材质"中名为"圆形铺装 .jpg"的铺装材质文件。

步骤二：按【M】键选择椭圆形选择工具，再按【Ctrl+R】快捷键将标尺显示，并拖出复制线找到圆心位置，如图 1.2.51 所示；按【M】快捷键选择椭圆形选择工具，再按住【Shift+Alt】快捷键，从中心往外围拖动鼠标，选择出正圆形区域，然后执行【编辑】/【拷贝】命令（快捷键【Ctrl+C】）。

步骤三：直接按【Ctrl+V】快捷键将刚复制的材质粘贴到文件中，调整其大小和位置，完成后圆形铺装效果如图 1.2.52 所示。

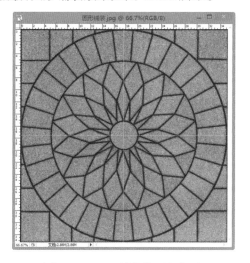

图1.2.51　圆形铺装的圆心位置

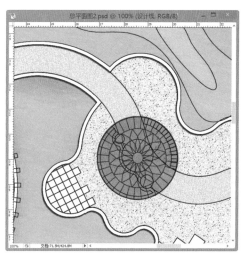

图1.2.52　圆形铺装粘贴后效果

（8）汀步的制作

步骤一：在"设计线"图层选择所有汀步区域，新建一个"汀步"图层，将其填充为前景色。

步骤二：给汀步图层制作阴影效果，完成后效果如图 1.2.53 所示。

采用以上的不同方法，完成其他区域的所有铺装制作，制作完成后效果如图 1.2.54 所示。

建筑制作-1　　　建筑制作-2

6. 主体建筑、公共建筑及小品的制作

在园林景观平面效果图的制作中，主体建筑制作可以先采用留白的形式，再直接做阴影处理，也可以直接采用填充颜色的方式；公共建筑及小品设施的制作方法一般为直接填充颜色。该任务平面图中主要包括水榭、亭子、花架、特色拉膜等，不包括大型的公共建筑和主体建筑，但是处理的方法与技巧同建筑小品，下面将详细介绍其制作方法与技巧。

（1）水榭、亭子的制作

步骤一：在"设计线"图层，用选择工具选取水榭区域，设置前景色为暖色调。

步骤二：新建一个"水榭"图层，用前景色填充选择区域，效果如图 1.2.55 所示。

步骤三：回到"设计线"图层，选择水榭的不同区域；再回到"水榭"图层，按【Ctrl+M】快捷键调整不同水榭区域的明暗。调整完成后效果如图 1.2.56 所示。

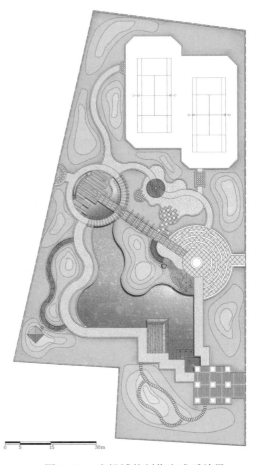

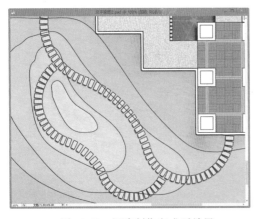

图1.2.53　汀步制作完成后效果　　　　　图1.2.54　广场铺装制作完成后效果

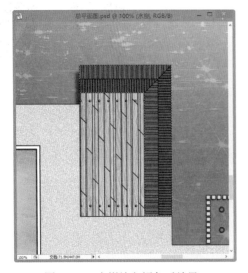

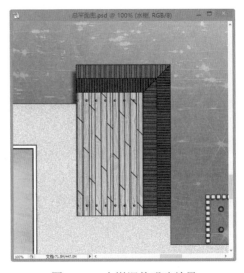

图1.2.55　水榭填充颜色后效果　　　　　图1.2.56　水榭调整明暗效果

步骤四：选择"水榭"图层，新建一个"水榭阴影"图层，将其填充为黑色。

步骤五：选择移动工具，在移动状态下，按住【Alt】键，同时交替按□键和□键，复制阴影图层，直到阴影方向和大小达到满意程度为止，效果如图1.2.57所示。

步骤六：移动"水榭阴影"图层到"水榭"图层下面，同时调整图层的不透明度为60%，效果如图1.2.58所示。

步骤七：采用同样的方法完成亭子平面效果以及阴影的制作，制作完成后效果如图1.2.59所示。

（2）花架的制作

步骤一：用多边形套索工具画出一根花架梁的区域，新建一个"花架"图层，用前景色填充选择区域，绘制的花架梁效果如图1.2.60所示。

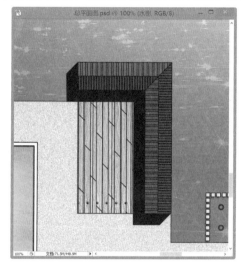
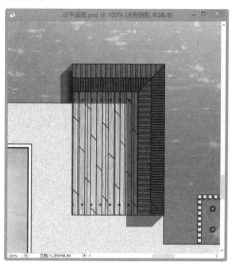

图1.2.57　复制阴影图层后效果　　　　图1.2.58　水榭阴影制作完成后效果

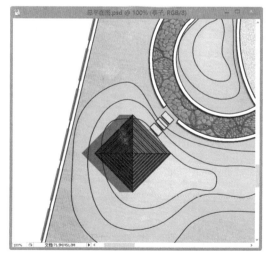
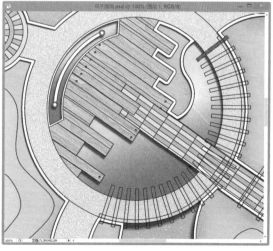

图1.2.59　亭子制作完成后效果　　　　图1.2.60　绘制一根花架梁效果

步骤二：采用同样的方法完成其他花架梁的制作，制作完成后效果如图 1.2.61 所示。

步骤三：选择钢笔工具（快捷键【P】）画出如图 1.2.62 所示路径。

步骤四：选择转换点工具，调整路径上点的形状和位置，效果如图 1.2.63 所示。

步骤五：单击【路径】面板，将刚才绘制的路径转换成选择区域，并将其填充为前景色。

步骤六：双击【花架】图层，选择【投影效果】，调整投影的大小，效果如图 1.2.64 所示。

步骤七：将花架图层移到最顶层（快捷键【Shift+Ctrl+]】），选中花架图层；回到"铺装填充"图层，按【Delete】键删除该区域的线，然后用黑色对花架区域进行描边，最终效果如图 1.2.65 所示。

步骤八：采用同样的方法完成另外一个花架（命名为"花架2"）的制作，效果如图 1.2.66 所示。

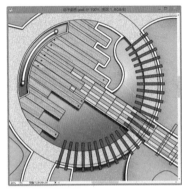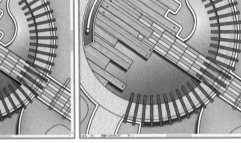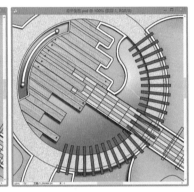

图1.2.61　花架梁复制完成后效果　　　图1.2.62　钢笔工具绘制的路径　　　图1.2.63　调整转换点位置后的路径

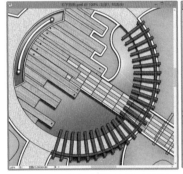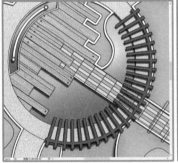

图1.2.64　花架制作阴影后效果　　　图1.2.65　花架制作完成后效果　　　图1.2.66　花架2制作完成后效果

（3）彩色构架的制作

步骤一：用多边形套索工具画出一根构架的区域，新建一个"构架"图层，设置前景色为红色，用前景色填充选择区域。

步骤二：采用同样的方法，分别设置前景色为橙、黄、蓝、紫色，并对构架进行填充。

步骤三：对构架图层做投影效果，然后将"构架"图层移到最顶层，选中"构架"图层，回到"铺装填充"图层，按【Delete】键删除该区域的线，然后用黑色对构架区域进行描边，最终效果如图 1.2.67 所示。

（4）特色拉膜、树池等的制作

步骤一：在"设计线"图层选择拉膜区域，新建一个"拉膜"图层，设置前景色和背景色为深浅不同的蓝色，采用由中心向外围渐变的方式填充拉膜区域。

步骤二：对拉膜图层做投影效果，最终效果如图1.2.68所示。

步骤三：采用同样的方法完成其他所有建筑、小品的制作，最终完成后效果如图1.2.69所示。

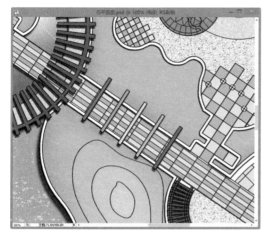

图1.2.67 构架制作完成后效果

图1.2.68 拉膜制作完成后效果

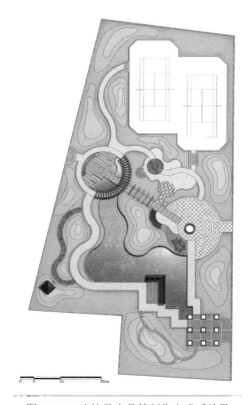

图1.2.69 建筑及小品等制作完成后效果

7. 乔木、灌木及花卉与地被植物模块的制作及置入

在处理园林景观平面效果图时，如果 CAD 图中没有种植植物，树木与灌木模块一般选择置入法，将平时收集好的各类型乔木、灌木模块直接添加到平面效果图中。添加时要注意树木位置的自然协调性、均衡性，同时符合植物种植设计要求。如果在 CAD 图中已经完成了植物种植设计，可以采用上层乔木利用已有的 CAD 线稿制作树的模块，下层小灌木也可以直接采用平时收集的平面效果树素材添加的方法。花卉与地被植物模块也可以采用直接置入法或者利用滤镜命令制作。在制作植物素材时要特别注意图层的管理以及图层先后顺序的管理，可以考虑将上层乔木放在同一个图层，下层小灌木放在一个图层，所有地被植物放在同一个图层，所有花卉放在同一个图层。下面将详细介绍不同的植物处理效果。

植物制作-1

植物制作-2

植物制作-3

（1）上层乔木模块的制作

步骤一：将"线稿组"图层下的"乔木"图层打开，按【M】快捷键选择椭圆形选择工具，按住【Shift+Alt】快捷键从一棵树的中心往外围画一个正圆形选择区域。

步骤二：新建一个"上层乔木"图层，将前景色设置为黄色，背景色设置为绿色，选择从【前景色到背景色渐变】样式，然后在圆形选择区域从右上角到左下角填充渐变颜色，效果如图 1.2.70 所示。

步骤三：执行【滤镜】/【杂色】/【添加杂色】命令，在弹出的【添加杂色】对话框中将数量设置为 10%，分布选择"平均分布"，同时勾选"单色"，给树模块添加杂色效果，效果如图 1.2.71 所示。

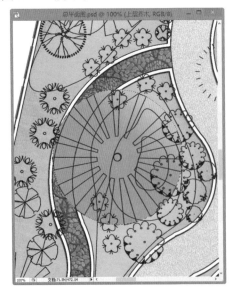

图1.2.70　乔木填充渐变颜色后效果

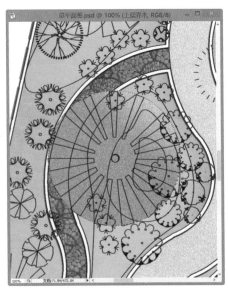

图1.2.71　乔木添加杂色后效果

步骤四：执行【滤镜】/【渲染】/【光照效果】命令，在弹出的【光照效果】对话框中

调整光照方向和数值，如图1.2.72所示。执行光照效果后乔木的效果如图1.2.73所示。

　　步骤五：双击"上层乔木"图层，给乔木制作投影效果，调整投影大小，最终效果如图1.2.74所示。

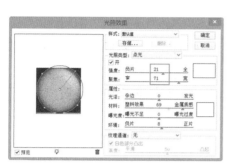

图1.2.72　【光照效果】参数设置

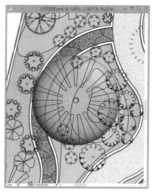

图1.2.73　给乔木执行
【光照效果】命令后效果

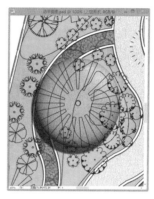

图1.2.74　给乔木制作
投影后效果

　　步骤六：复制该乔木模块，并调整其大小，完成同一种乔木的制作，效果如图1.2.75所示。

　　步骤七：设置不同的前景色和背景色，采用同样的方法完成其他上层乔木模块的制作，最终效果如图1.2.76所示。

图1.2.75　同一种乔木复制完成后效果

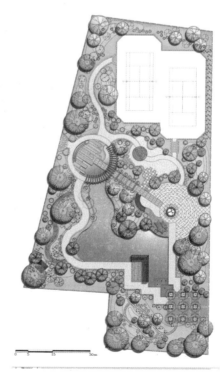

图1.2.76　上层乔木制作完成后效果

（2）上层乔木和灌木模块的置入

步骤一：打开教学资源包"任务 1.2—铺装材质"中名为"常用平面贴图材质 .psd"和"平面树 .psd"的图像文件，选择合适的树木模块，选择工具面板中的移动工具，将选中的树木模块拖动到要处理的平面效果图中。

步骤二：按【Ctrl+T】快捷键调整树木的大小和方向，确定后调整树木在平面图中的位置。

步骤三：选中树木区域，利用复制的方法完成同一种树的置入，然后给树木图层制作投影效果。

步骤四：采用同样的方法完成其他乔木、灌木的置入，制作完成后效果如图 1.2.77 所示。

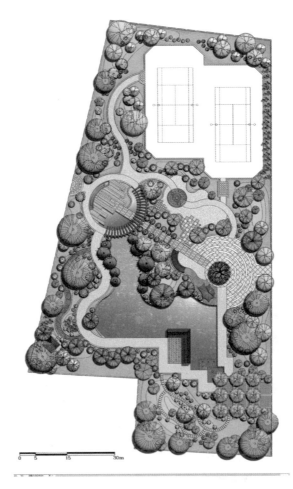

图1.2.77　乔木、灌木处理完成后的效果

（3）绿篱的制作

步骤一：将"线稿组"图层下的"灌木线"与"灌木填充"图层打开，使用魔棒工具（快捷键【W】），选择所有的绿篱区域。

步骤二：新建一个"绿篱"图层，将前景色设置为绿色，并用前景色填充;然后执行【滤镜】/【杂色】/【添加杂色】命令，在弹出的【添加杂色】对话框中将数量设置为10%，分布选择"平均分布"，同时勾选"单色"，给绿篱添加杂色效果。

步骤三：双击"绿篱"图层，给绿篱制作投影效果，调整投影大小，最终效果如图1.2.78所示。

（4）花卉与地被植物的制作

步骤一：将"线稿组"图层下的"灌木线"与"灌木填充"图层打开，使用魔棒工具（快捷键【W】），选择一块地被植物区域。

步骤二：新建一个"地被"图层，将前景色设置为红色，背景色设置为绿色，用前景色填充选择区域，效果如图1.2.79所示。

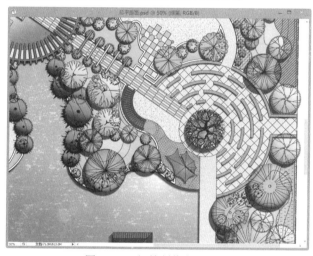

图1.2.78 绿篱制作完成后效果

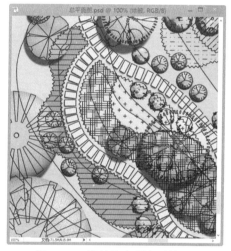

图1.2.79 地被填充颜色后效果

步骤三：执行【滤镜】/【像素化】/【点状化】命令，在弹出的【点状化】对话框中进行数量设置，如图1.2.80所示。执行完【点状化】命令后效果如图1.2.81所示。

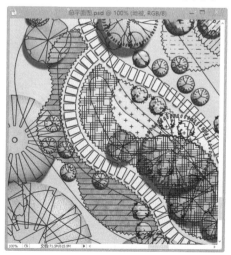

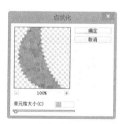

图1.2.80 【点状化】对话框设置

图1.2.81 执行完【点状化】命令后效果

步骤四：双击"地被"图层，给地被制作投影效果，调整大小，效果如图 1.2.82 所示。

步骤五：设置不同的前景色，对其他的地被进行处理，调整地被图层的顺序，所有植物处理完成后效果如图 1.2.83 所示。

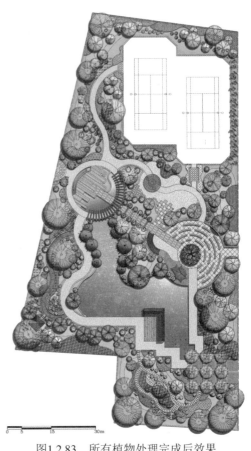

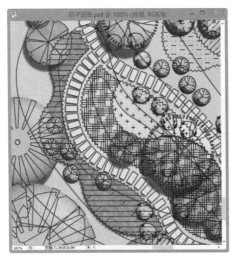

图1.2.82　地被制作投影效果　　　　　　　图1.2.83　所有植物处理完成后效果

8. 细节的处理与整体的调整

细节的处理主要包括一些小的细部或者是存在问题的部分的处理，针对本任务主要介绍喷泉的制作和道牙的调整。

整体效果的调整主要包括图像的色彩、饱和度、明暗度等各方面的调整以及平面构图的确定等。图像的调整主要决定于自身对色彩的感觉，具体的调整方法全部集中在菜单栏中的【图像】/【调整】模块，用的最多的是调整色彩平衡、亮度/对比度、色阶和曲线等，读者可以根据需要尝试不同的调整方法对图像的作用。

（1）喷泉的制作

步骤一：选择画笔工具（快捷键【B】），在【属性】栏单击小三角形，在弹出的选框中选择一个散点状的画笔，并调整画笔的大小，如图 1.2.84 所示。

步骤二：设置前景色为白色，新建一个"喷泉"图层，并将

平面大关系　　　　整体处理
处理技巧　　　　　技巧

该图层移动到水面图层的上面，在喷泉位置处单击多次，画出喷泉形状，如图 1.2.85 所示。

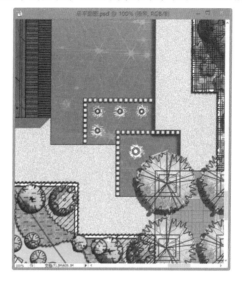

图1.2.84　选择画笔形状　　　　　　　图1.2.85　用画笔绘制的喷泉效果

（2）道牙的修改

在道牙制作时，选择道牙的宽度为 10 像素，放到实际像素看图时，道牙尺寸显的偏宽，所以建议重新制作道牙效果，效果如图 1.2.86 所示。

步骤一：删除原来的"道牙"图层，通过快捷方式选择所有的草地区域，新建一个"道牙"图层。

步骤二：将前景色设置为白色，执行【编辑】/【描边】命令，在弹出的【描边】对话框中设置"描边宽度"为 8 像素，位置为内部，执行【描边】命令。

步骤三：采用前面所讲过的制作道牙的方法，重新制作道牙效果，如图 1.2.87 所示。

图1.2.86　原道牙效果　　　　　　　　图1.2.87　修改后道牙效果

（3）铺装色彩的调整

在铺装制作时，基本上都是直接采用铺装材质置入的，会出现部分铺装材质色调与总平面图不协调，如木栈道的色调与图面不协调、树阵广场的铺装材质偏暗、拉膜下的铺装材质色调偏暗，此时需要做细节的调整，主要是调整色彩平衡、亮度/对比度、色阶和曲线等。

步骤一：选择木栈道铺装，对色彩平衡和色相/饱和度等进行调整，调整前后的效果分别如图 1.2.88 和图 1.2.89 所示。

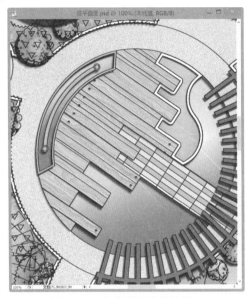 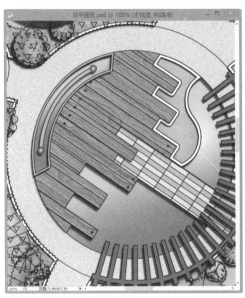

图1.2.88　木栈道调整前效果　　　　　　　图1.2.89　木栈道调整后效果

步骤二：选择树阵广场处的席子纹铺装，通过调整曲线的方式，调整铺装的亮度，调整前后效果分别如图 1.2.90 和图 1.2.91 所示。

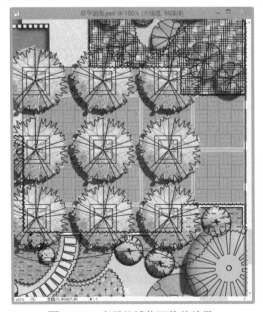 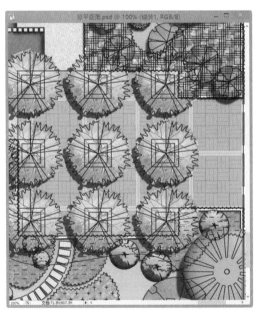

图1.2.90　席子纹铺装调整前效果　　　　　　图1.2.91　席子纹铺装调整后效果

步骤三：采用同样的方法调整其他需要调整的对象，平面效果图完成之后的最终效果如图 1.2.92 所示。

　　步骤四：按【Ctrl+S】快捷键将文件保存为"总平面效果图 .psd"格式。

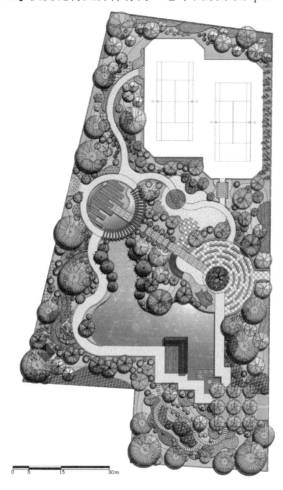

图1.2.92　完成后的平面效果图

1.2.2　知识拓展

平面图制作（小清新风格）-图纸分析　　平面图制作（小清新风格）-铺色　　平面图制作（小清新风格）-草坪、铺装　　平面图制作（小清新风格）-建筑、栽植

　　注：以上视频是以本任务图纸为载体的另一种风格（小清新风格）的平面效果图制作形式。

1. 平面树模块的制作

步骤一：打开教学资源包"任务 1.2—铺装材质"中的"平面树 .psd"文件，使用前面的方法将此图调入到 Photoshop 中。

步骤二：在 Photoshop 中打开此图像，新建一个图层并置于底层，用白色填充。然后拼合图层。

步骤三：先调整图像模式为灰度模式，再调整图像模式为 RGB 模式，并调整图像亮度 / 对比度，使其高亮显示。

步骤四：在工具栏中选择椭圆形选择工具（快捷键【M】），按住【Shift+Alt】快捷键，从中心往外围拖动鼠标，将树选中；按【Shift+Ctrl+I】快捷键反选选区，然后按【Delete】键将其背景部分删除。效果如图 1.2.93 所示。

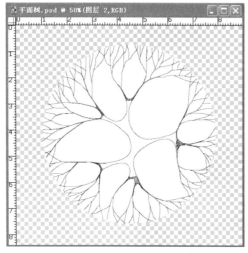

图1.2.93　平面树处理前效果图

步骤五：复制图层 1，选择魔棒工具（快捷键【W】），选中树干部分，将前景色调为褐色，按【Alt+Delete】快捷键。为增强树枝的立体感，可增加高斯模糊，具体操作为：执行【滤镜】/【模糊】/【高斯模糊】命令，将半径设为 2.4。效果如图 1.2.94 所示。

步骤六：设置两种深浅不同的绿色。用魔棒工具选中树叶部分，从左上角至右下角拖动鼠标，为树叶填充绿色渐变效果，效果如图 1.2.95 所示。

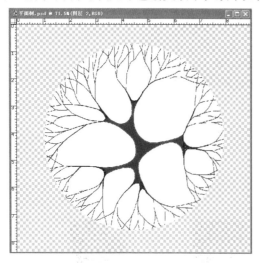

图1.2.94　树枝制作完成后效果

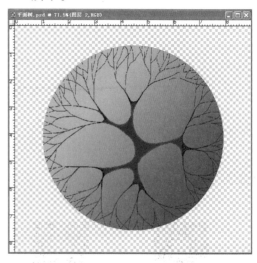

图1.2.95　树叶渐变完成后效果

步骤七：制作树叶效果。执行【滤镜】/【杂色】/【添加杂色】命令，将杂色数量设为 18，并勾选"平均分布"；然后执行【滤镜】/【艺术效果】/【水彩】命令，设置如图 1.2.96 所示。执行滤镜效果后，效果如图 1.2.97 所示。

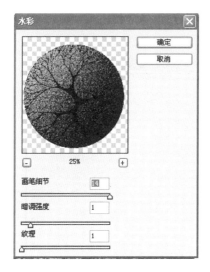

图1.2.96　【水彩】设置对话框

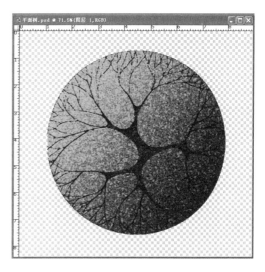

图1.2.97　执行滤镜后树叶效果

步骤八：制作光照效果。执行【滤镜】/【渲染】/【光照效果】命令，参数设置如图 1.2.98 所示。执行滤镜效果后，效果如图 1.2.99 所示。

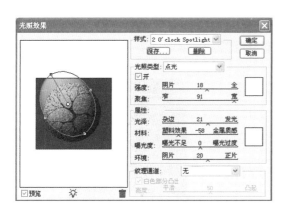

图1.2.98　光照效果参数设置

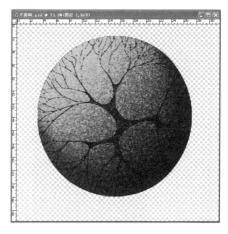

图1.2.99　执行光照效果后平面树效果

2. 亭子模块的制作

步骤一：打开教学资源包"任务 1.2—铺装材质"中的"木纹 .jpg"文件，新建一个文件。其【新建】对话框设置如图 1.2.100 所示。

步骤二：执行【视图】/【标尺】命令（快捷键【Ctrl+R】），显示标尺。选择移动工具，在视图中拉出如图 1.2.101 所示辅助线。

步骤三：亭顶板制作。将木纹材质复制到新文件中，框选一正方形区域，再反选，按【Delete】键删除多余的木纹区域，将正方形木纹旋转 90°，效果如图 1.2.102 所示。

步骤四：角梁制作。在图层 1 上用矩形选择工具选择一条形选区，将选区复制成一新的图层 2（快捷键【Ctrl+J】）。然后按【Ctrl+T】快捷键，对图层 2 进行自由变换，拉长并旋转至亭角梁的位置。再将该角梁复制，并旋转移动到合适的位置。角梁制作完成后效果如图 1.2.103 所示。

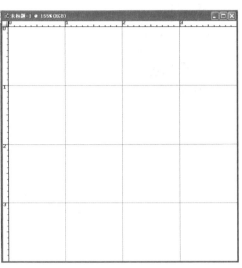

图1.2.100 【新建】对话框设置　　　　　　　图1.2.101 辅助线

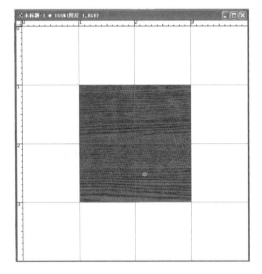

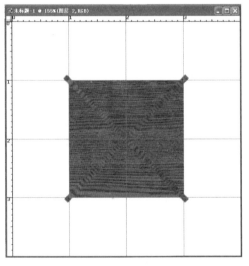

图1.2.102 亭顶板制作效果　　　　　　　图1.2.103 角梁制作完成后效果

步骤五：亭板条制作。在图层 1 上用矩形选择工具选择一条形选区，将选区复制成一新的图层 3（快捷键【Ctrl+J】），关闭图层 1。

步骤六：执行【图像】/【调整】/【亮度/对比度】命令，将图层 3 调亮。选中图层 3 中的图像，按【Ctrl+Alt】快捷键拖动复制多条；按【Shift】键，用多边形套索工具将多余部分选中，按【Delete】键进行删除，得到如图 1.2.104 所示效果。

步骤七：选中图层 3 中的所有对象，复制，并将其垂直翻转，将复制出的对象移动到合适的位置；再选择图层 3 中的所有对象，复制，并将其水平翻转，将复制出的对象移动到合适的位置；再选择图层 3 中的所有对象，复制，并将其旋转 90°，将复制出的对象移动到合适的位置，得到如图 1.2.105 所示效果。

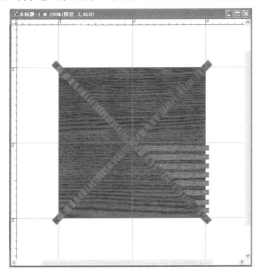

图1.2.104 亭板条制作调整

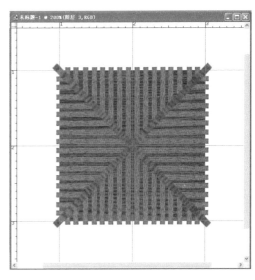

图1.2.105 亭板条制作完成后效果

步骤八：分别对图层 2 和图层 3 制作投影效果，制作完成后效果如图 1.2.106 所示。

步骤九：亭顶制作。选择图层 1，单击椭圆选择工具在中心区域选择一圆形区域，将所选区复制成一新的图层 4。将图层 4 移至顶层，再对该图层制作投影效果，得到如图 1.2.107 所示效果。

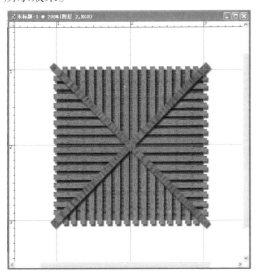

图1.2.106 亭板条制作投影后效果

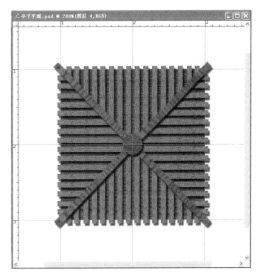

图1.2.107 亭顶制作投影后效果

步骤十：将图层 1 ~ 4 合并成图层 1，用多边形套索工具选背光的一面，执行【图像】/【调整】/【亮度/对比度】命令，降低所选区域的亮度、对比度。

步骤十一：将选区移动旋转至另一背光面，然后执行【图像】/【调整】/【色相/饱和度】命令，降低所选区域的明度。

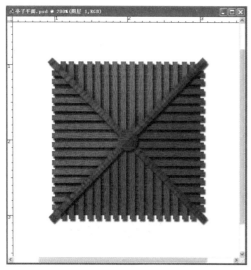

图1.2.108 亭子制作完成后效果

步骤十二：用减淡工具和加深工具处理其他部位的明暗，使亭子平面图更具立体感；隐藏辅助线（快捷键【Ctrl+H】），最后得到如图1.2.108所示的效果。

3. 硬质铺装模块的制作

步骤一：按【Ctrl+N】快捷键或执行【文件】/【新建】命令，新建一个名为"定义图案"的RGB模式文件，参数设置如图1.2.109所示。宽度和高度均为8cm，分辨率为200像素/英寸，背景为白色，然后单击【确定】按钮。

步骤二：单击工具箱中的"设置前景色"颜色块，设置前景色为暖色调（R：254，G：223，B：203），然后按【Alt+Delete】快捷键，用前景色填充背景层。

步骤三：按【Ctrl+R】快捷键，显示图形标尺。新建一个图层1，选择画直线工具，每隔0.5cm绘制一条宽度为1像素的垂直线，绘制完成后效果如图1.2.110所示。

图1.2.109 新建图形文件

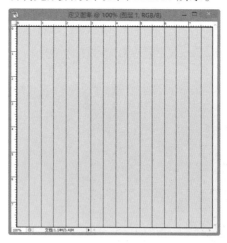

图1.2.110 绘制垂直线

步骤四：复制图层1，并按【Ctrl+T】快捷键，调整旋转角度为90°，将垂直线反转为水平线，效果如图1.2.111所示。

步骤五：先选择垂直线图层，同时按住【Ctrl】键，再选择水平线图层，然后按【Ctrl+E】快捷键，将这两个图层合并。

步骤六：设置前景色为另一暖色调（R：217，G：181，B：133），选择不同的区域进行填充，填充完成后效果如图1.2.112所示。

步骤七：执行【滤镜】/【风格化】/【浮雕效果】命令，在弹出的【浮雕效果】对话框中设置参数如图1.2.113所示。然后单击【确定】按钮，效果如图1.2.114所示。

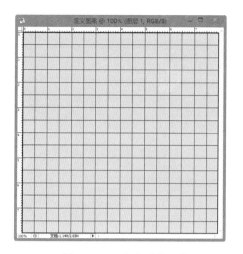

图1.2.111　完成后的网格

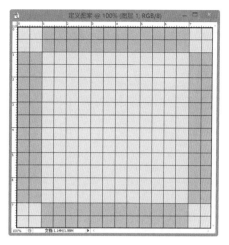

图1.2.112　制作完成后的铺装图案

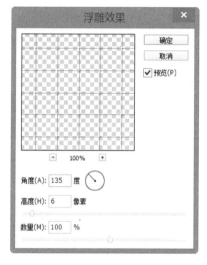

图1.2.113　【浮雕效果】参数设置

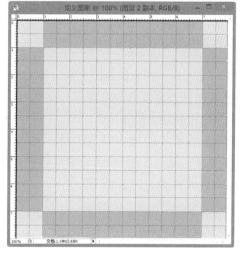

图1.2.114　执行【浮雕效果】后效果

步骤八：将所有图层合并为背景层，在【图层】面板双击背景层，在弹出的对话框中单击【确定】按钮，使其转换为普通图层。

步骤九：按【Ctrl+T】快捷键调出自由变换控制框，对图像进行缩放，确定操作后效果如图 1.2.115 所示。

步骤十：用裁剪工具裁切掉周边的区域，然后设置前景色为灰色，并对铺装图案描 1 像素的灰边，执行【编辑】/【定义图案】命令，将其定义成铺装图案。

步骤十一：按【Ctrl+N】快捷键或执行【文件】/【新建】命令，新建一个名为"铺装"的 RGB 模式文件：宽度和高度均为 8cm，分辨率为 200 像素 / 英寸，背景为白色，然后单击【确定】按钮。

步骤十二：执行【编辑】/【填充】命令，弹出【填充】对话框，在其对话框的下拉菜单中选择【图案】选项，然后在【自定义图案】的下拉面板中选择步骤十定义的铺装图案，填充后最终效果如图1.2.116所示。

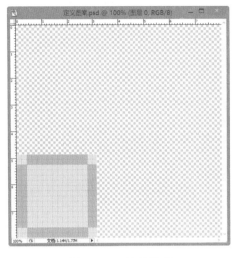

图1.2.115 缩放图形

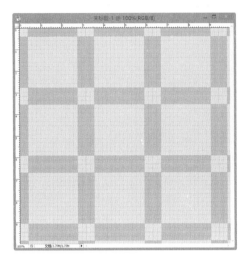

图1.2.116 填充后效果

4. 实木地板模块的制作

步骤一:按【Ctrl+N】快捷键或执行【文件】/【新建】命令,新建一个名为"木板纹理"的RGB模式文件,宽度为500像素,高度为350像素,分辨率为72像素/英寸,背景为白色,然后单击【确定】按钮。

步骤二:执行【滤镜】/【杂色】/【添加杂色】命令,弹出【添加杂色】对话框,如图1.2.117所示,选中"单色",设置"数量"为400%,分布方式为"高斯分布",单击【确定】按钮,效果如图1.2.118所示。

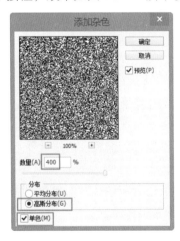

图1.2.117 【添加杂色】对话框

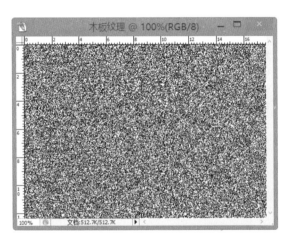

图1.2.118 添加杂色后效果

步骤三:执行【滤镜】/【模糊】/【高斯模糊】命令,弹出【高斯模糊】对话框,如图1.2.119所示,设置"半径"为1像素,单击【确定】按钮,效果如图1.2.120所示。

步骤四:执行【滤镜】/【模糊】/【动感模糊】命令,弹出【动感模糊】对话框,如图1.2.121

所示，设置角度为 54°，距离为 600 像素，单击【确定】按钮，效果如图 1.2.122 所示。

图1.2.119 【高斯模糊】对话框

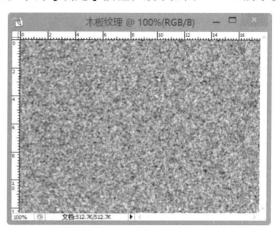

图1.2.120 高斯模糊后效果

图1.2.121 【动感模糊】对话框

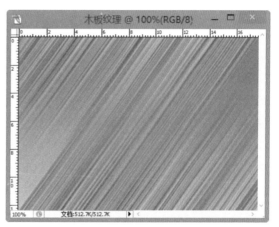

图1.2.122 动感模糊后效果

步骤五：执行【滤镜】/【扭曲】/【旋转扭曲】命令，弹出【旋转扭曲】对话框，如图 1.2.123 所示，设置角度为 115°，单击【确定】按钮，效果如图 1.2.124 所示。

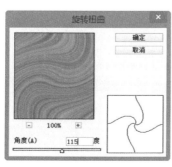

图1.2.123 【旋转扭曲】对话框

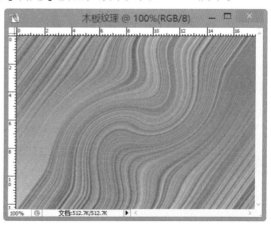

图1.2.124 旋转扭曲后效果

步骤六：按【Ctrl+U】快捷键，弹出【色相／饱和度】对话框，如图 1.2.125 所示，选中"着色"复选框，设置"色相"为 20，"饱和度"为 50，"明度"为 -60，单击【确定】按钮，效果如图 1.2.126 所示。

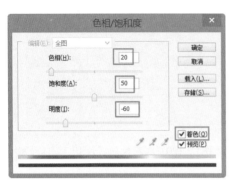

图1.2.125　【色相/饱和度】对话框

图1.2.126　色相/饱和度效果

步骤七：双击背景层，使其转换为普通图层，按【Ctrl+T】快捷键调出自由变换控制框，将鼠标指针移至右边中间的控制点上，按住鼠标左键向左拖动至如图 1.2.127 所示的状态，然后释放鼠标并按【确定】按钮确认操作。

步骤八：单击【图层】面板底部的"创建新的图层"按钮，新建一个图层 1，并按【Ctrl+Delete】快捷键用背景色将其填充。

步骤九：重复步骤二至步骤五的操作，设置"动感模糊"的距离为 800 像素，"旋转角度"的角度为 -480°，确认操作后，效果如图 1.2.128 所示。

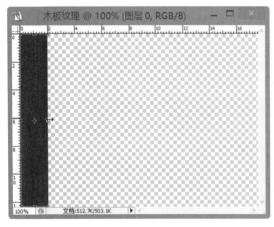

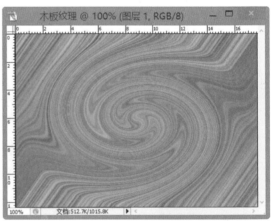

图1.2.127　自由变换调整后效果

图1.2.128　图像处理后效果

步骤十：重复步骤六和步骤七的操作，先调整色相／饱和度与前一块木板一致，然后按【Ctrl+T】快捷键，调整第二块木板大小与第一块一致，并将其移到与第一块木板对齐的位置，效果如图 1.2.129 所示。

步骤十一：单击【图层】面板底部的"创建新的图层"按钮，新建一个图层2，并按【Ctrl+Delete】快捷键用背景色将其填充。

　　步骤十二：重复步骤二至步骤四的操作，设置"动感模糊"的角度为85°，"距离"为915像素，确认操作后，效果如图1.2.130所示。

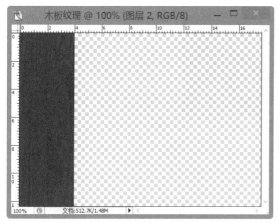

图1.2.129　调整并移动后效果

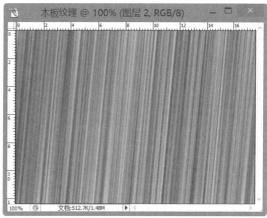

图1.2.130　"动感模糊"后效果

　　步骤十三：执行【滤镜】/【扭曲】/【波纹】命令，弹出【波纹】对话框，如图1.2.131所示，设置"数量"为135%，"大小"选择大。单击【确定】按钮，效果如图1.2.132所示。

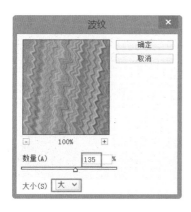

图1.2.131　【波纹】对话框

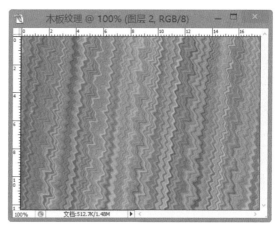

图1.2.132　【波纹】滤镜效果

　　步骤十四：执行【滤镜】/【扭曲】/【旋转扭曲】命令，弹出【旋转扭曲】对话框，设置角度为215°，单击【确定】按钮，效果如图1.2.133所示。

　　步骤十五：重复步骤六和步骤七的操作，先调整色相/饱和度与前一块木板一致，然后按【Ctrl+T】快捷键，调整第三块木板大小与前两块一致，并将其移到与第二块木板对齐的位置，效果如图1.2.134所示。

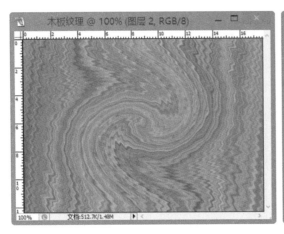

图1.2.133 【旋转扭曲】滤镜效果

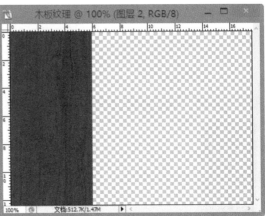

图1.2.134 调整并移动后效果

步骤十六：分别选中三块木板图层，并分别复制，复制后移动每一块复制出的木板的位置，得到效果如图 1.2.135 所示。

步骤十七：合并所有木板图层，得到图层 1，单击【图层】面板底部的【创建填充图层或调整图层】 按钮，在弹出的下拉菜单中选择【亮度 / 对比度】选项，在弹出的【亮度 / 对比度】对话框中，设置亮度为 25，对比度为 40，单击【确定】按钮，效果如图 1.2.136 所示。

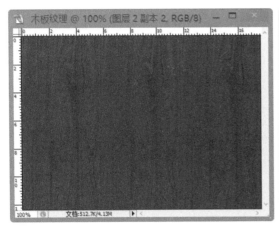

图1.2.135 复制并移动后木板效果

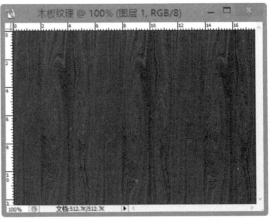

图1.2.136 调整【亮度/对比度】效果

步骤十八：在【图层】面板中确认"图层 1"为当前图层。单击工具箱中的矩形选框工具，在属性栏中设置【样式】为固定大小，【宽度】为 3 像素，【高度】为 700 像素，在图像窗口中的第一块木板和第二块木板的中间单击，得到一个垂直的选区，如图 1.2.137 所示。

步骤十九：执行【图像】/【调整】/【亮度 / 对比度】命令，在弹出的【亮度 / 对比度】对话框中设置"亮度"为 30，"对比度"为 20，单击【确定】按钮；按【Ctrl+D】快捷键取消选择区域，效果如图 1.2.138 所示。

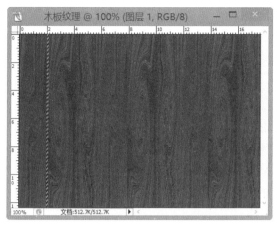

图1.2.137　建立垂直选区

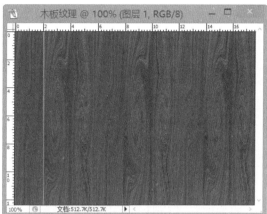

图1.2.138　调整【亮度/对比度】效果

步骤二十：按【Shift】键，继续选择每一块木板之间的区域，效果如图 1.2.139 所示。采用同样的方法调整其亮度 / 对比度，然后按【Ctrl+D】快捷键取消选择区域。最终效果如图 1.2.140 所示。

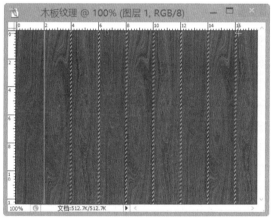

图1.2.139　建立其他所有垂直选区

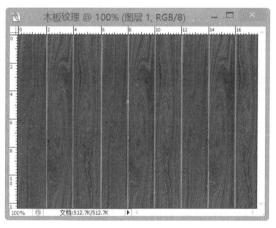

图1.2.140　木板最终效果

以下几个二维码所承载的视频为国外清新风格平面效果图制作方法，可扫码观看学习，具体的文字操作步骤及学习资料详见课程资源包"任务 1.2—国外清新风格效果图制作方法"。

平面图鉴赏
初稿

草地制作
初稿

硬质景观+水
面制作初稿

植物处理
初稿

细节部分
处理初稿

调色处理初稿

1.2.3　知识链接

1. Photoshop快捷键

（1）基本文件操作

新建图形文件：【Ctrl+N】　　　　　　用默认设置创建新文件：【Ctrl+Alt+N】

打开已有的图像：【Ctrl+O】　　　　　打开为：【Ctrl+Alt+O】

关闭当前图像：【Ctrl+W】　　　　　　保存当前图像：【Ctrl+S】

另存为：【Ctrl+Shift+S】　　　　　　存储副本：【Ctrl+Alt+S】

页面设置：【Ctrl+Shift+P】　　　　　打印：【Ctrl+P】

打开"预置"对话框：【Ctrl+K】

显示最后一次显示的"预置"对话框：【Alt+Ctrl+K】

（2）工具栏操作

矩形、椭圆选框工具：【M】　　　　　裁剪工具：【C】

套索、多边形套索、磁性套索：【L】　移动工具：【V】

魔棒工具：【W】　　　　　　　　　　喷枪工具：【J】

画笔工具：【B】　　　　　　　　　　橡皮图章、图案图章：【S】

历史记录画笔工具：【Y】　　　　　　橡皮擦工具：【E】

铅笔、直线工具：【N】　　　　　　　模糊、锐化、涂抹工具：【R】

减淡、加深、海绵工具：【O】　　　　钢笔、自由钢笔、磁性钢笔：【P】

添加锚点工具：【+】　　　　　　　　删除锚点工具：【–】

直接选取工具：【A】　　　　　　　　度量工具：【U】

油漆桶工具：【K】　　　　　　　　　吸管、颜色取样器：【I】

抓手工具：【H】　　　　　　　　　　缩放工具：【Z】

默认前景色和背景色：【D】　　　　　切换前景色和背景色：【X】

切换标准模式和快速蒙版模式：【Q】

临时使用移动工具：【Ctrl】

临时使用抓手工具：【空格】

标准屏幕模式、带有菜单栏的全屏模式、全屏模式：【F】

文字、文字蒙版、直排文字、直排文字蒙版：【T】

直线渐变、径向渐变、对称渐变、角度渐变、菱形渐变：【G】

（3）编辑操作

还原/重做前一步操作：【Ctrl+Z】

还原两步以上操作：【Ctrl+Alt+Z】

重做两步以上操作：【Ctrl+Shift+Z】

剪切选取的图像或路径：【Ctrl+X】或【F2】

拷贝选取的图像或路径：【Ctrl+C】

合并拷贝:【Ctrl+Shift+C】

将剪贴板的内容粘贴到当前图形中:【Ctrl+V】或【F4】

将剪贴板的内容粘贴到选框中:【Ctrl+Shift+V】

自由变换:【Ctrl+T】

应用自由变换(在自由变换模式下):【Enter】

从中心或对称点开始变换(在自由变换模式下):【Alt】

限制(在自由变换模式下):【Shift】

扭曲(在自由变换模式下):【Ctrl】

取消变形(在自由变换模式下):【Esc】

自由变换复制的像素数据:【Ctrl+Shift+T】

再次变换复制的像素数据并建立一个副本:【Ctrl+Shift+Alt+T】

删除选框中的图案或选取的路径:【Delete】

用背景色填充所选区域或整个图层:【Ctrl+BackSpace】或【Ctrl+Delete】

用前景色填充所选区域或整个图层:【Alt+BackSpace】或【Alt+Delete】

弹出【填充】对话框:【Shift+BackSpace】

从历史记录中填充:【Alt+Ctrl+Backspace】

（4）普通快速操作

帮助:【F1】 剪切:【F2】 拷贝:【F3】 粘贴:【F4】

隐藏 / 显示画笔面板:【F5】 隐藏 / 显示颜色面板:【F6】

隐藏 / 显示图层面板:【F7】 隐藏 / 显示信息面板:【F8】

隐藏 / 显示动作面板:【F9】 恢复:【F12】 取消操作:【Esc】

填充:【Shift+F5】 羽化:【Shift+F6】

选择→反选:【Shift+F7】 隐藏选定区域:【Ctrl+H】

取消选定区域:【Ctrl+D】 关闭文件:【Ctrl+W】

退出 Photoshop:【Ctrl+Q】

2. 移动工具使用技巧

选中要移动的图层或区域，单击工具栏中的移动工具【 ⯈⊕ 】，或者按快捷键【V】，即移动该图层或区域。但是要注意以下几点。

- 如果当前图层没有选择范围，则会移动整个图层的所有内容；如有选择范围，则只会移动该选择范围内的内容。
- 在移动的过程中，如果配合【Alt】键，就会在移动的同时进行复制。
- 如果需要在不同文件之间移动图像，首先需要打开两个文件，而且两个文件都可被看到。然后用移动工具选择要移动文件的被移动图层，并将其拖拽到目标文件。

3. 复制技巧

1）按住【Ctrl+Alt】快捷键拖动鼠标可以复制当前层或选区内容。

2）可以用选框工具或套索工具，把选区从一个文档拖拽到另一个文档上。

3）在使用自由变换工具（快捷键【Ctrl+T】）时按住【Alt】键，即可先复制原图层（在当前的选区）后在复制层上进行变换；快捷键【Ctrl+Shift+T】为再次执行上次的变换，快捷键【Ctrl+Alt+Shift+T】为复制原图后再执行变换。

4）在Photoshop内实现有规律复制：在做版面设计的时，我们会经常把某些元素有规律地摆放以寻求一种形式的美感，在Photoshop内通过四个快捷键的组合就可以轻易实现。

①圈选出要复制的元素。

②按【Ctrl+J】快捷键产生一个浮动Layer。

③按旋转并移动到适当位置后确认。

④此时按住【Ctrl+Alt+Shift】快捷键后连续按【T】键就可以有规律地复制出连续的物体（只按住【Ctrl+Shift】快捷键则只是有规律地移动）。

⑤使用"通过复制新建层（快捷键【Ctrl+J】）"或"通过剪切新建层（快捷键【Shift+Ctrl+J】）"命令可以在一步之间完成拷贝到粘贴和剪切到粘贴的工作；通过复制新建层命令粘贴时仍会放在它们原来的位置；然而通过剪切再粘贴，就会贴到图片（或选区）的中心。

⑥当我们要复制文件中的选择对象时，要使用编辑菜单中的复制命令。为减少重复复制步骤，这时可以先用选择工具选定对象，而后单击移动工具，再按住【Alt】键不放。当光标变成一黑一白重叠在一起的两个箭头时，拖动鼠标到所需位置即可。若要多次复制，只需重复放松鼠标即可。

⑦有关复制快捷键如下。

剪切选取的图像或路径：【Ctrl+X】或【F2】

拷贝选取的图像或路径：【Ctrl+C】

合并拷贝：【Ctrl+Shift+C】

将剪贴板的内容粘贴到当前图形中：【Ctrl+V】或【F4】

将剪贴板的内容粘贴到选框中：【Ctrl+Shift+V】

通过拷贝建立一个图层：【Ctrl+J】

通过剪切建立一个图层：【Ctrl+Shift+J】

4. 选择工具使用技巧

选择工具的主要功能是在图像中建立选择区域。当图像中存在选择区域时，我们所进行的操作都是对选择区内的图像进行的，选择区外的图像不受影响。其选择方式有四大类型。①简单框选工具：如矩形选框工具组中的工具、套索工具组中的工具以及路径工具组等，这类工具适合做简单的选择。②色彩选择：包括工具箱中的魔棒工具和选择菜单中的"色彩范围"命令，运用色彩范围命令可以一次性选择色彩不同的物体。③专门用于前景与背景分离的工具：包括工具箱中的橡皮擦工具和滤镜菜单中的"抽出"命令。④快速蒙版与通道：通道的优势是不用线表示选区，而是用灰度值决定选项和强度。

（1）简单框选工具

1）"选框"工具【M】。矩形选择工具的用法比较简单，选择矩形选择工具，将鼠标指针移动至图像上，按下左键并拖动产生一个矩形选框，这个矩形选框所包含的范围就是被选择的区域。下面详细介绍一下矩形选择工具选项栏上的一些设置，如图1.2.141所示。

图1.2.141　矩形选择工具属性栏

在矩形选择工具选项栏的右侧有四个按钮，它们被称为选区运算按钮，另外还有羽化、样式等设置项，其作用如下。

- 【新选区】：按下此按钮时，矩形选区处于正常的工作状态。此时，只能在图像上建立一个选区；再建立第二个选区时，第一个选区将消失。

- 【添加到选区】：按下此按钮时，矩形选区处于相加的状态。此时，若有一个选区，再建立第二个选区时，两个选区相加，形成更广的选择范围。若有一个选区，按住【Shift】键的同时建立第二个选区时会产生与上述同样的效果。

- 【从选区中减去】：按下此按钮时，矩形选区处于相减的状态。此时，若有一个选区，再建立第二个选区时，将从第一个选区中减去第二个选区形成新的选区。若有一个选区，按住【Alt】键的同时建立第二个选区时会产生与上述同样的效果。

- 【与选区相交】：按下此按钮时，矩形选区处于相交的工作状态。此时，若有一个选区，再建立第二个选区，并且两个选区有相交部分时，将进行相交操作，最后只产生相交部分的选择区域。若有一个选区，按住【Shift+Alt】快捷键的同时建立第二个选区时会产生与上述同样的效果。

- 【羽化】：这是选取工具的一个重要参数。此参数应当在使用选取工具前设置，设置此参数后，可使选区变得柔和。设置参数值越大，选区越柔和。

- 【样式】：此下拉列表有三个选项，各项意义如下。

　　正常　系统的默认项，可以制作任意形状的矩形选区。

　　固定长宽比　选取此项时，选区的长宽比将被固定。

　　固定大小　选取此项时，只能以固定大小的长宽值选取范围。

提示

1）按住【Shift】键的同时按住鼠标左键拖动可建立正方形选区。

2）按住【Alt】键的同时，按住鼠标左键拖动可以以光标所在点为中心建立矩形选区。

3）按住【Shift+Alt】快捷键的同时，拖动鼠标左键可以以光标所在点为中心建立正方形选区。

椭圆选取工具的功能与使用方法与矩形选取工具非常相似。反复按【Shift+M】快捷键可以实现方形与圆形区域的切换。

2）"套索"工具【L】。使用套索工具可以在图形上绘制不规则形状的选区。用套索工具可随意绘制一条曲线或一个闭合区域，释放鼠标后，就可以建立一个不规则的选区。

多边形套索工具：选中多边形套索工具后，在图像上单击可确定选区的起始点，然后移动鼠标依次单击就可以绘制出一个多边形。当多边形的结束点与起始点重叠时，单击，就形成一个选区；当选区的结束点与起始点没有重叠时，双击鼠标，可以使选区自动闭合。

提示

在使用多边形套索工具选择的过程中，按住【Shift】键的同时拖拽鼠标，可进行水平、垂直或45°方向的选择。多边形套索工具比较适合用于边界多为直线或边界曲折复杂的图案。

磁性套索工具:特别适用于快速选择边缘与背景对比强烈的图像，根据设定的"边对比"值和"频率"值来精确定位选择区域，当遇到不能识别的轮廓时，只需单击进行选择即可。下面介绍一下磁性套索工具属性栏中各参数的设置，如图 1.2.142 所示。

图1.2.142 磁性套索工具属性栏

- 【羽化】：与前面的选取工具的选项相同。
- 【消除锯齿】：当使用了消除锯齿功能时，锯齿现象会小一些。
- 【宽度】：用于设置选取时能检测到的边缘的宽度，值为 1～40。参数值越小，范围越小。
- 【边对比度】：用于设定选取时的边缘对比反差度，范围值为 1% ～ 100%。参数值越大，反差越大，选取范围越精确。
- 【频率】：用于设定选取时的节点数，值为 1～100。参数值越大，节点越多。

3）"魔棒"工具【W】。"魔棒"工具用于根据图像中像素颜色相同或相近来建立选区。选中该工具并在图像中单击，与单击处颜色相同或相近的像素都会被选中，可大大提高工作效率。下面来介绍一下该工具属性栏中各参数的设置，如图 1.2.143 所示。

图1.2.143 魔棒工具属性栏

- 【容差】（值 0 ～ 255）：在选择单一颜色或相近颜色时，可增大容差值使选择区域扩大。在同一区域单击，容差参数越大，选取范围越大。
- 【连续的】：在选区域之前选中该复选框，则在图像中单击一次只能选中相邻且颜色相同或相近的像素。反之，可选取所有与单击处颜色相同或相近的像素。
- 【用于所有图层】：选中此复选框，则选择了用于图像中的所有图层，否则只用于当前图层。

（2）背景色橡皮擦工具

虽然使用工具箱中的框选工具、套索工具可以轻松地勾勒出图像，但是当遇到一些比较复杂的图像时，使用这些工具就无法完成了。下面介绍一种可以对景物快速准确剪裁的工具——背景色橡皮擦工具，其属性栏如图 1.2.144 所示。

图1.2.144 背景色橡皮擦工具属性栏

背景色橡皮擦工具根据第一次单击的取样区域颜色决定擦除的标准。

- 【限制】：可以控制橡皮擦的擦除范围，包括"不连续""临近""查找边缘"三种。选择"邻近"选项时，只有与取样区相邻近区域内的颜色才会被擦除；选择"不连续"选项时，橡皮擦会将图片中取样范围内的颜色擦除，不论与取样区域是否相连；选择"查找边缘"选项时，可以将与取样区域临近范围内的样本色擦除，并尽量保持图像中边线的清晰度。

- 【容差】：可控制取样颜色所包含的颜色范围。该参数值越大，样本色所包含的颜色范围就越大，反之就越小。通过对容差值进行调整，可以控制橡皮擦的擦除范围。

- 【取样】：包括"连续""一次""背景色板"三种不同的取样方式。

（3）颜色选择工具

除了使用上面介绍的选取工具选取范围外，还可以使用【色彩范围】命令来选定指定的颜色或颜色子集。但是无论使用选择工具还是其他方法选取范围后，都可以对选区进行移动、增减、修改等操作。也可以重复使用【色彩范围】命令选择颜色子集，来精确地调整选区。下面介绍该工具的操作。

使用【选择】/【颜色范围】命令可以在选区或整个图像中选择指定的颜色。具体操作方法如下。

步骤一：打开一幅图片，如图1.2.145所示。执行【选择】/【色彩范围】命令，打开如图1.2.146所示对话框。

图1.2.145　选取的花图片

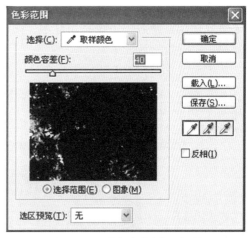

图1.2.146　【色彩范围】对话框

步骤二：用吸管在编辑窗口中点选花朵部分，再选择【添加颜色】吸管，多选几次，直到花朵区域全部选中，单击【确定】按钮即可。

步骤三：回到图像窗口，再结合选框命令，对选区进行修改，即可以很快速地选取花朵部分。

下面详细介绍一下【色彩范围】对话框。

- 【选择】：在下拉列表中选择-种颜色，例如红色，就可以快速选择图像中的红色区域。如果在下拉列表中选择【取样颜色】，可以自行取样，只需将鼠标移动到图像或预览区域上面，然后单击，即可进行颜色取样。

如果要调整选区，可以进行下面的操作：

添加颜色：从色彩范围对话框中选择加色吸管，然后在预览区或图像中单击。

去除颜色：选择减色吸管，然后在预览区或图像中单击。

- 【颜色容差】：使用"颜色容差"滑块或输入一个值可以调整色彩范围，数值越大，选择的色彩范围越大。
- 【选择范围】单选按钮：单击该选项只预览创建的选区。
- 【图像】单选按钮：单击该选项可以预览整个图像。

按【Ctrl】键可以在【选择范围】和【图像】预览图中切换。

- 【选区预览】：如果要在图像窗口预览选区，可以从下拉列表中选择选项。

无：表示不在窗口中显示预览图。

灰度：按照它在灰度通道中显示的样子显示选区。

黑色杂边：在黑色背景下用彩色显示选区。

白色杂边：在白色背景下用彩色显示选区。

快速蒙版：使用当前快速蒙版设置显示选区。

（4）Extract 抽出命令

抽出命令为分离前景对象并去掉它在图像上的背景提供了一种高级方法。即使对象的边缘如何细微、复杂或无法确定，如人物的头发、动物的绒毛等，也无须太多的操作就可以很快将其从背景中分出来。若要取出对象，首先使用【抽出】对话框中的工具，绘制标记对象边缘，使对象边缘高光显示，同时确定对象的内部区域，然后预览取出。当取出对象时，对象的背景被抹为透明。

下面以实例介绍【抽出】命令具体的操作方法。

步骤一：打开"仙人掌 .jpg"，使用【滤镜】/【抽出】命令，打开【抽出】对话框，如图 1.2.147 所示。

图1.2.147 【抽出】对话框

步骤二：按需要调整视图大小。若要放大某个区域，可选择对话框左侧工具箱中的缩放工具，在图像中单击。若要缩小某个区域时，在单击时按住【Alt】键。若要查看不同的区域，可选择抓手工具并在图像中拖移。

　　步骤三：定义要取出的对象边缘。在对话框左侧的工具栏中选择边缘高光器工具，沿要取出的对象边缘，使高光稍重叠前景对象和其背景，如图1.2.148所示。

图1.2.148　描出花朵边缘

　　步骤四：若描绘的边缘高光不准确并需要修改，可在对话框中选择橡皮擦工具，在高光上拖移。若要去掉全部高光，可按【Alt+Backspace】快捷键。

　　步骤五：画好一个封闭边界后，选择填充工具，在内围区域上填充颜色，它显示了提取对象的内部区域。单击对话框中的【预览】按钮，查看对象，背景被清除后得到透明区域，如图1.2.149所示。

　　步骤六：修饰取出结果。若要抹去取出区域中的背景痕迹，可以使用清除工具。该工具可减去不透明度并具有累积效果。

　　步骤七：单击【确定】按钮，即可得到花朵。

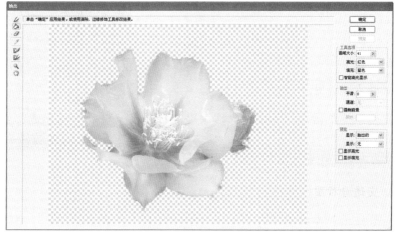

图1.2.149　预览效果

提示

若提取对象边缘较为简单，可选中"智能高光显示"选项，在对话框右侧的【工具选项】中设置较小的画笔和选择高光颜色。若边缘复杂，可用大画笔覆盖对象融入背景复杂的边缘。

（5）总结

1）全部选取：【Ctrl+A】。

2）取消选择：【Ctrl+D】。

3）重新选择：【Ctrl+Shift+D】。

4）羽化选择：【Ctrl+Alt+D】。

5）反向选择：【Ctrl+Shift+I】。

6）载入选区：【Ctrl】+点按图层、路径、通道面板中的缩略图。

7）在快速蒙版模式下要迅速切换蒙版区域或选取区域选项时，先按住【Alt】键后将光标移到快速遮色片模式图标上单击鼠标即可。

8）通过选择菜单的颜色范围也可以进行区域选择。

9）可以通过建立路径的方式，将路径转换为选择区域。

1.2.4　小试牛刀

完成任务1.1所导出的图纸的平面效果图的绘制。

任务 *1.3* 景观分析图制作

在景观设计过程中分析图的张数可多可少，内容可繁可简，这取决于所处的设计阶段。一般情况下，分析图包括景点分析图、交通分析图、功能分析图、灯光分析图、小品分布图、意向图、景观节点分析图等。不同类型的分析图其绘制方法及注意要点也不同。

1. 景点分析图

景点分析图包括主要景观节点、次要景观节点以及景观渗透、景观视线等，可根据具体设计进行增减。各个景观节点一般用色块表示，景观视线一般用箭头表示，也可根据具体图来进行变动。

2. 交通分析图

交通分析图要绘制出人行入口、车行入口、主要车行道路、主要步行道路、游园步道、停车场、消防车道、地下车库入口等。交通分析图绘制方法及注意要点如下。

1）入口一般用箭头表示，道路用虚线段表示。

2）各级道路通常以颜色和粗细来加以区分。

3. 功能分析图

根据设计方案，功能分析图主要包括老人活动区、儿童活动区、休闲健身区、中心集散广场、水景区、防护隔离带等。功能分析图的绘制一般也是用色块来表示，也可以在此基础上加以变化，主要通过颜色区分不同功能。

4. 灯光分析图

灯光类型一般包括高杆路灯、草坪灯、藏地灯、射树灯、射水灯、光带、投射灯（构筑物投射灯、运动场投射灯）等。灯光一般在CAD图中就已经按照要求设计，不同类型的灯光会用不同的图例表示，让人一目了然。在绘制灯光分析图时只需用按照颜色区分即可，同时可以配合灯光意向图片。

5. 小品分布图

小品分布图主要包括垃圾桶、休闲座椅、标识牌、宣传栏、太阳伞等，小品的图例虽然没有统一的规定，但不能只有一个圆或一个方形，要有各自的特点，让人一目了然。

6. 意向图

意向图最重要的就是要有足够的效果图片和实景照片，并且意向图要与设计的平面方案基本一致，要能反映设计意图。意向图绘制手法及注意要点如下。

1）将要表现的景观节点用圆点或小圆圈表示，用直线引出图片。

2）将要表现的景观节点从总图上挖出来，并配以示意图片。

3）在图上用数字表示景观节点，然后对应的位置注明数字表示的景点名称和图片。

4）效果图片与实景照片不要混用，每一张文本上的图片尽量保持统一的风格。

【任务分析】

在任务1.2完成的"总平面效果图.psd"的基础上，完成各类型景观分析图的制作。

在实际绘制前，应该对任务1.2完成的平面效果图合并图层，并进行适当的修改调整，再在此基础上完成各类型景观分析图的制作。针对该小区中心游园景观设计项目，主要讲述景点分析图、交通分析图和夜景灯光效果图的绘制，其他类型分析图的绘制方法均大同小异。学会了这些分析图的绘制方法就能轻而易举地完成其他类型分析图的绘制。

1.3.1　工作步骤

分析图的内容
与制作技巧

各类型分析图
赏析

总平面图的绘制

1. 景点分析图的制作

步骤一：打开任务 1.2 完成的"总平面效果图 .psd"文件，执行【文件】/【另存为】命令（快捷键【Shift+Ctrl+S】），将其保存为 *.jpg 文件，弹出如图 1.3.1 所示对话框，将图像品质设置为最佳。

步骤二：新建一个图层，在该图层上画一个合适大小的正圆形，填充红色，效果如图 1.3.2 所示。复制该正圆形到每一个景点处，并设置该图层不透明度为 70%，绘制完成后效果如图 1.3.3 所示。

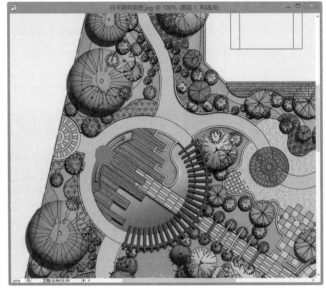

图1.3.1　图像品质设置对话框　　　　图1.3.2　绘制一个大小适宜的正圆形

步骤三：选择工具面板中的文字工具（快捷键【T】），设置前景色为黑色，然后给每一个景观标注数字，字体选择为【黑体】，字体大小为 18。标注完成后效果如图 1.3.4 所示。

步骤四：继续选择工具面板中的文字工具（快捷键【T】），在图形左侧标注出各对应景点名称。

步骤五：给图形添加指北针图例，打开教学资源包"任务 1.3—贴图材质"中的"指北针 *.jpg"文件，选择一个合适的指北针复制到图中，完成后效果如图 1.3.5 所示。

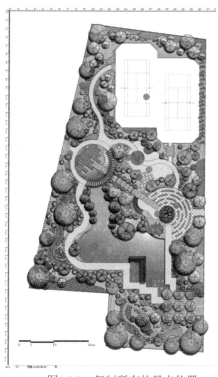

图1.3.3　复制所有的景点位置

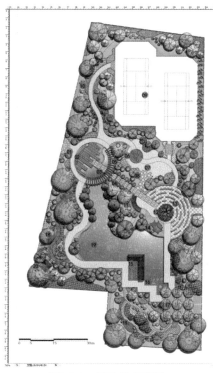

图1.3.4　标注景点序号

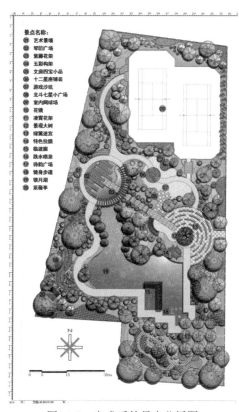

图1.3.5　完成后的景点分析图

步骤六：绘制比例尺，按【Ctrl+R】快捷键显示标尺，选择移动工具，在标尺上拖动鼠标，拉出比例尺辅助线。在背景层框选出原来的比例尺，按【Delete】键删除。新建一个"比例尺"图层，用框选工具选出相应的区域，并分别填充黑色与白色，并对比例尺进行描边，效果如图 1.3.6 所示。再选择文字工具给比例尺标注文字，完成后效果如图 1.3.7所示。

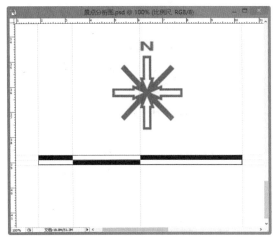

图1.3.6 绘制比例尺

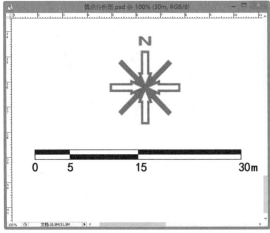

图1.3.7 标注比例尺文字

步骤七：按【Ctrl+S】快捷键将文件保存为"景观分析图 .psd"，再按【Shift+Ctrl+S】快捷键将其保存为"景观分析图 .jpg"格式。

> **提示**
>
> 比例尺最好是能在 CAD 图中绘制好，和设计线稿一起导入到 Photoshop 中，这样比例尺才会更加精确。如果直接在 Photoshop 中通过结合辅助线画直线的方法来绘制，尺寸会不准确。

2. 交通分析图的制作

步骤一：打开"景观分析图 .psd"文件，删除"数字标注"图层、"圆圈"图层和"景点标注"文字图层，将图纸另存为"交通分析图 .psd"。

步骤二：复制"背景"图层，设置前景色为深绿色调（R：34，G：60，B：33）。执行【图像】/【调整】/【渐变映射】命令，弹出如图 1.3.8 所示【渐变映射】对话框，单击【确定】按钮，将所复制的背景图层进行单色处理，效果如图 1.3.9 所示。

图1.3.8 【渐变映射】对话框

交通分析图
的绘制

步骤三：绘制出入口箭头。新建一个"箭头"图层，选择画笔工具【B】，先将下载好的"60种箭头.ABR"笔刷文件复制在程序文件的【预置】/【画笔】下，然后加载箭头画笔，方法如图1.3.10所示。单击【画笔】属性栏小黑三角形，在弹出的对话框中单击右侧的小黑三角形，在弹出的菜单上单击"60种箭头"，所有箭头画笔即可快速加载。选择合适的箭头效果，在出入口位置绘制箭头，并调整其大小和方向。箭头绘制完成后效果如图1.3.11所示。

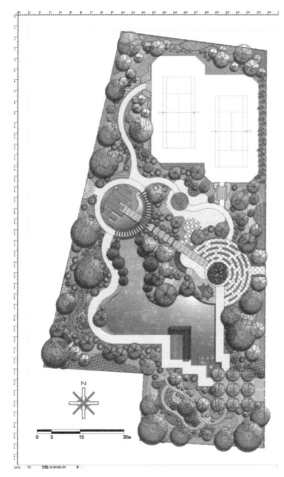

图1.3.9　使用【渐变映射】后平面效果

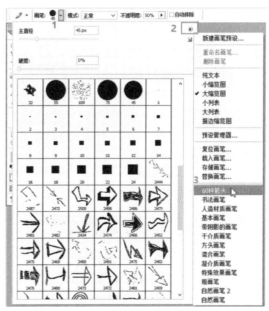

图1.3.10　加载箭头画笔

　　步骤四：绘制交通流线。将前面导出的"设计线"文件复制到"交通分析图"文件中，采用魔棒选择工具选择主园路区域，新建一个图层"交通流线"，将主园路填充为一种颜色。采用同样的方法选择次园路区域，将其填充为另外的一种颜色，调整"交通流线"图层的不透明度为70%，效果如图1.3.12所示。

　　步骤五：绘制集散空间。新建"集散空间1"图层，先设置画笔的形状、角度、长宽比和间距，选择画笔工具中的铅笔工具【B】，选择一个方形画笔，调整画笔大小为30，角度为-7°，圆度为72%，间距为177，如图1.3.13所示。

　　步骤六：切换到"形状动态"。将"角度抖动"栏下的"控制"模式调整为"方向"，如图1.3.14所示。

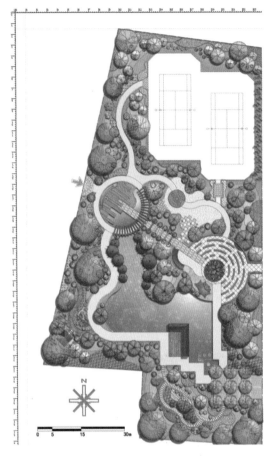

图1.3.11　箭头绘制完成后效果

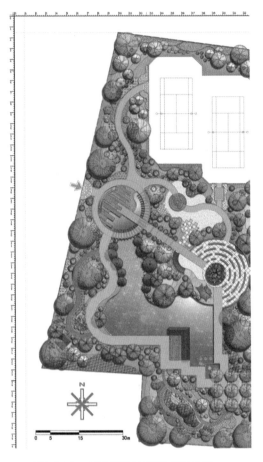

图1.3.12　交通流线绘制完成后效果

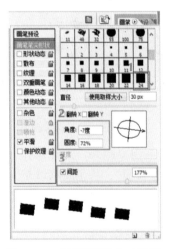

图1.3.13　【画笔预设】对话框1

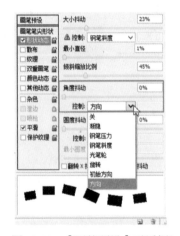

图1.3.14　【画笔预设】对话框2

　　步骤七：单击圆形选择工具【M】，在绿篱迷宫集散空间位置绘制一个正圆形区域，单击【路径】面板下方的【将选择区域转换为路径】按钮，创建一个路径图层，右击，在弹出的菜单中选择"描边路径"，描边完成后效果如图1.3.15所示。

步骤八:新建一个"集散空间2"图层,将路径转换为选择区域,将其填充为另一种颜色,并将该图层不透明度设置为50%,将该图层移到"集散空间1"图层下面,效果如图1.3.16所示。

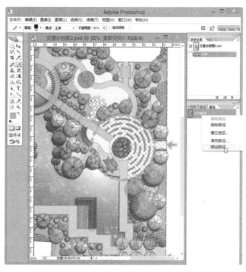

图1.3.15　描边路径效果

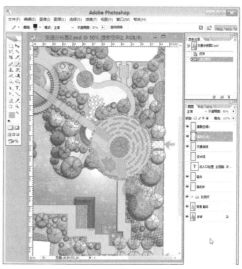

图1.3.16　填充选择区域效果

步骤九:采用同样的方法绘制其他的集散空间,绘制完成后效果如图1.3.17所示。

步骤十:将图例绘制于图形左侧,保存文件,制作完成后效果如图1.3.18所示。

图1.3.17　集散空间完成后效果

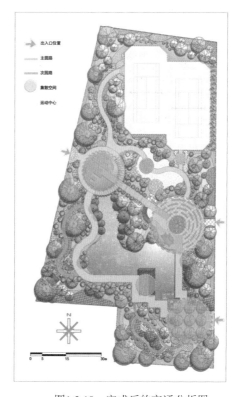

图1.3.18　完成后的交通分析图

1.3.2 知识拓展

夜景灯光平面效果图的制作如下。

步骤一：打开"总平面效果图 .jpg"文件，将图纸另存为"夜景灯光平面效果图 .psd"。

步骤二：复制"背景"图层，执行【图像】/【调整】/【色相/饱和度】命令，降低图像的饱和度。

步骤三：新建一个"底色"图层，将前景色设置为深蓝紫色，将"底色"图层填充为深蓝紫色，并调整图层的不透明度，效果如图 1.3.19 所示。

步骤四：新建"高杆路灯"图层，将前景色设置为白色，绘制一个正圆形表示高杆路灯，然后复制路灯到相应的位置，完成后效果如图 1.3.20 所示。

夜景灯光分析图
的绘制

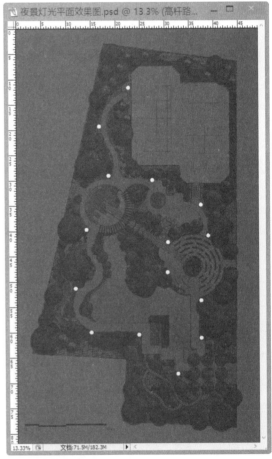

图1.3.19　添加深色调的底色效果　　　　图1.3.20　高杆路灯布置

步骤五：采用相同的方法，用不同的图例绘制草地灯、射灯、光带等，并将它们分别复制到相应位置，完成后效果如图 1.3.21 所示。

　　步骤六：选择圆形选择工具【M】，将羽化值设置为 50，在路灯区域框选出一个大小合适的圆形区域，按【Delete】键删除选择区域，得到一个路灯的灯光效果，效果如图 1.3.22 所示。

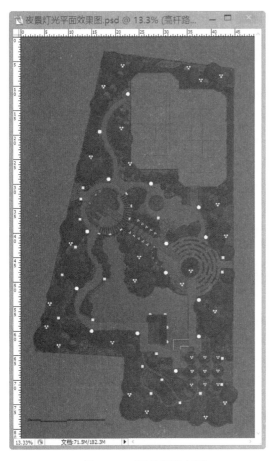

图1.3.21　所有灯光布置

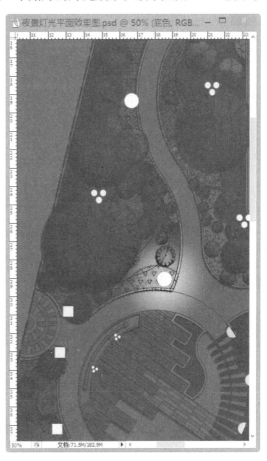

图1.3.22　高杆路灯照射效果

　　步骤七：采用同样的方法，删除其他的路灯区域，得到的夜景灯光效果如图 1.3.23 所示。

　　步骤八：将图例绘制于图形左侧，在背景图层选中图纸外围的空白区域，回到底色图层，按【Delete】键删除选择区域，保存文件，制作完成后效果如图 1.3.24 所示。

1.3.3　知识链接

1. 文字工具

（1）输入文字

　　在 Photoshop 7.0 及以上的版本中丢弃了以前版本中烦琐的类型工具对话框，现在的输入方法更简捷、更方便。输入文字的方法有两种：一是直接输入文字，二是在文本框中输入文字。在园林景观效果图制作过程中，标注景点名称和图例时适合用直接输入文字法，而在版本的制作与排版中，适合在文本中输入文字。

图1.3.23　所有灯光照射效果　　　　　图1.3.24　完成后的夜景灯光效果图

方法一：直接输入文字。步骤如下。

• 第一步，在工具栏中选择文字工具按钮。

• 第二步，在任务栏中选择文字类型。

• 第三步，在任务栏中选择方向。

• 第四步，选择另外的文本属性，如字体、大小、消除锯齿、段落格式等。

• 第五步，在图像上欲输入文字处单击，出现"I"图标，这就是输入文字的基线，输入所需要的文字即可。

• 第六步，输入的文字将自动生成一个新的文字图层。

方法二：在文本框中输入文字。

与方法一相同，只是在第五步先要在欲输入文字处用鼠标拖拉一个文本框，再输入文字。如果需要的话，可以对文本框调整大小、旋转或拉伸。

（2）文字蒙版工具

文字蒙版工具和文字工具的区别就在于它可以向任何图层中添加文字，而且在添加文字时不会创建新图层，文字将处于浮选状态，它的使用方法与文本工具类似，但是它们最后显示的结果却不大相同，它不能产生真正的文字，而只是在图层中产生一个处于浮选状态，即由选择线包围的虚文字。

（3）编辑文字

通常可以对文字进行各种各样的变形，为进行平面创意设计提供文字处理的最佳手段。

在 Photoshop 中文字为点阵字，是由像素组成的，在输入文字前应该选定是否消除锯齿。任务栏中为大家提供了五个选项：【无】、【锐化】、【明晰】、【加强】、【平滑】。

1）段落格式编排。在输入文字之前应选择所需要的段落格式，包括：左对齐、居中和右对齐。当你想要修改段落格式时，只需要选择文字工具，在该段的开头单击，当出现"I"时，选择所需的段落格式即可。

2）变形文字。使用变形文字选项可以制作出多种弯曲变形，单击变形文字图标会出现【变形文字】对话框，如图 1.3.25 所示。包括水平、垂直、弯曲、水平扭曲、垂直扭曲等类型。

样式 选择进行哪种类型的变形，包括无、扇形、下面弧形、上面弧形、拱门、上下膨胀、贝壳向下、贝壳向上、旗帜、波浪、鱼形、升高、球面、四面膨胀、挤压、扭曲等。

水平和垂直 选择弯曲的方向。

水平扭曲 垂直扭曲 输入适当的参数来控制弯曲的程度。

（4）字符面板

【字符】对话框如图 1.3.26 所示，主要是用来编辑字符，对话框的使用与 Word 软件的方法相似，在园林景观方案文本的制作过程中得到了大量的使用。

图1.3.25 【变形文字】对话框

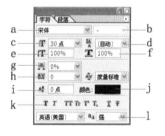

图1.3.26 【字符】对话框

1）这个选框用以选择输入文字的字体，在下拉菜单中，可以选择比较适合于作品的字体，菜单中的字体种类和在 Windows 中安装的字体种类有关。

2）这是个配合使用的选项，它也是用于设置字体的选项，它的下拉菜单中有时只有通常模式。

3）字体的大小，通常调整框内数值的大小可以改变字的大小。

4）这个选项用以调整文字两行之间的距离。

5）调整文字垂直方向的长度，用它可以调整出高度比宽度大的文字。

6）调整文字横向方向的长度，用它可以调整出宽度比高度大的文字。

7）调整字符缩进的百分比。

8）文字的跟踪，它是用以调整一个字所占的横向空间的大小，但是文字本身的大小则不会发生改变。

9）这是用以调整角标相对于水平线的高低的选框，如果是一个正数，表示角标是一个上角标，它们将出现在一般文字的右上角；而如果是负数，则代表下角标。

10）单击该颜色块可以打开颜色选择窗口以选择颜色。

11）对输入的文字进行一些特殊的编辑，比如用粗体、斜体、下标、上标、下画线、删除线等。

12）在输入文字前应该选定是否消除锯齿。

2. 形状工具

利用形状工具可以快速制作出特定的造型。形状工具包括【矩形工具】、【圆角矩形工具】、【椭圆工具】、【多边形工具】、【直线工具】和【自定义形状工具】，使用形状工具可以绘制出形状层、工作路径和填充区域。形状工具的任务栏如图 1.3.27 所示。

图1.3.27 形状工具任务栏

在使用形状工具之前，应根据作图的需要先选择创建形状层、工作路径或填充区域的类型；然后在形状属性栏设置形状属性。

图1.3.28 矩形属性选项

（1）矩形工具

使用矩形工具可以很方便地绘制出矩形或者正方形。只需选中矩形工具后，在画布上单击后拖动鼠标即可绘制出所需的矩形。在拖动时如果按住【Shift】键，即可绘制出正方形。单击右侧的下拉方块，会弹出如图 1.3.28 所示矩形属性选项。

- 不受限制：表示绘制图形是随意的，矩形的形状是完全由鼠标的拖动来决定。
- 方形：表示绘制的矩形是正方形。
- 固定大小：如果选中此项，可以在 W 和 H 后面输入所需的宽度和高度的值，默认单位为像素。
- 比例：如果选中此项，可以在 W 和 H 后面输入所需的宽度和高度的整数比。
- 从中心：选中从中心此项后，拖动矩形时鼠标的起点为矩形的中心。
- 对齐象素：选中对齐到像素后，使矩形边缘与像素边缘重合。

（2）圆角矩形工具和椭圆工具

用圆角矩形工具可以绘制出具有平滑边缘的矩形，其使用方法与矩形工具相同。圆角矩形工具的任务栏大体与矩形工具相同，只是多了半径选项来控制圆角矩形平滑程度的参数，数值越大越平滑，数值是 0 时为矩形。

椭圆工具和以上两个工具类似，差别不大，这里不再详细介绍。

（3）多边形工具

使用多边形工具可以绘制出所需要的正多边形，绘制时鼠标的起点为多边形的中心，而终点为多边形的一个顶点。多边形工具的任务栏中的【边】选项，用来控制输入所需绘制的多边形的边数。

单击多边形任务栏中右侧的下拉方块，会弹出如图1.3.29所示的【多边形选项】对话框。

- 半径：多边形的半径长度，默认单位为像素。
- 平滑拐角：使多边形具有平滑的顶点。
- 星形：使多边形的边向中心缩进，呈星状。
- 平滑缩进：使多边形的边平滑地向中心缩进。

（4）直线工具

使用直线工具可以绘制出直线和有箭头的线段。鼠标拖动的起点为线段的起点，拖动的终点为线段的终点，按住【Shift】键，可以使直线的方向控制在0°、45°和90°。直线工具的任务栏中，粗细指直线的宽度，单位为像素。单击直线工具任务栏中右侧的下拉方块，会弹出如图1.3.30所示的【箭头】属性对话框。

- 起点、终点：两者可以选择一项也可以都选，以决定箭头在线段的哪一方。
- 宽度、长度：用来控制箭头宽度、长度和线段宽度的比值，分别可输入10%～1000%和10%～5000%之间的数值。
- 凹度：设置箭头中央的凹陷程度，可输入-50%～50%之间的数值。

（5）自定义形状工具

使用自定义形状工具可以绘制出一些不规则的图形或是自己定义的图形。单击任务栏中右侧的下拉方块，会出现形状面板，这里存储着很多可以选择的图案形状，如图1.3.31所示。

  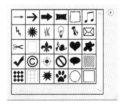

图1.3.29　【多边形选项】对话框　　图1.3.30　【箭头】属性对话框　　图1.3.31　自定义形状

单击任务栏右侧的小黑三角形按钮，会弹出一个菜单，单击【载入画笔】可以载入不同形状的文件。画笔文件可以在网上下载。

3. 路径工具

路径是指勾绘出来的由一系列点连接起来的线段或曲线，通过对这些线段、曲线或路径区域描边、填充颜色，可绘制出轮廓精确的图像。

使用路径工具，可以将一些不够精确的选区转化成路径进行编辑和调节，以形成一个精确的路径，然后将其转换为选区，这样就可以制作出更加完美而精确的选区。编辑好的路径可以同时保存在图像中，也可以将它以文件形式单独地输出，然后在其他软件中进行编辑或使用。路径可以是闭合的，也可以是开放的。

（1）路径控制面板

执行【窗口】/【路径】命令，可以打开路径控制面板。在视图中编辑路径后，【路径】面板如图 1.3.32 所示。

- 路径名称：用于区分多个路径。
- 路径缩略图：用于显示当前路径的内容，可以让用户迅速地辨认每一条路径的形状。
- 用前景色填充路径：单击此按钮，将以前景色填充被路径包围的区域。
- 用画笔描边路径：单击此按钮，可以按设定的画笔和前景色沿路径进行描边。
- 将路径转换为选区：单击此按钮，可以将当前路径转换为选区。
- 将选区转换为路径：单击此按钮，可以将当前选区转换为工作路径。此按钮只有在建立了工作选区后才能使用。
- 新建路径：单击此按钮可在路径控制面板中新建一个路径。
- 删除路径：单击此按钮可在路径控制面板中删除当前路径。

（2）路径工具

Photoshop 中，路径工具被集中到工具箱中的钢笔工具组、自定义形状工具组和路径选取工具组中。其中，钢笔工具用得最多，下面主要介绍钢笔工具。

图 1.3.33 所示为钢笔工具组中的相关工具。

- 钢笔工具：使用该工具时可以绘制由多个点连接成的线段或曲线。可以制作精确的路径，尤其是在抠图制作高质量的画面时，是最佳的选用工具。
- 自由钢笔工具：是利用鼠标在画面上直接以描边勾画出来，这时所勾画的形状就可以自动转换为路径，但一般不建议使用，手动鼠标所勾画的路径很粗糙，且锚点比较多，后期不好调整。
- 增加锚点工具：使用该工具在现有的路径上单击可增加一个锚点。
- 删除锚点工具：使用该工具在现有的路径上单击任意一个锚点，可删除该节点。
- 转换点工具：使用该工具可以在平滑点和角点间进行切换。

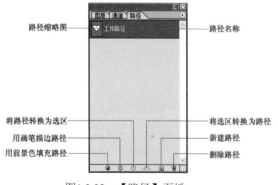

图1.3.32 【路径】面板

图1.3.33 路径工具（钢笔工具组）

（3）路径创建

创建一个精美的路径，需要花费很长时间，对于初学者来说，更是如此。因此本任务将重点介绍一下建立路径的操作方法和使用技巧。路径任务栏如图1.3.34所示。

图1.3.34 路径任务栏

1）创建路径，有如下两种模式。

创建形状图层模式 创建形状图层模式不仅可以在【路径】面板中新建一个路径，同时还可以在【图层】面板中创建一个形状图层。如果选择创建新的形状图层选项，可以在创建之前设置形状图层的样式、混合模式和不透明度的大小。勾选自动添加/删除选项，可以在绘制路径的过程中对绘制出的路径添加或删除锚点：单击路径上的某点可以在该点添加一个锚点；单击原有的锚点可以将其删除。如果未勾选添加/删除选项，可以右击路径上的某点，在弹出的菜单中选择添加锚点，或右击原有的锚点，在弹出的菜单中选择删除锚点也能达到同样的目的。勾选橡皮带选项，可以看到下一个将要定义的锚点所形成的路径，这样在绘制的过程中会通过比较直观。

创建工作路径式 单击创建新的工作路径按钮，在画布上连续单击可以绘制出折线，通过单击工具栏中的钢笔按钮结束绘制，也可以通过按住【Ctrl】键的同时在画布的任意位置单击结束绘制。如果要绘制多边形，最后闭合时，将鼠标箭头靠近路径起点，当鼠标箭头旁边出现一个小圆圈时，单击，就可以将路径闭合。

2）调整路径：钢笔工具的后期调整主要是利用调整锚点的位置及锚点的两侧伸出的调杆进行路径的弯曲程度调整，最终达到符合要求的路径。钢笔工具中【添加锚点工具】、【删除锚点工具】可以对锚点的多少进行控制，【转换点工具】可以通过对锚点添加调杆及拖动来调整路径。

另外，2个辅助调整路径的工具在钢笔工具按钮的上方：实心箭头为【路径选择工具】，空心箭头为【直接选择工具】。【路径选择工具】是对所绘制的路径整体的选择，可进行整体的位移。【直接选择工具】是对路径的锚点进行选择，当某个锚点被选中时，锚点两端所存在的调杆会显现出来，这时可以拖动调节调杆修整路径。

3）路径描边：路径创建完成后，可以对路径进行描边得到需要的边框效果。路径描边的方法很多，可以在路径处右击，在弹出的快捷菜单中选择描边路径，在弹出的对话框中选择【铅笔】，然后单击【画笔】，弹出如图1.3.35所示的【画笔】对话框。

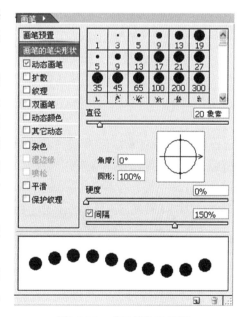

图1.3.35 【画笔】对话框

选择合适的铅笔形状和大小，即可对路径进行描边。用该方法描边可以自动绘制出虚线或等距离大小的不同形状的描边图案。描边样式由笔尖形状与间隔大小决定。选择想用的画笔形状后，将画笔间隔值改得更大一些就可以留下空隙，数据越大，空隙也就越大。

路径描边也可以先将路径转换成选区，然后选择【编辑】/【描边】即可。

4. 蒙版的使用

（1）蒙版的基本功能

蒙版，就是蒙在图像上用来保护图像的一层"板"。对图像的某些区域应用颜色变化、滤镜或其他效果时，蒙版可以隔离和保护图像的其他区域。

应用了图像蒙版后，当选择了图像的某部分时，没有被选择的区域被蒙版保护而不能被编辑；用户也可以将蒙版用于复杂图像编辑，比如将颜色或滤镜效果逐步运用到图像上；此外，蒙版还有一个作用就是可以将制作的复杂选区存储为 Alpha 通道。当需要时，可以将其转换为选区载入即可使用。蒙版是作为 8 位灰度通道存放的，用户可以方便地使用绘图和编辑工具对它进行微调或编辑。

（2）蒙版的创建和编辑

在 Photoshop 中，创建蒙版的方法很多，可以根据自己的喜好选择新建蒙版的方法。在 Photoshop 软件中提供的创建蒙版的方法主要有以下几种。

- 通过【存储选区】命令创建蒙版。如果已经在图像中制作了一个选区，执行【选择】/【储蓄选区】命令可以将选取范围转换为蒙版。

- 通过通道控制面板中的【创建新通道】命令创建蒙版。在通道控制面板中，单击右上角的控制按钮，在弹出的菜单中选择【创建新通道】命令，可以新建一个通道，对其进行编辑即创建蒙版。

- 通过图层菜单中的命令创建蒙版。通常可以执行【图层】/【增加图层蒙版】/【显示选区】命令建立蒙版。

- 通过工具箱中的快速蒙版工具创建蒙版。可以通过使用工具箱中的快速蒙版工具快速创建一个蒙版。快速蒙版可以迅速地将一个选取范围变成一个蒙版，然后对这个蒙版进行修改或编辑，以完成精确的选取范围，此后再转换为选取范围使用。

（3）存储蒙版选区

如果将临时蒙版转换成命名的 Alpha 通道，可以单击工具箱中的【以标准模式编辑】按钮，同时关闭快速蒙版模式回到图像窗口。执行【选择】/【存储选区】命令，打开【存储选区】对话框，在对话框中进行【选区名称】、【通道名称】等设置，就可以将创建的选区存储成 Alpha 通道，并且在【通道】面板底部进行显示。

默认情况下，选区被放在现有图像中的通道内；但是也可以将选区存储到其他打开的并且具有相同像素尺寸的图像的通道中，或者存储到新图像中。

（4）将选区载入图像

在对图像进行编辑的过程中，经常会使用存储选区，这时可以使用通道调板中的【将通道作为选区载入】按钮将选区载入。按住【Ctrl】键的同时，单击包含要载入的选区的通道，也可以将选区载入。还可以执行【选择】/【载入选区】命令，打开【载入选区】对话框，选择要载入的选区。

1.3.4 小试牛刀

在任务 1.2 完成的总平面图的基础上，绘制景点分析图、交通分析图、夜景效果图等。

══════════════ 项目总结 ══════════════

本项目以"某小区中心游园环境景观设计图 .dwg"为载体，详细介绍了 AutoCAD 图形输出并导入到 Photoshop 中的不同方法。

同时，通过该游园平面效果图和各类型景观分析图的制作过程的演示，详细介绍了 Photoshop 软件的工作界面布局及相应功能的使用，重点介绍了选框工具、套索工具、魔棒工具等选择工具的使用方法和技巧，以及相关属性栏中主要选项和参数的含义；填充与描边及定义图案操作方法与技巧等。

图层的操作和路径工具的应用是实现 Photoshop 强大功能的基础；对图像各类图案进行色彩调整，可以使园林景观效果图既协调统一，又对比鲜明，也非常重要。

通过本项目的学习，可初步掌握园林景观平面效果图和分图制作的常用方法、技巧和流程。

══════════════ 挑战自我 ══════════════

1. AutoCAD 图形输出并导入到 Photoshop 中有哪些不同方法？

2. 在平面效果图制作过程中，如何快速选取填充区域？如果填充区域不闭合应如何处理？如果填充的图案与周围环境不成比例应如何处理？怎样使填充的草地、水体有明暗变化？怎样使建筑和树木有立体效果？

3. 在进行命令操作时，更改相应的工具属性栏中的参数，观察主要参数的含义。

4. 应用路径工具建立选区有什么特点？怎样运用路径工具进行描边？怎样调节画笔工具的主直径、虚边、间隔等？

5. 完成项目 1 考核试题，该项目考核采用分层次考核方式，学生可以根据自己对软件所掌握的程度选择题目。

项目1 园林景观平面效果图制作考核试题

班级：_____ 姓名：_____ 学号：_____ 分数：_____

◆ 命题选择

基础档：根据所提供的某街心花园 CAD 景观设计平面图（图纸见课程资源包——项目 1：挑战自我），绘制其总平面效果图与景观分析图。

良好档：根据所提供的某城市广场 CAD 景观设计平面图（图纸见课程资源包——项目 1：挑战自我），绘制其总平面效果图与景观分析图。

优秀档：根据所提供的某综合性小区 CAD 景观设计平面图（图纸见课程资源包——项目 1：挑战自我），绘制其总平面效果图与景观分析图。

◆ 作业要求

1. 要求内容完整，表达方法正确，图面美观。
2. 作业以 *.jpg 格式的电子稿形式上交，以"学号＋姓名"为文件命名。

—— 项目评价 ——

园林景观平面效果图制作评价标准主要包括 CAD 设计方案的导入、各景观元素的绘制、图纸色彩、布局、文字、图例说明、指北针、比例尺等方面，其具体的评价细则如下表所示。

评价标准	成绩
能正确导入CAD设计方案，并按照要求正确绘制各项景观元素；图纸色彩美观，各景观元素尺度协调，图面布局合理；指北针、比例尺俱全；文字、箭头、线框等大小合适，排列美观	90分以上
能正确导入CAD设计方案，并按照要求正确绘制各项景观元素；图纸色彩较美观，各景观元素尺度较协调，图面布局较合理；指北针、比例尺俱全；文字、箭头、线框等大小较合适，排列较美观	80~90分
能导入CAD设计方案，并按照要求绘制各项景观元素；图纸色彩基本美观，各景观元素尺度基本协调，图面布局基本合理；指北针、比例尺俱全；文字、箭头、线框等大小基本合适，排列基本美观	70~80分
能导入CAD设计方案，大部分景观元素绘制正确；图纸色彩不太美观，各景观元素尺度不太协调，图面布局较乱；指北针、比例尺俱全；文字、箭头、线框等大小较合适，排列较美观	60~70分
能导入CAD设计方案，大部分景观元素基本绘制正确；图纸色彩极不协调，各景观元素尺度很不协调，图面布局很乱；指北针、比例尺缺少；文字、箭头、线框等大小随意，排列随心所欲	60分以下

项目 2

园林景观立（剖）面效果图制作

教学指导 ☞

知识目标

1. 掌握园林景观立（剖）面效果图制作的流程和方法；对立面、剖面图的各种表现技法、规律有一定的了解和认识。

2. 掌握修复工具、加深减淡工具、图章工具、橡皮擦工具等的使用方法和技巧。

3. 掌握常用滤镜的使用方法和技巧。

4. 掌握图像调整的方法和技巧。

能力目标

1. 能够熟练运用Photoshop软件绘制园林景观立（剖）面效果图，表达设计意图。

2. 能够熟练运用修补工具、加深减淡工具、图印章工具、橡皮擦工具等进行园林景观素材的抠图。

3. 会使用常用滤镜制作各类特殊效果。

4. 能熟练使用图像调整菜单对图纸进行色彩的调整。

素质目标

1. 培养学生认真、严谨、注重细节、精益求精的学习态度和工匠精神。

2. 培养学生独立完成作业的诚信品质和按时完成作业的时间观念。

3. 培养学生适应软件更新的自学能力、知识迁移能力和运用网络资源自主学习的能力。

任务 2.1 手绘风格剖面效果图制作

【任务分析】

根据教学资源包"任务 2.1—配套 CAD 文件中"提供的"琴韵小广场剖面图 .dwg"文件，完成该图纸的剖面效果图绘制。

对于剖面效果图，画法大致上与立面效果图相同，但剖面效果图需要把剖到的所有对象都画出来，包括地下结构部分。为了更好地表达设计成果，就必须选好视线的方向，全面细致地展现景观空间；同时要注重层次感的营造，通常都是通过植物的不透明度来强调层次感，从而营造出远近不同的感觉。另外，需注意的是，要在剖面效果图中绘制出索引图以及剖线位置和方向，本任务将以琴韵小广场剖面效果图为例，详细介绍园林景观剖面效果图的制作。其操作流程主要包括以下几个方面。

1）AutoCAD 设计图分层导入到 Photoshop 中。
2）主体结构剖面效果处理。
3）配景素材的制作。
4）索引图和剖线的绘制。

剖面效果图赏析

2.1.1　工作步骤

1. AutoCAD设计图分层导入到Photoshop中

CAD文件导入
到PS文件中

步骤一：打开 AutoCAD 2008，进入其工作界面，执行【文件】/【打开】命令（快捷键【Ctrl+N】），打开课程资源包中"任务 2.1—配套 CAD 文件中"提供的名为"琴韵小广场剖面图 .dwg"文件，如图 2.1.1 所示。

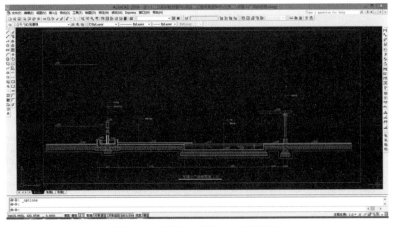

图2.1.1　琴韵小广场CAD剖面图

步骤二：采用分层导图的方法将设计线、填充和所有标注分三个文件导出。

步骤三：打开 Photoshop 软件，打开设计线文件，在弹出的对话框中将分辨率设置为300，将文件另存为"琴韵小广场剖面图 .psd"文件。

步骤四：打开填充和标注文件，分别将这两个文件的图层复制到"琴韵小广场剖面图 .psd"文件中。

步骤五：在 Photoshop 中新建一个"白底"图层，将其填充为白色，将"白底"图层移到最下方，效果如图 2.1.2 所示。

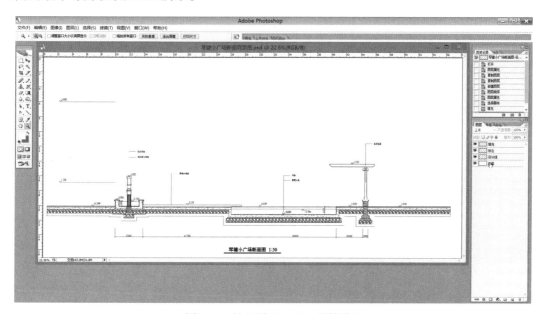

图2.1.2 导入到Photoshop后的效果

2. 主体结构剖面效果处理

步骤一：花架的制作。采用项目 1 任务 1.2 所讲到的方法制作花架。制作完成后效果如图 2.1.3 所示。

步骤二：艺术景墙的制作。在设计线图层中选择艺术景墙压顶区域，将花岗岩石材贴入其中，并分别制作浮雕效果和投影效果，效果如图 2.1.4 所示。

主体结构的处理

步骤三：在设计线图层选择墙体区域，用文化石图案进行填充，填充完成后效果如图 2.1.5 所示。

步骤四：选中最下面的地上部分，回到填充线图层，按【Delete】键删除该区域的填充线，效果如图 2.1.6 所示。

步骤五：在填充线图层选择花钵区域，设置前景色为陶泥颜色并填充花钵区域，执行【滤镜】/【杂色】/【添加杂色】命令，给花钵添加陶泥质感，效果如图 2.1.7 所示。

步骤六：在填充线图层选择花钵边线，如图 2.1.8 所示。将边线新建为一个剪切的图层（快捷键【Shift+Ctrl+J】）。

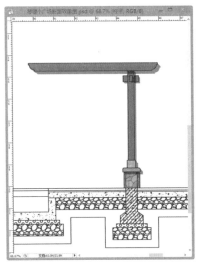

图2.1.3　完成后的花架效果

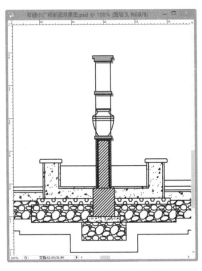

图2.1.4　艺术景墙压顶效果

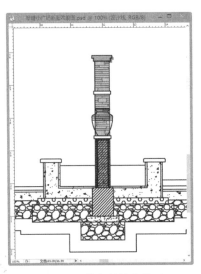

图2.1.5　填充景墙文化石

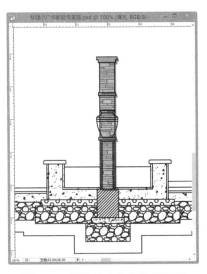

图2.1.6　删除地上部分的填充线

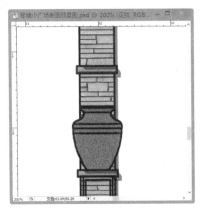

图2.1.7　添加杂色后效果

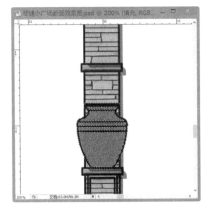

图2.1.8　选择花钵边线

步骤七：将花钵填充图层和花钵边线图层合并，并执行【滤镜】/【渲染】/【光照效果】命令，弹出如图2.1.9所示对话框，调整光影的角度和大小，给花钵添加光照效果，效果如图2.1.10所示。然后给花钵制作投影效果。

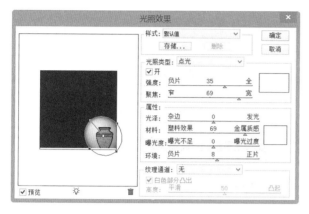

图2.1.9　【光照效果】对话框

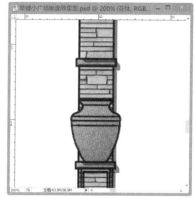

图2.1.10　添加光照后效果

步骤八：采用深浅不同的深色调，给地下部分进行颜色填充，完成后效果如图2.1.11所示。

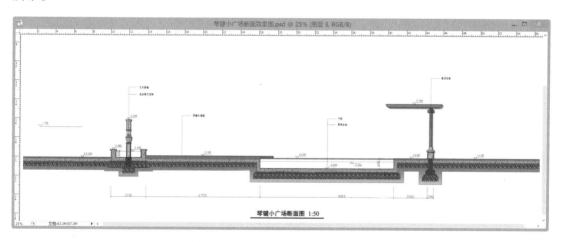

图2.1.11　主体结构剖面完成后效果

3. 配景素材的制作

步骤一：按【Ctrl+R】快捷键显示标尺，选择移动工具，在横向标尺上拖动鼠标，在地平面、1.75m、3.15m和6m处拉出蓝色辅助线。

步骤二：选择收集树的立面素材，给场景添加前景树和主景树，效果如图2.1.12所示。

步骤三：选择其他树的立面素材，给场景添加远景树，注意树形、大小、远近层次关系。远近通过调整图层的不透明度来控制，效果如图2.1.13所示。

配景素材的整理（一）

配景素材的整理（二）

步骤四：设置前景色为蓝色水面颜色，在设计线层选择不同的水面，做蓝色到白色的渐变效果，完成后水面效果如图 2.1.14 所示。

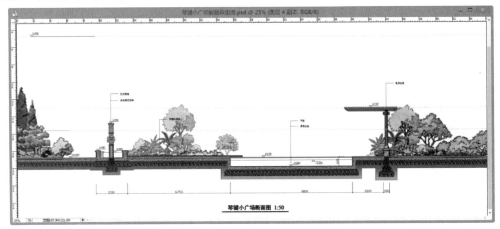

图2.1.12　添加前景树和主景树

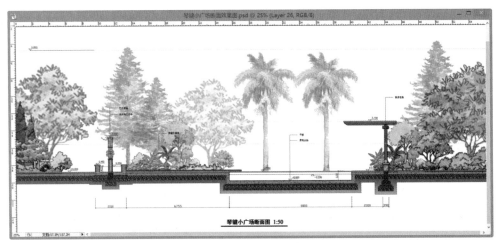

图2.1.13　添加远景树

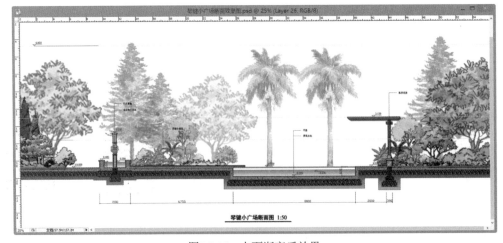

图2.1.14　水面渐变后效果

步骤五：选择画笔形状，如图 2.1.15 所示；灵活拖动鼠标，绘制喷泉效果，如图 2.1.16
所示；复制喷泉，最后的水体效果如图 2.1.17 所示。

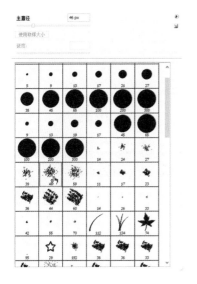

图2.1.15　选择画笔形状

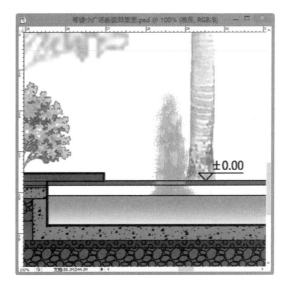

图2.1.16　绘制喷泉效果

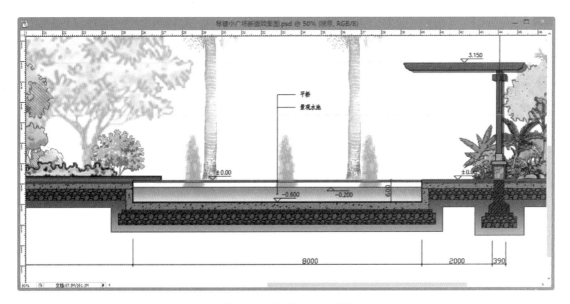

图2.1.17　复制喷泉后效果

　　步骤六：为场景添加人物素材，注意高度控制在 1.75m 左右，效果
如图 2.1.18 所示。

　　步骤七：在"白底"图层上方新建一个"背景天空"图层，设置前景
色为浅蓝色，背景色为白色，从上到下做一个渐变效果。将文件另存为"琴
韵小广场剖面效果 .jpg"，最终完成后的剖面效果如图 2.1.19 所示。

天空背景的处理

图2.1.18 添加人物素材

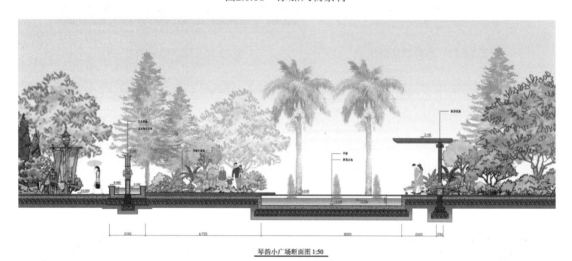

图2.1.19 完成后的剖面效果图

4. 索引图和剖线的绘制

索引图和剖线的绘制一般在最后文本合成的时候完成，这里先简单介绍其绘制方法。

步骤一：新建一个分辨率为150ppi、宽度为29.7cm、高度为42cm的白底文件，将项目1完成的总平面图拖到文件中，并调整其大小，如图2.1.20所示。

步骤二：降低总平面图的饱和度，效果如图2.1.21所示。

步骤三：新建一个图层，在琴韵小广场区域绘制一个圆形区域，填充为红色，并调整其不透明度为50%，效果如图2.1.22所示。

步骤四：在总平面CAD图中调整琴韵小广场的方向和位置，效果如图2.1.23所示，并将该区域导入到Photoshop中，并将该图纸复制到"索引图.psd"文件中，效果如图2.1.24所示。

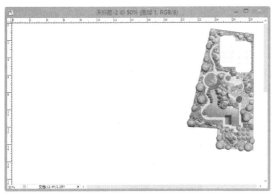

图2.1.20　调整总平面图的大小和位置

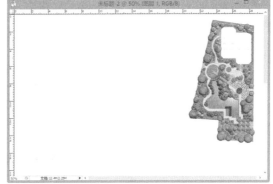

图2.1.21　降低总平面图的饱和度

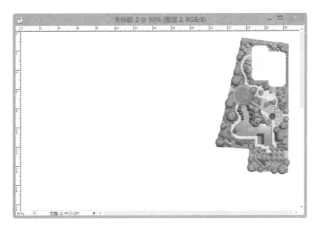

图2.1.22　绘制圆形区域

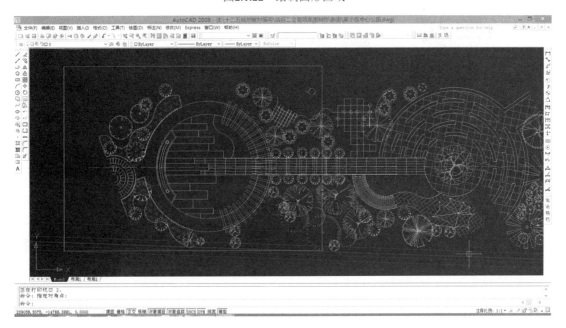

图2.1.23　在CAD中调整图纸的方向

步骤五：在总平面效果图中框选出琴韵小广场区域，并调整大小和位置与琴韵小广场线稿区域完全重合，效果如图 2.1.25 所示。

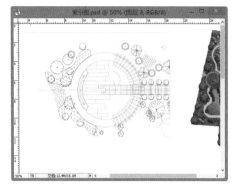
图2.1.24 导入琴韵小广场线框图

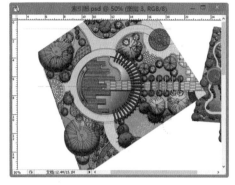
图2.1.25 调整琴韵小广场总平面图

步骤六：绘制一个大小与小广场区域基本一致的圆形，然后反选（快捷键【Shift+Ctrl+Alt+I】），按【Delete】键删除圆形以外的区域，将小广场显示出来，效果如图 2.1.26 所示。

步骤七：新建一个图层，将前景色设置为红色，选择画线的命令，将线宽设置为 15 像素，按剖线位置和剖切方向绘制直线，效果如图 2.1.27 所示。

步骤八：按【Ctrl+S】快捷键，将文件保存为"索引图 .psd"格式。

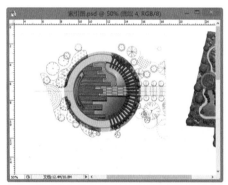
图2.1.26 删除多余的区域

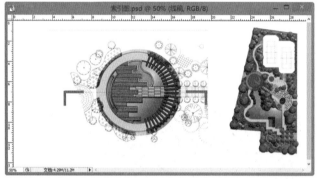
图2.1.27 绘制剖线位置与方向

2.1.2 知识拓展

1. 制作砖墙效果

步骤一：新建一个宽度和高度分别为 10cm 和 8cm、分辨率为 200ppi 的图像窗口，并将其存储为"砖墙效果"。

步骤二：新建图层 1，使用矩形选框工具在图像窗口的左上角绘制一个矩形选区，并填充为砖红色（R：240，G：125，B：0），效果如图 2.1.28 所示。

步骤三：取消选区的选择状态，单击工具箱中的移动工具，按住【Alt】键不放，在矩形上按住鼠标，向右拖动一段距离，复制矩形。

　　步骤四：当复制一列后，将所有矩形图层合并，再参照步骤三的方法向下复制一列，并向左侧移动一段距离，使用移动工具复制一个矩形到右侧边缘，效果如图 2.1.29 所示。

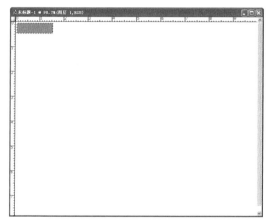

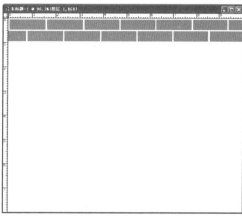

图2.1.28　创建一个矩形区域　　　　　　　　　　图2.1.29　复制两行砖

　　步骤五：采用同样的方法，复制其他矩形列，注意矩形之间的距离，效果如图 2.1.30 所示。

　　步骤六：将前景色设置为灰色，单击矩形之间白色的空隙部分，将其填充为灰色，如图 2.1.31 所示。

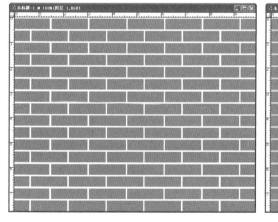

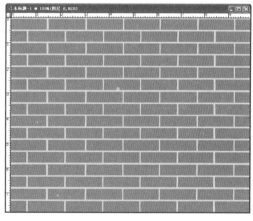

图2.1.30　复制完成后的砖墙　　　　　　　　　　图2.1.31　填充灰色后效果

　　步骤七：执行【滤镜】/【画笔描边】/【喷溅】命令，打开【喷溅】对话框，如图 2.1.32 所示，将"喷色半径"设置为3，"平滑度"设置为5，单击【确定】按钮，效果如图 2.1.33 所示。

　　步骤八：执行【滤镜】/【纹理】/【龟裂缝】命令，打开【龟裂缝】对话框，如图 2.1.34 所示，添加龟裂缝滤镜效果，设置"裂缝间距"为27，"裂缝深度"为5，"裂缝亮度"为9，如图 2.1.35 所示。

　　步骤九：执行【滤镜】/【杂色】/【添加杂色】命令，打开【添加杂色】对话框，如图 2.1.36 所示，将"数量"设置为8%，完成砖墙效果的制作，最终效果如图 2.1.37 所示。

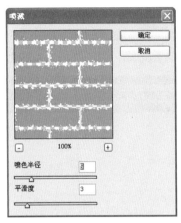

图2.1.32 【喷溅】对话框

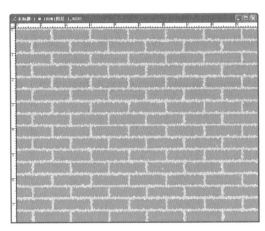

图2.1.33 喷溅后效果

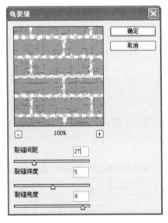

图2.1.34 【龟裂缝】对话框

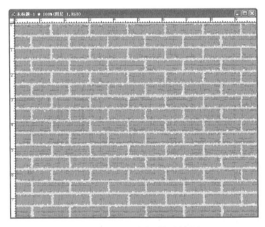

图2.1.35 龟裂后效果

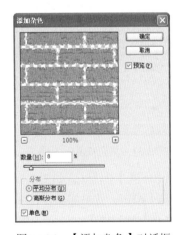

图2.1.36 【添加杂色】对话框

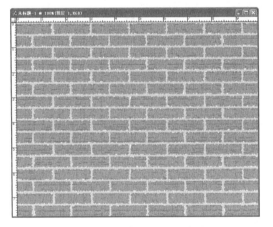

图2.1.37 制作完成后砖墙效果

2. 制作水中倒影效果

步骤一：打开如图2.1.38所示的泰姬陵图片。

步骤二：单击【图像】/【画布大小】命令，弹出【画布大小】对话框，参数设置如图 2.1.39 所示，单击【确定】按钮，完成画布大小的调整，如图 2.1.40 所示。

图2.1.38　泰姬陵图　　　　　　　　　　图2.1.39　【画布大小】对话框

步骤三：在【图层】面板中用鼠标将"背景"图层拖拽至调板底部的【创建新图层】按钮上，复制出一个新的图层，将图层改名为"建筑"。

步骤四：按【D】键设置前景色为黑色，再按【Alt+Delete】快捷键对背景图层进行填充。

步骤五：单击工具箱中的魔棒工具，并将【容差】设置为20。确认"建筑"为当前工作图层，选中图形下半部分的白色区域，按【Delete】键将选区内容删除，然后取消选择区域，此时图像效果如图 2.1.41 所示。

图2.1.40　画布调整后效果　　　　　　　图2.1.41　填充黑色后效果

步骤六：打开"水面.jpg"文件。单击工具箱中的移动键，将水面移至图像中，并将其图层移动到"建筑"下方，然后按【Ctrl+T】快捷键对水面的位置与大小进行调整，效果如图 2.1.42 所示。

步骤七：在【图层】面板中，用鼠标复制一个"建筑"图层，将复制的图层命名为"倒影"。执行【编辑】/【变换】/【垂直翻转】命令，将"倒影"图层翻转，用鼠标调整其大小与位置，如图 2.1.43 所示。

步骤八：在【图层】面板中，将"倒影"图层的【不透明度】值设为50%，执行【滤镜】/【模糊】/【动感模糊】命令，弹出【动感模糊】对话框，设置各参数如图 2.1.44 所示，图像效果如图 2.1.45 所示。

图2.1.42　填充水面后效果

图2.1.43　复制并垂直翻转效果

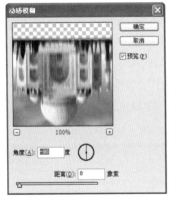

图2.1.44　【动感模糊】对话框

图2.1.45　动感模糊后效果

　　步骤九： 分别设置前景色参数值（R：43，G：80，B：96），背景色参数值（R：167，G：183，B：198），按【Shift+Ctrl+N】快捷键新建一个图层，然后按住【Shift】键的同时在图像中由上至下拖拽鼠标，给图像添加渐变效果。并将图层的混合模式改为【正片叠底】，不透明度值为56%，调整后的效果如图2.1.46所示。

　　步骤十： 将所有图层合并，执行【图像】/【调整】命令，对图像进行整体调色，图像的最终效果如图2.1.47所示。

图2.1.46　调整图层效果

图2.1.47　倒影制作完成后效果

2.1.3 知识链接

在 Photoshop 中，滤镜是图像处理的特殊方法，它可以将一幅图像处理成具有特殊的艺术效果。通过滤镜命令可以对图像进行各种特效的处理，在"滤镜"菜单中选择相应的滤镜组，单击菜单栏中的【滤镜】菜单，打开如图 2.1.48 所示的滤镜子菜单。该子菜单中提供了 14 组滤镜样式，每组滤镜的子菜单中又包含几种不同的滤镜命令。大多数的滤镜对话框都相似，其使用方法也大致类似：在其弹出的子菜单中选择所需的滤镜命令，然后在打开的对话框中设置参数（有些滤镜无对话框），最后单击【确定】按钮即可完成所设置的图像效果。

上次滤镜操作(F)	Ctrl+F
抽出(X)...	Alt+Ctrl+X
液化(L)...	Shift+Ctrl+X
图案创建(P)...	Alt+Shift+Ctrl+X
扭曲	▶
杂色	▶
模糊	▶
渲染	▶
画笔描边	▶
素描	▶
纹理	▶
艺术效果	▶
视频	▶
象素化	▶
锐化	▶
风格化	▶
其它	▶
眼睛糖果 3.01	▶

图2.1.48 滤镜子菜单

要使用滤镜为图形添加滤镜效果，就应先了解滤镜的注意事项，在使用滤镜菜单制作图像效果时，需注意以下几点。

- 滤镜对图像的处理是以像素为单位进行的，即使是同一张图像在进行同样的滤镜参数设置时，也会因为分辨率不同而造成处理后的效果不同。
- 当对图像的某一部分使用滤镜后，往往会留下锯齿，这时可以对该边缘进行羽化，使图像的边缘过渡平滑。
- 当图像的分辨率较高时，应用某些滤镜会占用较大的内存空间，从而使运行速度变慢。

> **提示**
>
> 如果滤镜子菜单中大部分的滤镜菜单呈灰色显示，可能是因为该图像不是 RGB 模式，可以执行【图像】/【模式】命令将其转换为 RGB 模式。

由于滤镜命令比较多，这里主要讲解在园林景观效果图的制作中常用的滤镜，如像素化、模糊、渲染等滤镜组的操作方法和效果知识。

1. 滤镜的应用——杂色滤镜

杂色滤镜主要用来为图像添加杂点或去除图像中的杂点。执行【滤镜】/【杂色】命令，弹出【杂色】子菜单，包括中间值、去斑、添加杂色、蒙尘与划痕四种滤镜效果。

（1）中间值

该滤镜可以采用杂点和其周围像素的折中颜色来平滑图像中的区域。其对话框中的【半径】用于设置中间值效果的平滑距离。

（2）去斑

该滤镜通过对图像或选择区内的图像进行轻微的模糊、柔化，从而达到掩饰图像中细小斑点、消除轻微折痕的效果。

（3）添加杂色

该滤镜可以为图像随机地混合杂点，即添加一些细小的颗粒状像素。该滤镜在园林景观平面效果图的处理中经常用于草地效果的处理。其对话框如图 2.1.49 所示，各选项含义

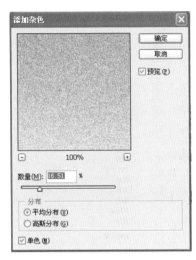

图2.1.49 【添加杂色】对话框

如下。

【数量】：用于调整杂点的数量，该值越大，效果越明显。

【分布】：用于设定杂点的分布方式。若选中"平均分布"单选项，则颜色杂点统一平均分布；若选中"高斯分布"单选项，则颜色杂点按高斯曲线分布。

【单色】复选框：用于设置添加的杂点是彩色的还是灰色的。选中该复选框，杂点只影响原图像素的亮度而不改变其颜色。

（4）蒙尘与划痕

该滤镜通过将图像中有缺陷的像素融入周围的像素，达到除尘和涂抹的效果，适用于对扫描图像中蒙尘和划痕进行处理。各选项含义如下。

【半径】：用于调整清除缺陷的范围。

【阈值】：用于确定要进行像素处理的阈值，该值越大，图像所能容许的杂色就越多，去杂效果越弱。

2. 滤镜的应用——模糊滤镜

模糊滤镜主要通过削弱相邻间像素的对比度，使相邻像素间过渡平滑，从而产生边缘柔和、模糊的效果。选择【滤镜】/【模糊】命令，弹出【模糊】子菜单，包括六种滤镜效果，下面将分别进行讲解。

（1）动感模糊

该滤镜模仿拍摄运动物体的手法，通过对某一方向上的像素进行线性位移来产生运动模糊效果。其对话框如图2.1.50所示，各选项含义如下。

【角度】：用于控制运动模糊的方向，可以通过改变文本框中的数字或直接拖动指针来调整。

【距离】：用于控制像素移动的距离，即模糊的强度。

（2）径向模糊

该滤镜可以产生旋转模糊效果，各选项含义如下。

【数量】：用于调节模糊效果的强度，值越大，模糊效果越强。

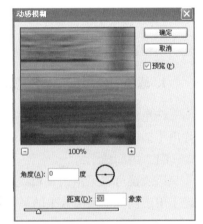

图2.1.50 【动感模糊】对话框

【中心模糊】：用于设置模糊从哪一点开始向外扩散，单击预览图像框中的一点即可设置该选项的值。

【模糊方法】：选中"旋转"单选项时，产生旋转模糊效果；选中"缩放"单选项时，产生放射模糊效果，被模糊的图像从模糊中心处开始放大。

【品质】：用于调节模糊质量。

（3）模糊

该滤镜可以对图像边缘过于清晰的颜色进行模糊处理，以达到模糊的效果。该滤镜效果很不明显，且无参数设置对话框。

（4）特殊模糊

该滤镜通过找出图像的边缘以及模糊边缘以内的区域，从而产生一种清晰边界的模糊效果，各选项含义如下。

【半径】：用于设置辐射范围的大小，值越大，模糊效果越明显。

【阈值】：只有相邻像素间的亮度相差不超过此临界值的像素才会被模糊。

【品质】：用于调节模糊质量。

【模式】：用于设置效果模式，有"正常""边缘优先""叠加边缘"三个选项。

（5）进一步模糊

该滤镜的模糊效果与模糊滤镜的效果相似，但要比模糊滤镜的效果强3～4倍，该滤镜无参数设置对话框。

（6）高斯模糊

该滤镜可以将图像以高斯曲线的形式进行选择性的模糊，产生明显的模糊效果，也可以将图像从清晰逐渐模糊。其中的"半径"文本框用来调节图像的模糊程度，值越大，图像的模糊效果越明显。

3. 滤镜的应用——扭曲滤镜

扭曲滤镜组主要用于按照各种方式在几何意义上对图像进行扭曲，产生变形效果，如非正常拉伸、模拟水波和镜面反射等。执行【滤镜】/【扭曲】命令，会弹出包括切变、扩散亮光、挤压、旋转扭曲、极坐标、水波、波浪、波纹、海洋波纹、玻璃、球面化、置换等十二种扭曲子菜单，下面将重点介绍水波、波浪、波纹效果。

（1）水波

水波滤镜可模仿水面产生起伏状的水波纹和旋转效果，其对话框如图2.1.51所示。各选项含义如下。

【数量】：用于设置水波的波纹数量。

【起伏】：用于设置水波的起伏程度。

【样式】：用于设置水波的形态。

（2）波浪

波浪滤镜可以根据设定的波长产生波浪效果。各选项含义如下。

【生成器数】：用于设置产生波浪的波源数目。

【波长】：用于控制波峰间距。有"最小"和"最大"两个参数，分别表示最短波长和最长波长，最短波长值不能超过最长波长值。

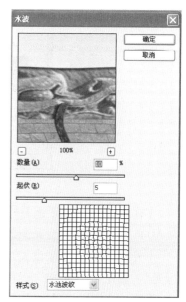

图2.1.51　【水波】对话框

【波幅】:用于设置波动幅度，有"最小"和"最大"两个参数，表示最小波幅和最大波幅，最小波幅不能超过最大波幅。

【比例】:用于调整水平和垂直方向的波动幅度。

【类型】:用于设置波动类型，有"正弦""三角形""方形"三种。

【随机化】:单击该按钮，可以随机改变波动效果。

（3）波纹

波纹滤镜可以产生水波荡漾的涟漪效果。其中【数量】文本框用于设置波纹的数量，值过大或过小，所产生的涟漪效果太强烈，图片会失真。在【大小】下拉列表框中可以选择一种波纹的大小，有"小""中""大"三种。

4. 滤镜的应用——渲染滤镜

渲染滤镜组主要用来模拟光线照明效果，它可以模拟不同的光源效果。执行【滤镜】/【渲染】命令，弹出包括"云彩""光照效果"等滤镜选项，下面将分别进行讲解。

（1）云彩

云彩滤镜可以在图像的前景色和背景色之间随机地抽取像素，再将图像转换为柔和的云彩效果。该滤镜无参数设置对话框，常用于创建图像的云彩效果。

（2）光照效果

该滤镜的设置和使用比较复杂，但其功能强大。用户可以设置光源、光色、物体的反射特性等，然后根据这些设定产生光照，模拟3D绘画效果。另外，合理运用该滤镜，可以产生较好的灯光效果。其对话框如图2.1.52所示，各项含义如下。

图2.1.52 【光照效果】对话框

【样式】:用于设置光源样式，该项模拟了各种舞台光源，系统自身提供了十多种样式，从而可以模拟各种舞台光源效果，用户可以保存和删除某些光源样式。

【光照类型】:用来设置灯光类型，该项在选中"开"复选框后有效，系统提供了"平行光""点光""全光源"三种灯光类型，在下面分别有调节滑块，拖动滑块便可调节。

【强度】:用于控制光的强度，取值范围为 –100 ～ 100，该值越大，光亮越强，单击滑块右侧的颜色设置框，可打开【拾色器】对话框，然后进行灯光颜色设置。

【聚焦】：用于扩大椭圆区内光线的照射范围，此项对有些光源无效。

【光泽】：用于设置反光物体的表面光洁度。滑块从"杂边"到"发光"端光洁度越来越低，反光效果越来越差。

【材料】：用于设置材料，该项决定反射光色彩是反射光源的色彩还是反射物体本身的色彩，滑块从"塑料效果"端滑到"金属质感"端，反射光线颜色也从光源颜色过渡到反射物颜色。

【曝光度】：用于控制照射光线的亮暗度。

【环境】：用于产生舞台灯光的弥漫效果，在其右侧有一颜色设置框，单击此框可打开"拾色器"对话框，然后进行灯光颜色的设置。

【纹理通道】：该项能在图像中加入纹理来产生一种浮雕效果。若选中"无"以外的选项，则"白色部分凸出"复选框变为可设置状态。

【高度】：在"白色部分凸出"复选框为可选状态下时，通过该选项可以调整纹理的深浅，其中纹理的凸出部分用白色表示，凹陷部分用黑色表示。滑块从"平滑"端到"凸起"端纹理越来越浅。

【预览】：当选择所需光源样式后，单击预览框中的光源焦点，可以使该光源成为当前光源，通过拖动鼠标，可以调整该光源的距离（光照范围及强弱），单击并拖动光源中间的节点可以移动光源的位置。拖动预览框底部的小灯泡到预览框中，可以添加新的光源。另外，将预览框中光源的焦点拖到"垃圾桶"内可以删除该光源。

（3）分层云彩

该滤镜的效果与原图像的颜色有关，它并不像云彩滤镜那样完全覆盖图像，而是相当于在图像中添加一个分层云彩效果。

（4）镜头光晕

该滤镜能模拟强光照射在摄像机镜头上所产生的炫光效果，并可自动调节炫光的位置。各选项的含义如下：

【光晕中心】：用来调整闪光的中心，可直接在预览框中单击选取闪光中心。

【亮度】：用来调节反光的强度，值越大，反光越强。

【镜头类型】：用来调节光晕的类型。

5. 滤镜的应用——纹理滤镜

纹理滤镜组可以为图像添加立体感强或赋予纹理效果。【纹理】子菜单包括拼贴图、染色玻璃、纹理化、颗粒、马赛克拼贴、龟裂缝六个滤镜命令，下面将重点介绍园林效果图常用的纹理滤镜。

（1）拼贴图

拼贴图滤镜可以将图像分割成大小不等的小方块，用每个方块内的像素平均颜色作为该方块的颜色，模拟建筑的拼贴瓷砖效果。各选项含义如下。

【方形大小】：用于调整方块的大小，该值越小、方块越小，图像越精细。

【凸现】：用于设置拼贴的凹凸程度，该值越大，纹理凹凸程度越明显。

（2）纹理化

纹理化滤镜可以为图像添加"砖形""粗麻布""画布""砂岩"等纹理效果，还可以调整纹理的大小和深度。各选项含义如下。

【纹理】：提供了"砖形""粗麻布""画布""砂岩"四种纹理类型。另外，还可选择"载入纹理"选项来装载自定义的以 psd 文件格式存放的纹理模板。

【缩放】：用于调整纹理的尺寸大小。该值越大，纹理效果越明显。

【凸现】：用于调整纹理产生的深度。该值越大，图像的纹理深度越深。

【光照】：提供了"上""下""左""右"等八个方向的光照效果。

（3）马赛克拼贴

马赛克拼贴滤镜可以使图像产生马赛克网格效果，还可以调整网格的大小以及缝隙的宽度和深度。其各选项含义如下。

【拼贴大小】：用于设置贴块大小。该值越大，拼贴的网格越大。

【缝隙宽度】：用于设置贴块间隔的大小。该值越大，拼贴的网格缝隙越宽。

【加亮缝隙】：用于设置间隔加亮程度。该值越大，拼贴缝隙的明度更高。

（4）龟裂缝

该滤镜可以使图像产生龟裂纹理，从而制作出具有浮雕的立体图像效果。其各选项含义如下。

【裂缝间距】：用于设置裂纹间隔距离。该值越大，纹理间的间距越大。

【裂缝深度】：用于设置裂纹深度。该值越大，纹理的裂纹越深。

【裂缝亮度】：用于设置裂纹亮度。该值越大，纹理裂纹的颜色更亮。

6. 滤镜的应用——风格化滤镜

风格化滤镜组可以使图像像素通过位移、置换、拼贴等操作，从而产生图像错位和风吹效果。选择【滤镜】/【风格化】命令，弹出包括"凸出""扩散""拼贴"等九个滤镜命令，下面将主要介绍凸出与拼贴两种滤镜。

（1）凸出

该滤镜将根据对话框设置的参数将图像分成一系列大小相同但有机叠放的三维块或立方体，可用来扭曲图像或创建特殊的三维背景。其对话框中的各选项含义如下。

【类型】：用于设置三维块的形状。包括"块"和"金字塔"两种类型。

【深度】：用于设置凸出的深度。"随机"和"基于色阶"单选项表示三维块的排列方式。

【立方体正面】复选框：选中该选框，则只对立方体的表面填充物体的平均色，而不是整个图案。

【蒙版不完整块】复选框：选中该复选框，将使所有的凸起都包括在处理部分之内。

（2）拼贴

拼贴滤镜可以根据对话框中设定的值将图像分成许多小贴块，看上去好像整幅图像是画在方块瓷砖上一样。其对话框各选项含义如下。

【拼贴数】：用于设置在图像每行和每列中要显示的贴块数。

【最大位移】：用于设置允许贴块偏移原始位置的最大距离。

7. 外挂滤镜的使用

外挂滤镜是专门为 Photoshop 开发的补充性滤镜程序，通过外挂滤镜可以制作出更多、更复杂的图像效果。外挂滤镜的种类很多，大多数为英文版本。在众多的外挂滤镜中，KPT 系列外挂滤镜和 EYECANDY 滤镜是使用最为广泛的滤镜组。KPT 系列外挂滤镜适用于图像特效处理和电子艺术创作，而 EYECANDY 滤镜中的【透视】特别适用于园林景观透视效果图的制作。

我们可以直接在网上下载这些滤镜，在选择安装路径时，一定要指定到 Plug-Ins 文件夹下，否则无法运行。在安装了外挂滤镜后，选择【滤镜】菜单下相应的命令即可打开相应的滤镜工作界面。

2.1.4　小试牛刀

完成任务 2.1 小广场剖面效果图的绘制。

任务2.2　真实风格立面效果图制作

【任务分析】

在 AutoCAD 中完成线稿图，依据图 2.2.1 在 Photoshop 中完成真实风格立面效果图，最终效果如图 2.2.2 所示。

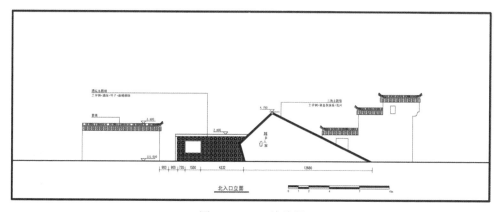

图2.2.1　CAD线稿图

图2.2.2 Adobe Photoshop后期处理图

在绘制真实风格立面效果图时，首先要分析制作该真实风格立面效果图的制作流程，即绘制各个部分相互之间的前后顺序，这样能高效地绘制该效果图，在实际工作中能够大大地提高工作效率。以此任务为例，大致分为以下几个流程。

1）CAD 文件导入。

2）主体建筑处理。

3）前景植物处理。

4）背景植物处理。

5）图纸细节处理。

园林景观立面
效果图制作导入

提示

1）主体建筑处理：硬质景观在此立面效果图中具有举足轻重的地位，要对主体建筑风格进行确定，对墙面进行暖化处理。

2）前景植物处理：在立面效果图中，前景植物极为重要，是表达的最重要的景观之一，要做到分清主次、层次分明、重点突出，注重植物的多样性及植物搭配。

3）图纸细节处理：在整体图纸完成后，要对图纸的各个细节进行在处理，以提高图纸的整体观赏性，弥补先前制作立面效果图中不正确的表达。

2.2.1 工作步骤

1. CAD 文件导入

园林景观立面效果图
制作CAD文件的导入

步骤一：启动 AutoCAD 并打开"浙江园北入口立面图 .dwg"（见课程资源包中"任务 2.2—

配套图纸"），分析图纸构成，完成效果如图 2.2.3 所示。

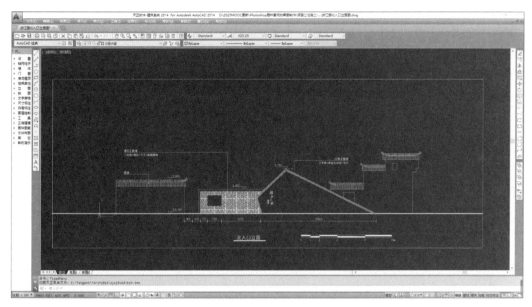

图2.2.3　CAD线稿

　　步骤二：进行分层导图，执行虚拟打印命令（快捷键【Ctrl+P】）；设置【打印机 / 绘图仪】选项内容，选择 "Adobe PDF" 或者 "DWG To PDF"，将【图纸尺寸】选项内容设置为 "A2"，【打印范围】选项内容设置为 "窗口"，然后框选所要打印区域，并勾选 "布满图纸" 和 "居中打印"，完成效果如图 2.2.4 所示。

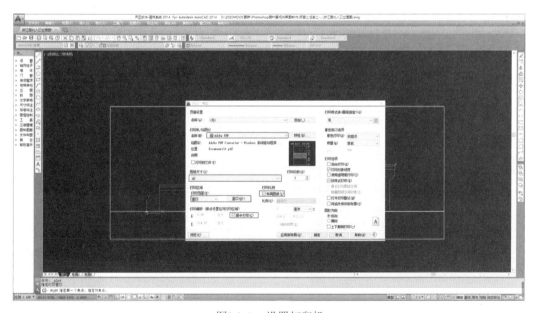

图2.2.4　设置打印机

　　步骤三：在步骤二的基础上，设置 "打印样式"，选择 "monochrome. ctb"，并修改 "4

号色"的线宽为"0.3500mm"；设置"图纸方向"为"横向"，并将其导出 PDF，命名为"线稿"即可，完成效果如图 2.2.5 所示。

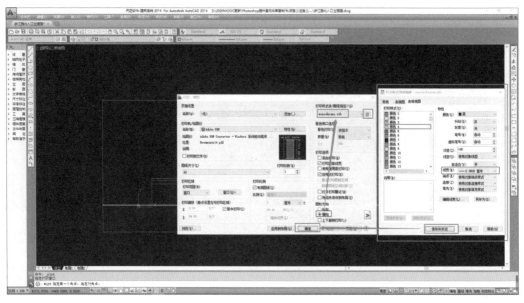

图2.2.5　设置打印线宽

步骤四：按照上述步骤的方法，选择"上一次打印"，分层导出 PDF 并完成命名即可，完成效果如图 2.2.6 所示。

线稿　　　　　竹架　　　　填充与标注

图2.2.6　分别打印三个文件

图2.2.7　设置图纸分辨率

步骤五：启动 Adobe Photoshop，将"线稿 .pdf"拖拽到 Adobe Photoshop，在弹出的对话框中，设置分辨率为"300"，将图层命名为"线稿"，完成效果如图 2.2.7 所示。

步骤六：在【图层】面板中，执行【新建图层】命令（快捷键【Ctrl+Shift+N】），将其命名为"白底"，设置前景色参数为（R：255，G：255，B：255），执行填充前景色命令（快捷键【Alt+Del】），将图层置于"线稿"之下，完成效果如图 2.2.8 所示。

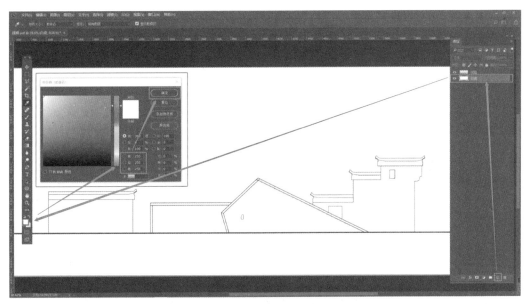

图2.2.8 设置白底图层

步骤七： 按照上述方法，完成 CAD 文件导入，完成效果如图 2.2.9 所示。

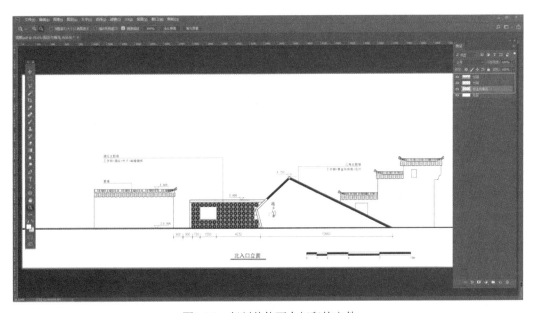

图2.2.9 复制其他两个打印的文件

提示

养成随时保存文件的习惯，另存为到相应的文件夹下，以免造成不必要的损失。在【图层】面板中选中图层右击，在弹出的对话框中选中【复制图层】，复制选择到相应的 PSD 文件中，值得注意的是所有的技术参数要一致。

2. 主体建筑的处理

（1）马头墙部分

步骤一：将马头墙素材拖拽到 Adobe Photoshop 中，执行框选工具命令（快捷键【M】），框选所需要的范围，并拖拽到效果图文件中；执行变换工具命令（快捷键【Ctrl+T】），按住【Shift+Alt】键进行中心等比缩放到适合大小，并且调整适当位置，完成效果如图 2.2.10 所示。

主体建筑的　　　主体建筑的处
处理（一）　　　理（二）

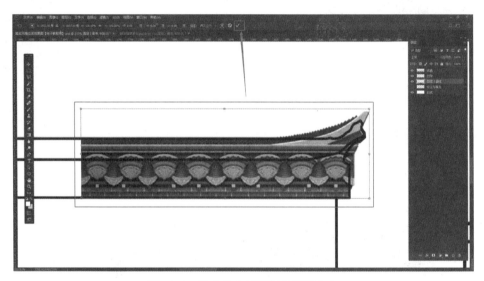

图2.2.10　贴入马头墙素材并调整大小

步骤二：执行框选工具命令（快捷键【M】），框选其中一部分素材，执行移动命令（快捷键【V】），同时按【Shift+Alt】进行复制，并且简要裁剪，命名为"马头墙"，完成效果如图 2.2.11 所示。

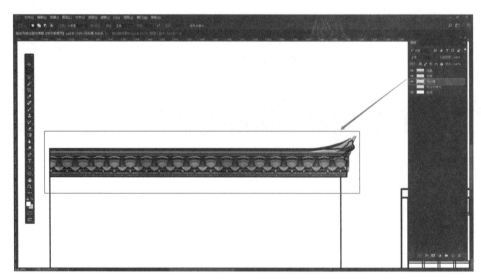

图2.2.11　复制相应的素材

步骤三：按照上述方法，将右侧马头墙全部绘制完成，完成效果如图 2.2.12 所示。

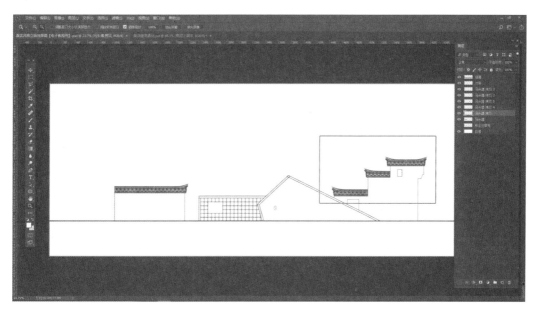

图2.2.12 马头墙完成后效果

步骤四：在【图层】面板中，选中所有"马头墙"图层，执行合并图层命令（快捷键【Ctrl+E】），并命名为"马头墙"，完成效果如图 2.2.13 所示。

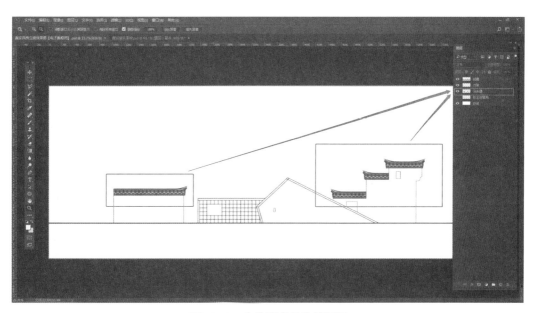

图2.2.13 合并所有马头墙图层

步骤五：在【图层】面板中，选中"马头墙"图层，双击图层，在【投影】选项卡中，设置"不透明度"为"60%"，设置"角度"为"120°"，设置"距离"为"15"，完成效果如图 2.2.14 所示。

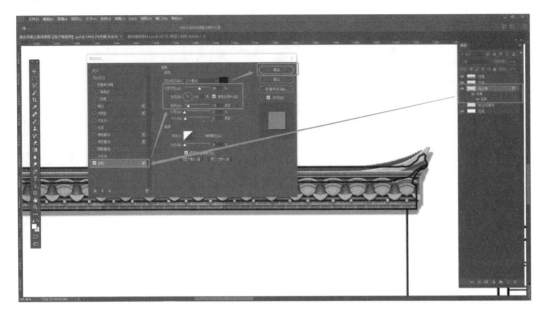

图2.2.14 设置马头墙阴影效果

步骤六：在【图层】面板中，选中"线稿"图层，执行魔棒工具命令（快捷键【W】），按住【Shift】键加选墙面范围，并执行【新建图层】命令（快捷键【Ctrl+Shift+N】），命名为"白墙"，在【拾色器】面板中，设置前景色参数（R：252，G：249，B：237），执行填充前景色命令（快捷键【Alt+Del】），完成效果如图 2.2.15 所示。

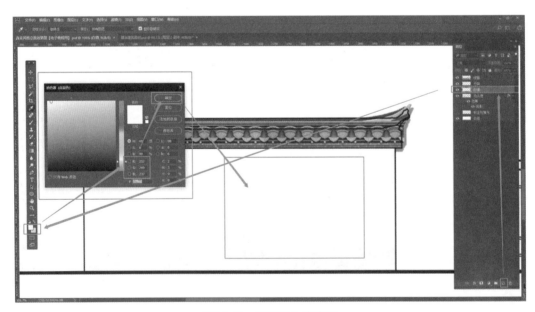

图2.2.15 填充马头墙墙面

步骤七：在【图层】面板中，选中"白墙"图层，双击图层，在【投影】选项卡中，设置"不透明度"为"60%"，设置"角度"为"120°"，设置"距离"为"15"，完成效果如图 2.2.16 所示。

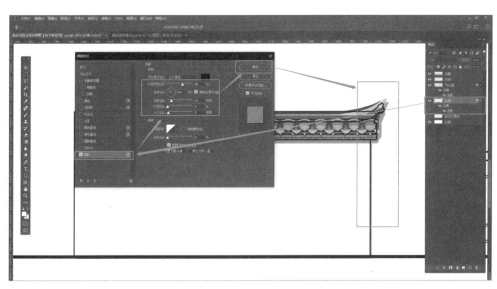

图2.2.16　设置墙面阴影效果

提示

擅于搜集素材并且整理素材，是提高绘制效果图效率的重要环节之一。

步骤八：将瓦片素材拖拽到 Adobe Photoshop 中，执行框选工具命令（快捷键【M】），框选所要范围并拖拽到效果图文件中；执行变换工具命令（快捷键【Ctrl+T】）并进行复制（快捷键【Ctrl+C】）；在【图层】面板中，选中"线稿"图层，执行魔棒工具命令（快捷键【W】），按住【Shift】键加选工字钢范围，并进行"粘贴入"（快捷键【Ctrl+Shift+Alt+V】），完成效果如图 2.2.17 所示。

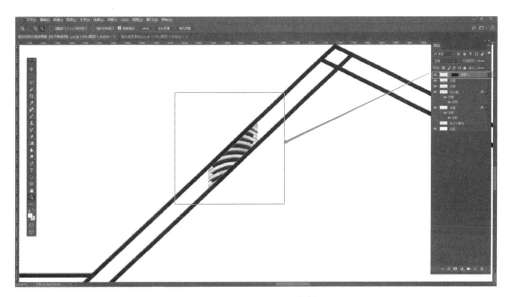

图2.2.17　贴入瓦片素材

步骤九：执行变换工具命令（快捷键【Ctrl+T】），按住【Shift+Alt】键进行中心等比缩放到适合大小，并且调整适当位置和角度，完成效果如图2.2.18所示。

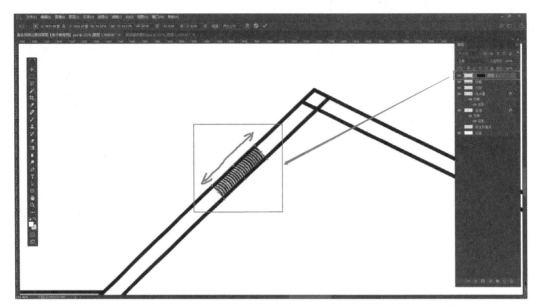

图2.2.18　调整瓦片大小与方向

步骤十：框选已处理好的瓦片素材单元，复制该单元即可，执行合并图层命令（快捷键【Ctrl+E】），并命名为"瓦片"，完成效果如图2.2.19所示。

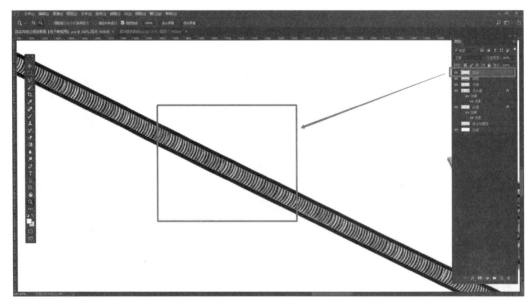

图2.2.19　复制瓦片素材

步骤十一：再次选择瓦片范围，执行【新建图层】命令（快捷键【Ctrl+Shift+N】），命名为"瓦片阴影"，在【拾色器】面板中，设置前景色参数（R：85，G：85，B：85），执行填充前景色命令（快捷键【Alt+Del】），执行移动命令（快捷键【V】），按住【↑】、【↓】、【←】、【→】键调整至合适位置，完成效果如图 2.2.20 所示。

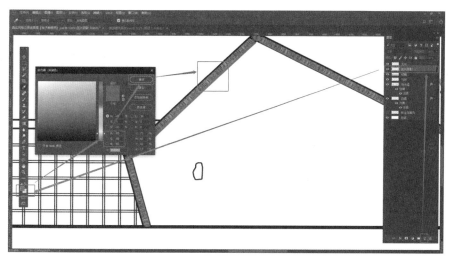

图2.2.20　制作瓦片阴影效果

（2）酒缸部分

步骤一：在【图层】面板中，选中"线稿"图层，执行魔棒工具命令（快捷键【W】），按住【Shift】键加选墙面范围，并执行新建图层命令（快捷键【Ctrl+Shift+N】），命名为"工字钢"；在【拾色器】面板中，设置前景色参数（R：85，G：85，B：85），执行填充前景色命令（快捷键【Alt+Del】），完成效果如图 2.2.21 所示。

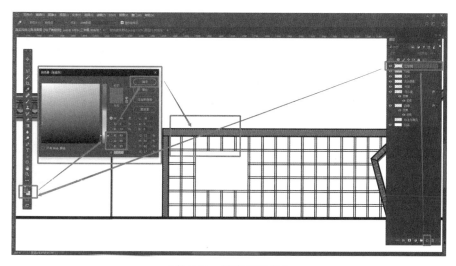

图2.2.21　填充钢板颜色

步骤二：将酒缸素材拖拽到 Adobe Photoshop 中，执行框选工具命令（椭圆形）（快捷键【M】），框选所需要的范围，并拖拽到效果图文件中；将羽化值设置为"0"，按住【Shift+Alt】键由中心向外选择所需范围，完成效果如图 2.2.22 所示。

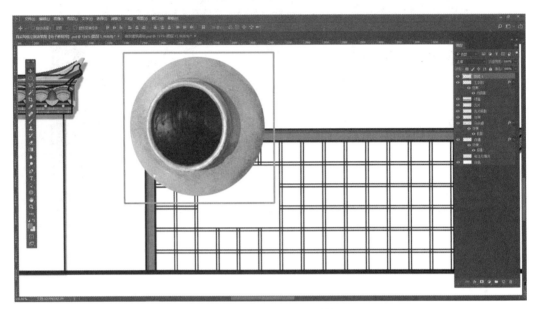

图2.2.22　复制酒缸素材

步骤三：执行变换工具命令（快捷键【Ctrl+T】），按住【Shift+Alt】键进行中心等比缩放到适合大小，并且调整适当位置，完成效果如图 2.2.23 所示。

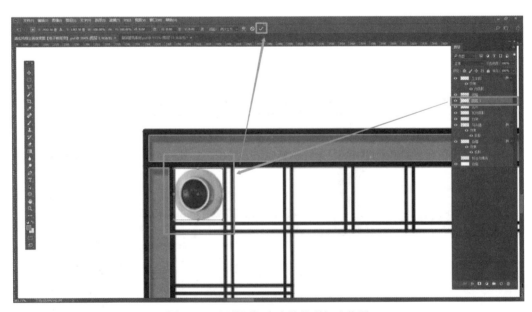

图2.2.23　调整酒缸大小并移到相应位置

步骤四：框选已处理好的酒缸素材单元，执行移动命令（快捷键【V】），按住【Shift+Alt】

键复制该单元即可；执行套索工具命令（快捷键【L】），删除多余图元，将其命名为"酒缸"，置于"瓦片"之下，并将"线稿"置顶，完成效果如图2.2.24所示。

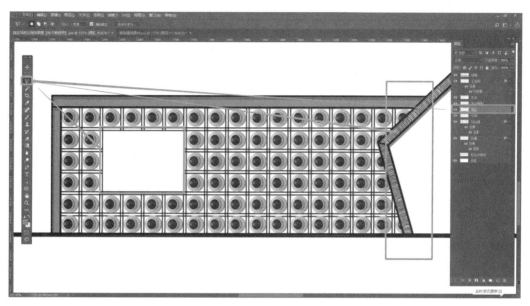

图2.2.24　复制完成后的酒缸效果

步骤五：按照步骤四所述进行竹子素材的处理，命名为"竹架"，完成效果如图2.2.25所示。

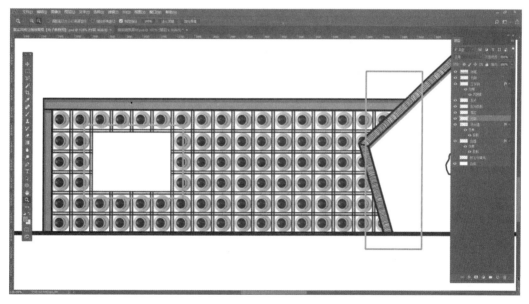

图2.2.25　竹子素材完成后效果

步骤六：为"酒缸""竹架"添加"投影"（参数参考前文所述，稍作修改即可），完成效果如图2.2.26所示。

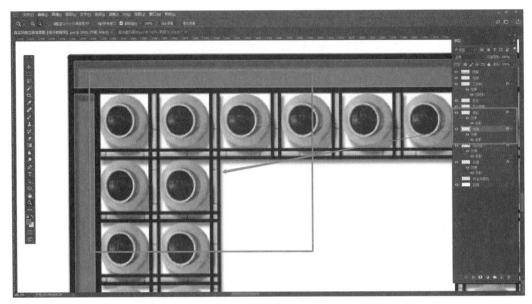

图2.2.26　酒缸、竹架的投影效果

3. 前景植物处理

前景素材
的制作

步骤一： 执行裁剪工具命令（快捷键【C】），对其进行重新构图，突出建筑主体，完成效果如图 2.2.27 所示。

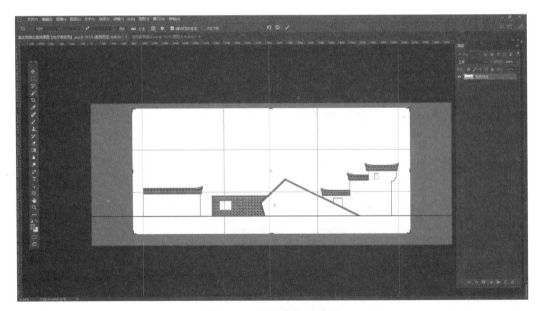

图2.2.27　图纸裁剪后效果

步骤二： 将造型罗汉松素材拖拽到 Adobe Photoshop 中，选择造型优美的造型罗汉松，拖拽到效果图文件中，执行变换工具命令（快捷键【Ctrl+T】），按住【Shift+Alt】键进行中心等比缩放到适合大小，并且调整到适当位置，将图层命名为"造型罗汉松"，完成效果如

图 2.2.28 所示。

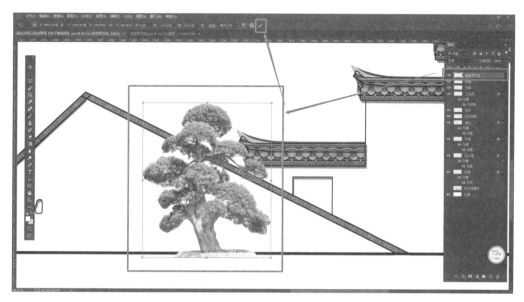

图2.2.28　添加造型罗汉松并调整大小到合适位置

步骤三：将假山素材拖拽到 Adobe Photoshop 中，执行魔棒工具命令（快捷键【W】），取消勾选"连续"，执行反选工具命令（快捷键【Shift+Ctrl+I】，并拖拽到效果图文件中；执行变换工具命令（快捷键【Ctrl+T】），按住【Shift+Alt】键进行中心等比缩放到适合大小，并且调整适当位置，完成效果如图 2.2.29 所示。

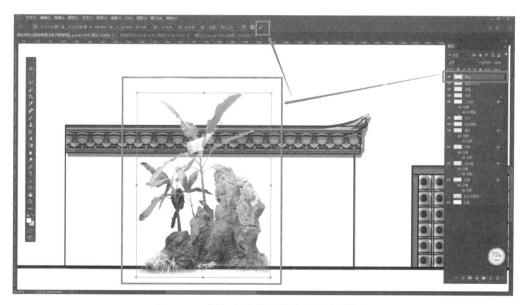

图2.2.29　添加假山并调整大小到合适位置

步骤四：执行框选命令（快捷键【M】），选择多余的图元，执行删除命令【Del】，将图层命名为"假山"，图层"造型罗汉松"也按上述步骤处理，完成效果如图 2.2.30 所示。

图2.2.30　删除多余素材

步骤五：将红枫、竹子、花灌木、地被、灌木球等其他植物素材按照上述步骤进行处理。

4. 背景植物处理

步骤一：将垂直绿化素材拖拽到 Adobe Photoshop 中，执行魔棒工具命令（快捷键【W】），取消勾选"连续"，执行反选命令（快捷键【Shift+Ctrl+I】），并拖拽到效果图文件中；执行变换工具命令（快捷键【Ctrl+T】），按住【Shift+Alt】键进行中心等比缩放到适合大小，并且调整适当位置，完成效果如图 2.2.31 所示。

背景素材
的制作

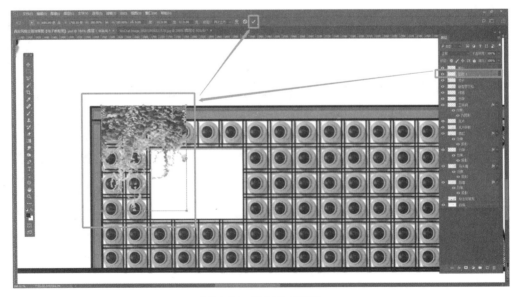

图2.2.31　添加藤本植物

步骤二：框选已处理好的垂直绿化素材单元，执行移动命令（快捷键【V】），按住【Shift+Alt】键复制该单元即可，执行套索工具命令（快捷键【L】），删除多余图元；执行合并图层命令（快捷键【Ctrl+E】），将其命名为"垂直绿化"，完成效果如图2.2.32所示。

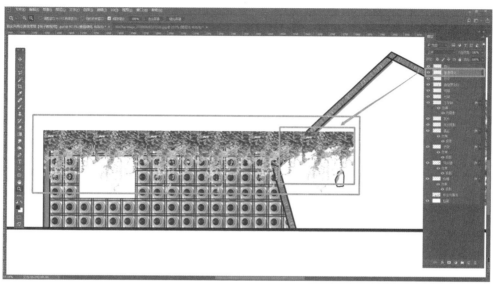

（a）

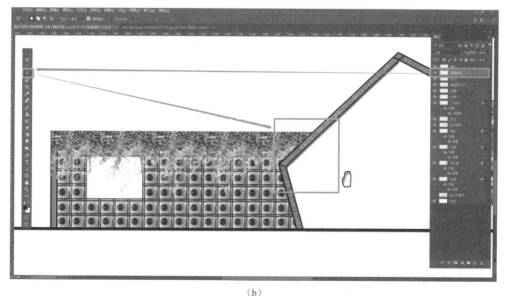

（b）

图2.2.32 复制藤本植物并删除多余素材

步骤三：在【图层】面板中，选中"垂直绿化"图层，执行【色相/饱和度】命令（快捷键【Ctrl+U】），设置"色相"为"−10"，"饱和度"为"5"，"明度"为"10"，完成效果如图2.2.33所示。

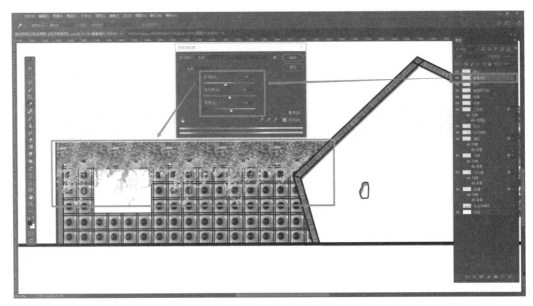

图2.2.33　调整藤本植物的色相／饱和度

步骤四：将背景树、大乔木、山等植物素材按照上述"前景植物处理"步骤进行处理，完成效果如图 2.2.34 所示。

图2.2.34　添加其他植物和背景天空素材

步骤五：将步骤四中各个图层调整"图层不透明度"，按照远近关系进行处理，完成效果如图 2.2.35 所示。

5. 图纸细节处理

步骤一：将"人物 .psd"拖拽到 Adobe Photoshop 中，执行框选工具命

细节的处理

令（快捷键【M】），框选所选人物，并拖拽到效果图文件中；执行变换工具命令（快捷键【Ctrl+T】），按住【Shift+Alt】键进行中心等比缩放到适合大小，并且调整适当位置（按照1.7m考虑），将其命名为"人"，完成效果如图2.2.36所示。

图2.2.35　分别调整图层的不透明度

图2.2.36　添加人物素材并调整大小

　　步骤二：选中图层"人"的缩略图并按住【Ctrl】键，在【拾色器】面板中，设置前景色参数（R：255，G：255，B：255），执行填充前景色命令（快捷键【Alt+Del】），完成效果如图 2.2.37 所示。

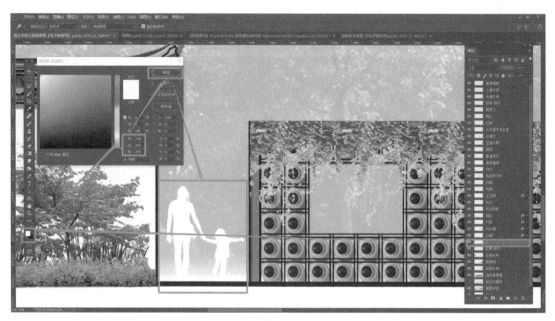

图2.2.37 人物填充白色后效果

步骤三：按照步骤一、二的步骤将剩余的人物进行处理，完成效果如图 2.2.38 所示。

图2.2.38 添加其他人物素材

步骤四：执行文字工具命令（快捷键【T】），选择"竖排文字"，输入"越乡人家"，并进行图层的"投影""浮雕"等图层处理（参考前文），完成效果如图 2.2.39 所示。

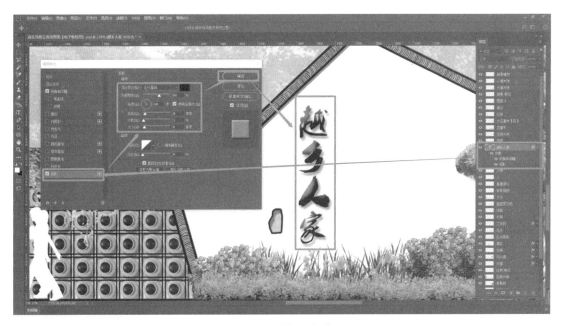

图2.2.39　制作文字效果

步骤五：按照步骤一的方法，将"印章"部分（浙江园）进行处理，完成效果如图 2.2.40
所示。

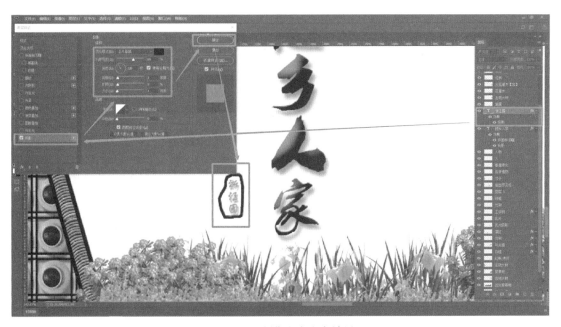

图2.2.40　制作印章文字效果

步骤六：在【图层】面板中，选中"线稿"图层，执行框选工具命令（快捷键【M】），
框选马头墙所在位置，执行删除命令（快捷键【Del】），完成效果如图 2.2.41 所示。

图2.2.41 删除多余线稿

步骤七: 在【图层】面板中，执行【新建图层】命令（快捷键【Ctrl+Shift+N】），命名为"地面加深"，执行渐变工具命令（快捷键【G】），设置前景色参数为（R：0，G：0，B：0），再选择"由有到无"模式，自上而下进行操作，完成效果如图 2.2.42 所示。

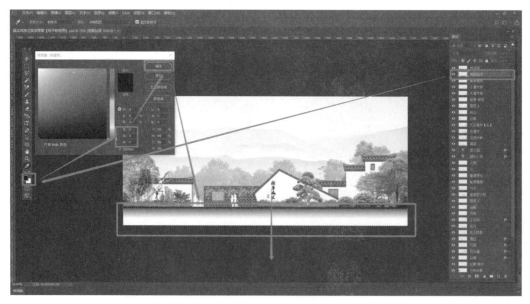

图2.2.42 制作地面效果

步骤八: 在【图层】面板中，执行【新建图层】命令（快捷键【Ctrl+Shift+N】），命名为"图框"，设置前景色参数（R：0，G：0，B：0），执行框选工具命令（快捷键【M】，结合执行【编辑–描边】命令，设置宽度为"25"，位置为"向内部"，完成效果如图 2.2.43 所示。

图2.2.43　给图纸描边框

2.2.2　知识拓展

在 AutoCAD 中完成某公园剖断面线稿图绘制，以图 2.2.44 为基础，在 Photoshop 中完成剖断面效果图，最终效果如图 2.2.45 所示。

在绘制剖断面效果图时，首先要对剖断面图中的各个部分进行分析，确定绘制剖断面图制作流程（即绘制各个部分相互之间的前后顺序），这样才能使绘制剖断面效果图工作流程具有科学性、实效性、高效性。针对该剖面图，按照剖面图的特点，分为以下几大绘制流程。

1）天空的制作。

2）地下结构的绘制。

3）水面的制作。

4）植物的制作（包括背景植物、前景植物等）。

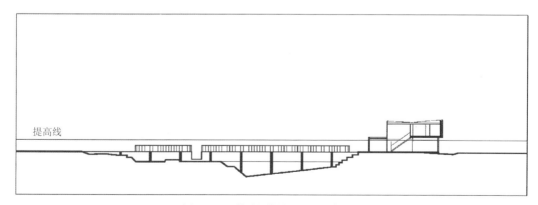

图2.2.44　某公园剖断面CAD线稿图

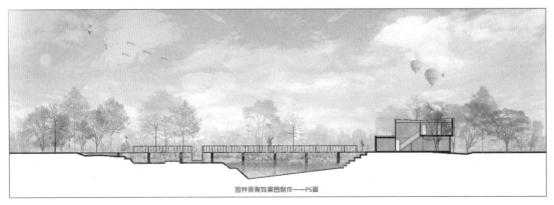

图2.2.45　完成后小清新风格剖面效果图

5）构筑物的制作。

6）细节部分的处理。

7）整体颜色的调整。

在绘制过程中注意以下几点。

1）天空的制作：天空在剖断面效果图中占了很大一部分空间，直接决定着剖断面图的整体效果，重点注意整体色彩的把握。

2）水面的制作：水面在剖断面效果图中体现的是高差变化，在制作过程中要注意深浅的变化。

3）植物的制作：特别要注意植物之间的虚实变化、层次搭配；遵循"生态性、自然性"原则。

4）细节部分的处理：细节部分要分别从天空、植物、水体、构筑物、栏杆、整体颜色进行调整，它能使制作的剖断面效果图体现更多的细节部分，提升整体的效果。

5）整体颜色的调整：借助 Adobe Photoshop 中自带的 Adobe Camera Raw 滤镜（需要在 Adobe 官网下载最新版本进行安装），结合色相/饱和度（快捷键【Ctrl+U】）、色彩平衡（快捷键【Ctrl+B】）、曲线工具（快捷键【Ctrl+M】）等调色工具以及图层模式、不透明度等进行调色，为使整体颜色和谐统一。

操作视频如下：

主体结构处理　　　　主体结构　　　　主体结构的处理
（前期准备）　　　　赋予材质　　　　（PS后期处理）

2.2.3　知识链接

图像色彩对于园林景观效果图较为重要，色彩可以烘托出效果图所要表现的环境和画面的意境。配景素材的调整、图纸的色调控制以及从三维软件中渲染输出的渲染图都需要使用色彩调整工具进行调整。"某小区中心岛效果图.jpg"文件效果如图2.2.46所示。

图2.2.46　某小区中心岛效果图

（1）色阶

选择【图像】/【调整】/【色阶】（快捷键【Ctrl+L】），进入色阶对话框，如图2.2.47所示。

1）通道。对复合通道或者单色通道进行分别调整，也可以对几个单色通道同时进行调整，方法是按住【Shift】键，同时在通道浮动窗口中选择通道。选择确定后，通道选项栏会显示出所选通道的缩写，如RGB、RG、GB或CMYK、CM、CK等。

2）图像的色阶图。色阶图根据图像中每个亮度值（0～255）处的像素点的多少

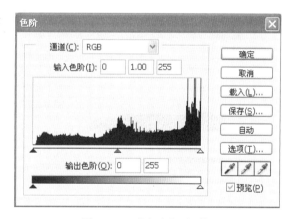

图2.2.47　【色阶】对话框

进行区分。右面的白色三角滑块控制图像的深色部分，左面的黑色三角滑块控制图像的浅色部分，中间的灰色三角滑块则控制图像的中间色。

移动滑块可以使通道中（被选通道）最暗和最亮的像素分别转变为黑色和白色，以调整图像的色调范围，因此可以利用它调整图像的对比度，靠左的滑块用来调整图像中暗部的对比度，右边的滑块用来调整图像中暗部的对比度。左边的黑色滑块向右移，图像颜色变深，对比变弱（右边的白色滑块向左移，图像颜色变浅，对比也会变弱）。两个滑块各自处于色阶图两端则表示高光和暗部。

中间的灰色三角滑块，控制着参数值，而参数值又衡量图像中间调的对比度。改变参

数值可改变图像中间调的亮度值，但不会对暗部和亮部有太大的影响。将灰色三角滑块向右稍动，可以使中间调变暗，向右稍动可使中间调变亮。

3）输入色阶。可以直接在输入框中输入数值控制，也可以利用色阶图的三角滑块进行控制。可利用这两种方法重新设置图像中的高光和暗部。但重设高光和暗部之后可能会出现对比度问题（通常平均色调的图像不会有这种问题，如果像素值集中在灰度值的两端，中间调的对比会出现问题），这就需要利用中间灰色三角滑块调整对比度。

4）输出色阶。它显示的是将要输出的数值，和输入色阶一样，可以用数值控制，也可以用滑块控制（只有黑色和白色两个滑块）。黑色三角滑块控制图像暗部的对比度（第一个数据框中的数值），白色三角滑块控制图像亮部的对比度（第二个数据框中的数值）。

总之，利用色阶功能可调节图像的暗部、中间调和亮部的分布，可对建筑和配景的色彩进行调节。其中，输入色阶对应的三个滑块分别代表暗部、中间调、亮部的分布情况。中间的滑块向左移动，画面亮部增加，图像中的细部结构更加清晰，使画面更加丰富，如图2.2.48所示；将中间滑块向右移动，会使画面暗部增加，细节减少，整体色调变暗，这种方法适于调整画面过于纷乱的效果图，如图2.2.49所示。除了可以对中间调的分布进行调整，还可以对图像的亮部和暗部进行调节，通过移动左侧滑块调整暗部色调的效果，画面的暗部会增加，如图2.2.50所示。

调节右侧滑块，图像高光部分明显增多，画面亮度增大，可以看清楚每一个细节，出现阳光充足的效果，如图2.2.51所示。

图2.2.48　中间滑块左移效果

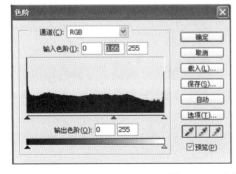 

图2.2.49　中间滑块右移效果

图2.2.50　调整暗部色调的效果

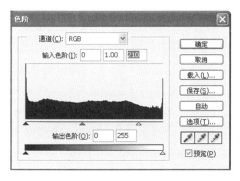

图2.2.51　调整亮部的效果

提示

利用色阶功能可以很好地掌握画面的明暗度比例问题，而不是使画面整体变亮或者整体变暗。但是画面会因为色阶的改变而有所损失。值得一提的是自动色阶功能，在有些图像颜色强度失真的情况下，色阶表会出现断档，一般是在两端断档，可以通过自动色阶功能把缺少的这部分颜色补充上。因为色阶的调整都是减少色彩信息的，只有自动色阶会增加色彩信息，所以这个功能在一定程度上很有用。

（2）曲线

曲线功能对色彩的调整比较笼统，在调整时都是往同一方向变化，并且在修改时损失比较大，但曲线功能很好地弥补了色阶功能的不足，可以精确细致地处理图像灰度变化并将灰度值的变化量均匀分配，保持图像自身的色阶层次不损失。

执行【图像】/【调整】/【曲线】命令（快捷键【Ctrl+M】），打开【曲线】对话框，会出现一条对角线，该对角线是图像亮度变化曲线。打开对话框时，曲线图中的曲线处于缺省的"直线"状态，如图2.2.52所示。

曲线图有水平轴和垂直轴，水平轴表示图像原来的亮度值，相当于色阶中的输入色阶项；垂直轴表示新的亮度值，相当于色阶对话框中的输出色阶项。

水平轴和垂直轴之间的关系可以通过调节对角线（曲线）来控制。

1）曲线右上角的端点向左移动，增加图像亮部的对比度，并使图像变亮（端点向下移动，所得结果相反）。曲线左下角的端点向右移动，增加图像暗部的对比度，使图像变暗

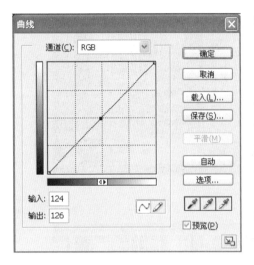

图2.2.52　【曲线】对话框

（端点向上移动，所得结果相反）。

2）利用"调节点"控制对角线的中间部分（用鼠标在曲线上单击，就可以增加节点），调节出的曲线斜度就是其灰度系数，如果在曲线的中点处添加一个调节点，并向上移动，会使图像变亮；向下移动这个调节点，就会使图像变暗（实际是调整曲线的灰度系数值，这和色阶对话框中灰色三角形向右拖动降低灰度色阶，向左拖动提高灰度色阶同理）。另外，也可以通过输入和输出的数值框控制灰度系数。

3）若要调整图像的中间调，且调节时不影响图像亮部和暗部的效果需先用鼠标在曲线的1/4和3/4处增加调节点，然后对中间调进行调整。

另外，若想知道图像中某个区域的像素值，可以先选择其中一个颜色通道，将光标放在图像中需要调节的区域，稍稍移动光标，这时曲线图上会出现一个圆圈（圆圈就是光标所在区域在曲线对话框中的相应位置），这时输入和输出数值框中就会显示光标所在区域的像素值。

当曲线按如图2.2.53（a）所示调整后，图像输出值相对输入值大，暗部分布被压缩，高光层次拉开。经过调节后，亮部层次丰富，暗部层次变化不多，整体画面趋亮，如图2.2.53（b）所示。

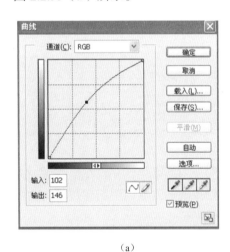

（a）

（b）

图2.2.53　调整曲线后整体画面变亮

当曲线按如图2.2.54（a）所示调整后，图像输出值相对输入值小，图像灰度趋于暗调压缩。经过调节后，图像细节增加，暗部层次增加，整体画面变暗，如图2.2.54（b）所示。

当曲线按如图2.2.55（a）所示调整后，图像明暗层次拉开，使画面的透视感更加强烈，可以用以修改渲染层次效果较少的图像。结果无论是亮部还是暗部的层次，都会变得丰富，如图2.2.55（b）所示。

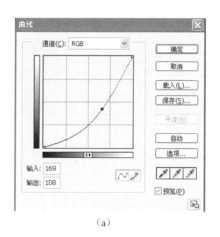

（a）　　　　　　　　　　　　　　　　　　　（b）

图2.2.54　调整曲线后整体画面偏暗

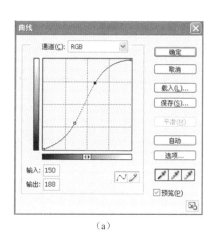

（a）　　　　　　　　　　　　　　　　　　　（b）

图2.2.55　调整曲线后整体画面变得丰富

当曲线按如图 2.2.56（a）所示调整后，整体层次感降低，画面偏灰，细节也相对减少，如图 2.2.56（b）所示，通过这种方法可以调整明暗对比过于强烈、层次过渡不自然的效果图。

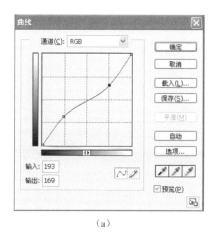

（a）　　　　　　　　　　　　　　　　　　　（b）

图2.2.56　调整曲线后整体画面明暗、层次变化

（3）色彩平衡

色彩平衡是针对图像的颜色进行调节，可以很容易地表现效果图所需要表达的意境。在使用色彩平衡时，一定要把握好不同环境的颜色特点。色彩平衡也是对图像的亮部、暗部和中间调三个部分进行颜色调节，把握好这三部分之间的联系很重要，否则图像会显得不自然。要使用色彩平衡最主要的是学会观察图像，能找出图像色调的冷暖关系。

选择【图像】/【调整】/【色彩平衡】（快捷键【Ctrl+B】），打开【色彩平衡】对话框，如图 2.2.57 所示。

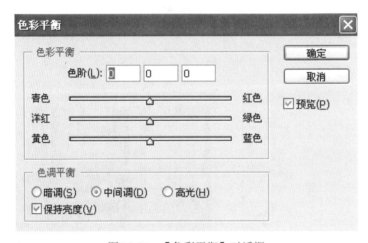

图2.2.57 【色彩平衡】对话框

色彩平衡能进行一般性的色彩校正，它可以改变图像颜色的构成，但不能精确控制单个颜色成分（单色通道），只能作用于复合颜色通道。首先需要在【色调平衡】对话框的选项栏中选择想要重新进行更改的色调范围，包括暗调、中间调、高光三种类型。选项栏下边的【保持亮度】选项可保持图像中的色调平衡。通常，调整 RGB 色彩模式的图像时，为了保持图像的光度值，都要将此选项选中。

"色彩平衡"栏是【色彩平衡】对话框的主要部分，"色彩校正"就是通过在此栏的数值框输入数值或移动三角滑块实现。三角形滑块移向需要增加的颜色，或是远离想要减少的颜色，就可以改变图像中的颜色组成（增加滑块接近的颜色，减少远离的颜色），与此同时，色阶旁的三个数据框中的数值会在 –100 ~ 100 之间不断变化（出现相应数值，三个数值框分别表示 R、G、B 通道的颜色变化，如果是 Lab 色彩模式下，这三个值代表 A 通道和 B 通道的颜色）。将色彩调整适当，单击【确定】即可。通过色彩平衡的调整，可以完全改变环境表现，如按图 2.2.58 所示进行图像调整，可以使整体色调变暖。

（4）色相/饱和度

色相的调整会影响整体画面的色彩，会使图像中各个颜色根据修改值进行相应的改动。选择【图像】/【调整】/【色相/饱和度】（快捷键【Ctrl+U】），打开对话框。图像经过如图 2.2.59（a）所示的色相调整后，效果如图 2.2.59（b）所示。

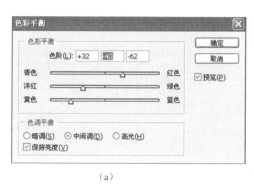

（a）

（b）

图2.2.58　色彩平衡调整后效果

图2.2.59　经过色相调整后效果

调整饱和度是为了调整色彩浓度，饱和度越高，色彩越鲜艳，这种表现更富有感染力；饱和度越低，色彩越单一，这样可以使画面更精致、更真实，如图 2.2.60 所示。

图2.2.60　饱和度增加或降低后效果

（b）

图2.2.60（续）

　　明度的调整是对画面整体明暗度做修改，而不改变亮部和暗部范围，明度的增加或减少相对于亮部和暗部都是相同的，如图 2.2.61 所示。

（a）

（b）

图2.2.61　明度增加或减少后效果

　　（5）亮度／对比度

　　亮度／对比度调整主要用作调节图像的亮度和对比度。利用它可以对图像的色调范围进行简单调节。在【图像】菜单下选择【调整】/【亮度／对比度】，弹出相应对话框。拖动对话框中三角形滑块可以调整亮度和对比度：向左拖动，图像亮度和对比度降低；向右拖动，则亮度和对比度增加。每个滑块的数值显示有亮度或对比度的值，范围为 –100 ～ 100，调整合适后，单击【确定】即可，图 2.2.62 即为调整亮度 / 对比度后的不同效果。

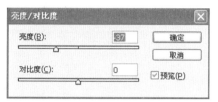

（a）

（b）

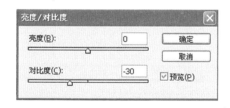

（c）

图2.2.62　调整亮度/对比度后的不同效果

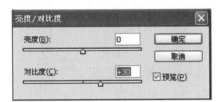

(d)

图2.2.62（续）

（6）图像调整操作快捷键

调整色阶：【Ctrl+L】

自动调整色阶：【Ctrl+Shift+L】

打开曲线调整对话框：【Ctrl+M】

在所选通道的曲线上添加新的点（'曲线'对话框中）：在图象中【Ctrl】+ 点按

移动所选点（'曲线'对话框中）：【↑】、【↓】、【←】、【→】

以 10 点为增幅移动所选点以：【Shift+↑】

选择多个控制点（'曲线'对话框中）：【Shift】+ 点按

前移控制点（'曲线'对话框中）：【Ctrl+Tab】

后移控制点（'曲线'对话框中）：【Ctrl+Shift+Tab】

添加新的点（'曲线'对话框中）：点按网格

删除点（'曲线'对话框中）：【Ctrl】+ 点按点

取消选择所选通道上的所有点（'曲线'对话框中）：【Ctrl+D】

使曲线网格更精细或更粗糙（'曲线'对话框中）：【Alt】+ 点按网格

选择彩色通道（'曲线'对话框中）：【Ctrl+~】

选择单色通道（'曲线'对话框中）：【Ctrl】+ 数字

打开"色彩平衡"对话框：【Ctrl+B】

打开"色相 / 饱和度"对话框：【Ctrl+U】

全图调整（在"色相 / 饱和度"对话框中）：【Ctrl+~】

去色：【Ctrl+Shift+U】

反相：【Ctrl+I】

2.2.4　小试牛刀

完成任务 2.2 真实风格立面效果图的绘制以及知识拓展的小清新风格断面效果图绘制。

项目总结

本项目以某真实风格园林景观立面效果图以及琴韵小广场剖面效果图为载体，详细介绍了在 Photoshop 中立面效果图和剖面效果图制作的不同方法。同时介绍了修复工具、图章工具等图像修补工具的使用方法和技巧，调整图像色调和色彩的技巧，以及各类特效滤镜的使用方法和技巧等。

通过本项目的学习，学生可初步掌握园林景观立（剖）面效果图制作的常用方法、技巧和流程。

挑战自我

完成项目 2 考核试题，该项目考核采用分层次考核方式，学生可以根据自己对软件所掌握的程度选择命题。

项目2 园林景观立（剖）面效果图制作考核试题

班级：_____   姓名：_____   学号：_____   分数：_____

◆ 命题选择

基础档：根据所提供的某景墙设计 CAD 图（图纸详见课程资源包，项目 1—挑战自我），完成其不同立（剖）面效果图绘制。

良好档：根据所提供的某茶室设计 CAD 图（图纸详见课程资源包，项目 1—挑战自我），完成其不同立（剖）面效果图绘制。

优秀档：根据所提供的某游园设计 CAD 图（图纸详见课程资源包，项目 1—挑战自我），完成其不同立（剖）面效果图绘制。

◆ 作业要求

1. 要求内容完整，表达方法正确，图面美观。
2. 作品以 *.jpg 格式的电子稿形式上交，以"学号＋姓名"为文件命名。

项目评价

园林景观立（剖）面效果图制作的评价标准主要包括 CAD 图纸导入、主体景观的表现、前景、背景层次的处理、图纸色彩、布局等方面，其具体评价细则如下表所示。

评价标准	成绩
能正确地分层导入CAD设计方案，并按照设计要求正确绘制各立面景观要素；图纸布局合理，色彩美观协调；前景、背景和配景制作协调	90分以上
能正确地分层导入CAD设计方案，并按照设计要求较正确绘制各立面景观要素；图纸布局较合理，色彩较美观协调；前景、背景和配景制作较协调	80～90分
能正确地分层导入CAD设计方案，并按照设计要求绘制各立面景观要素；图纸布局基本合理，色彩基本协调；前景、背景和配景制作基本协调	70～80分
能导入CAD设计方案，并按照设计要求绘制各立面景观要素，但元素表达不能突出主体景观；图纸布局较乱，色彩不太美观；前景、背景和配景制作不太协调	60～70分
不能正确采用分层导入的方法导入CAD设计方案，不能正确完成各景观元素的绘制；图纸色彩极不协调，图面布局很乱；前景、背景和配景随意堆放	60分以下

项目 3

小区中心游园SketchUp效果图制作

教学指导 ☞

知识目标

1. 掌握 AutoCAD 图形整理输出及 SketchUp 图形导入方法。
2. 掌握 SketchUp 软件的工作界面布局及相应功能的使用。
3. 熟练掌握绘图工具及修改工具的使用及技巧。
4. 掌握常用插件的使用方法。
5. 掌握园林地形制作的操作方法。
6. 掌握模型导入方法。
7. 掌握 Vray ForSketchUp 渲染器的使用方法。
8. 掌握 SketchUp 软件渲染出图的方法。

能力目标

1. 能够整理 AutoCAD 设计图，并导入到 SketchUp 中。
2. 能够熟练运用 SketchUp 快捷键进行命令操作。
3. 能够熟练运用 SketchUp 软件进行小游园整体场景模型制作。
4. 能够熟练运用组、组件、材质调整等工具进行整体效果调整。
5. 能够根据设计要求完成渲染出图。

素质目标

1. 激发学生对软件自主学习能力的兴趣和团队合作能力。
2. 激发学生对古今中外各式园林建筑小品的设计赏析能力，提升学生精益求精的工匠精神和创新创作能力。
3. 培养学生独立完成作业的诚信品质、竞争意识和爱岗敬业的职业态度。

任务 3.1 AutoCAD平面设计图导入SketchUp

【任务分析】

SketchUp 效果图制作一般流程为：使用 AutoCAD 完成方案设计后，将设计图纸输出到 SketchUp 软件，然后完成场地模型制作、建筑及景观小品制作、植物模型及其他配景组件导入等内容，最后渲染输出。将设计方案由 AutoCAD 中输出到 SketchUp 中的方法比较简单，可以直接在 SketchUp 软件中导入"dwg"格式的文件。

根据本项目提供的项目载体"某小区中心游园设计方案 .dwg"（图 3.1.1）文件（CAD 文件详见课程资源包），将设计图纸由 AutoCAD 输出到 SketchUp 中。

使用 SketchUp 进行效果图制作，要整理好 CAD 图纸，整理内容包括图层归零、不同内容分幅、图形错误改正、线形调整、图形分解等操作。CAD 图纸文件应绘制规范，不同的元素分层管理，便于后期操作。

SU插件安装

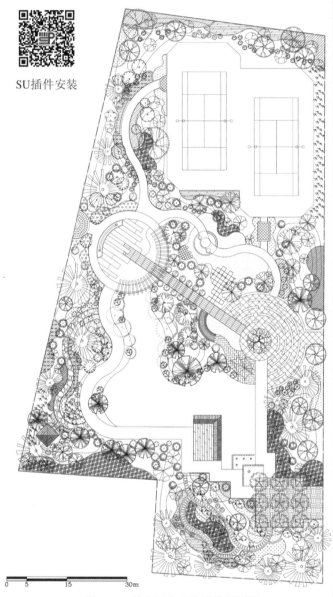

图3.1.1 某小区中心公园总平面图

3.1.1　工作步骤

1. CAD文件整理

　　步骤一：用 AutoCAD 软件打开"某小区中心游园设计方案 .dwg"文件，CAD文件整理
在打开过程中如出现"缺少 SHX 文件"的提示，应选择"为每个 SHX 文件
指定替换文件"，在弹出的菜单中选择符合国标的字体文件即可（图 3.1.2）。文件打开后如
图 3.1.3 所示。

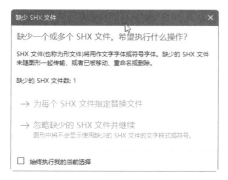

图 3.1.2　CAD 文件打开操作

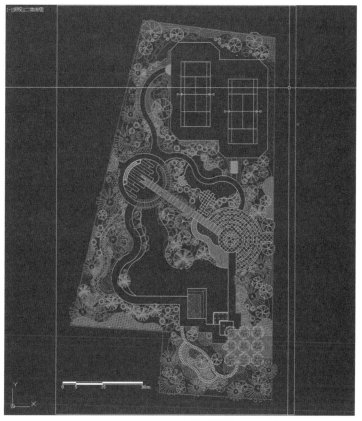

图 3.1.3　某小区中心游园设计 CAD 图

> **提示**
>
> AutoCAD 高版本软件可以打开此版本以下的相应文件，低版本软件不能打开高版本软件保存的进阶文件，如 AutoCAD2018 可以打开此版本以下软件版本保存的文件，AutoCAD2013 不能打开 AutoCAD 2018 版本格式的图形。

步骤二： 按照 SketchUp 软件中所需要的内容进行分层分幅。在图层管理器（图 3.1.4）中根据设计要表达的内容选择需要显示的图层，将其余图层关闭，如植物图层、铺装填充图层、文字注释等，只保留边界线框。

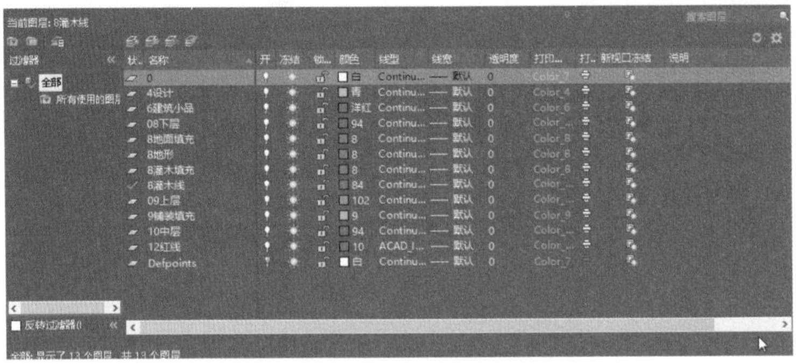

图 3.1.4　图层管理器

步骤三： 将需要保留的图形内容进行分层分项整理，如整体场地的边界、微地形、绿篱边界；将不同部分的内容分别复制（图 3.1.5），在复制过程中一定要带有原图框，保证将来在内容合并时能够准确对位。

图 3.1.5　分层分项整理后的图纸

步骤四： 检查图形中存在的问题并进行修正。一般常见问题如下。

1）图形绘制不精确。出现线没有闭合、多余线头等，此时应当进行修改完善。

2）图层不合理。部分需要保留的图形绘制在隐藏图层，此时需要更改图层属性。

3）绘图的线形需要调整。如尽量使用多段线绘制园路、水系等元素，保证在模型制作中能够减少面数，提高作图效率。

4）图形不在一个平面上。在绘制的图形中经常会存在带有高度的图形，需要将这些图形统一到一个平面上，这样在 SketchUp 中才能正确制作场景。

步骤五：将整理好的图形进行保存备份，选中全部图形，执行【分解】命令，反复执行几次，直到全部图形不能再次分解，然后将所有图层移动至一个图层。

步骤六：执行【PURGE（图形清理）】命令，选择【全部清理】，减少文件中不需要的内容，需要进行多次清理。

步骤七：将清理完成后的图形保存，本例中保存名称为"某小区中心游园设计 – 整理图纸 .dwg"，格式应保存为较低版本，以免在 SketchUp 中不能正常导入。

> **提示**
>
> CAD 图形一定要分解彻底，确保图块全部分解、图形中多段线全部分解成圆弧与直线，否则在导入 SketchUp 后图形会产生非常多的节点，影响后期制作。

2. CAD 文件导入与封面

步骤一：启动 SketchUp2016，选择【模板】选项中的【建筑设计 – 毫米】，单击【开始使用 SketchUp】（图 3.1.6）。

步骤二：单击【文件】菜单下的【导入】按钮，弹出【导入】对话框，此时在单击【选项】按钮，在弹出的对话框中选择如图 3.1.7 所示项目，在文件类型中选择"AutoCAD 文件"，然后在文件列表中找到"某小区中心游园设计方案 – 整理完成 .dwg"文件选中，单击【导入】按钮或双击打开，如图 3.1.8 所示。

CAD文件导入
与封面

图 3.1.6　SketchUp 使用界面

图 3.1.7　导入选项设置

步骤三：如果场地中有 SketchUp2016 默认的人或物，则导入的文件是一个组，应将其进行分解。使用选择工具 ▸ ，选中导入的图形，右击，在弹出的菜单中执行【分解】命令，将图形分解。如场景中无任何物体，导入后可直接进入下一步。

步骤四：导入后的文件是线框，不能直接进行模型制作，应根据制作内容将图形进行整理。

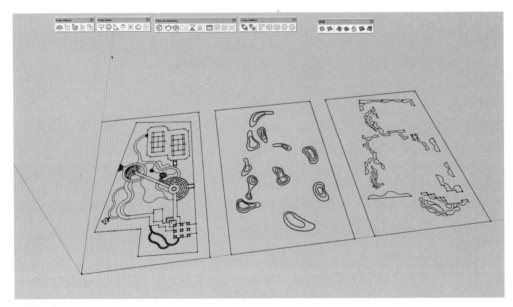

图 3.1.8 CAD 图形导入 SketchUp2016

　　针对本案例，导入的图形分为三个部分：设计场地、微地形、绿篱，这三个部分应分别进行相应模型制作。为方便进行操作，先将分解后图形中的微地形与绿篱图形分别选中然后单独成组，成组后右击选择【隐藏】命令将其隐藏，保留设计场地图形，如图 3.1.9 所示。

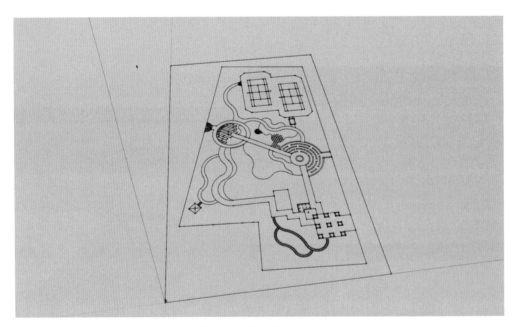

图 3.1.9 设计场地保留

　　步骤五：使用安装好的封面插件【Make Face】工具进行封面。选择设计场地中除外边框部分，然后单击工具栏中封面工具【Make Face】 ▲，将场地进行自动封面。封面后效果如图 3.1.10 所示。

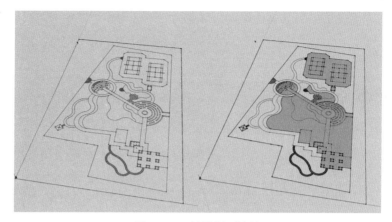

图3.1.10　场地封面效果

步骤六：手动补面。场地使用封面工具进行自动封面后，存在很多不足之处需要手动处理。单击【直线工具】 ✏，对未能正确封面的部分进行补线封面，如图3.1.11所示。将所有未能封面的线段都要进行处理，保证所有地方都正确封面，在封面过程中有多余的线段将其删除，封面完成后使用擦除工具 ✐ 将补面的线擦除。

步骤七：划分面。在封面完成后，有一些区域的面没有分离，如图3.1.12所示，这种情况是由于部分线不在面上造成的，如图3.1.12中的粗线部分。此时需对未正确划分的面用直线工具进行描线，选择【直线工具】

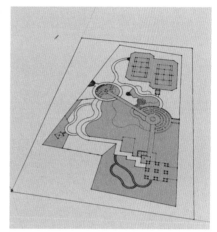

图3.1.11　手动处理封面

✏，从粗线一端绘制到另一端，即可完成划分。如果是曲线，则从一端绘制到最近一个线上的点即可，因为SketchUp中的曲线是由很多的直线段组成的。最后将所有面选中，单击执行【反转平面】命令将面反转。完成后如图3.1.13所示。

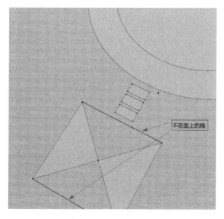

图3.1.12　划分面

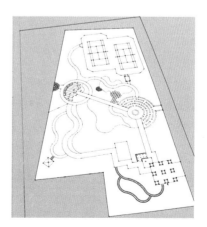

图3.1.13　封面完成

步骤八：将封面完成的场景文件保存，命名为"小区中心游园地形 – 封面完成 .skp"。

3.1.2 知识拓展

1. AutoCAD图纸导入前处理

将 AutoCAD 图纸导入 SketchUp 之前，必须在 AutoCAD 软件中进行一系列图形整理。通过图形整理可降低在 SketchUp 中封面处理难度，提高效率。一般操作步骤如下。

（1）清理无用对象

在 AutoCAD 中利用图层管理、快速选择和清理等命令将多余的线、填充、文字、标注以及其他无用对象清理掉，只保留封面所需的轮廓线，保证图纸干净整洁。

（2）整理图层

解锁所有图层，并清理干净；如无特殊需要，都统一归到 0 图层。

（3）处理多段线

首先通过过滤选择将所有多段线（PL 线）线宽批量设置为零。如果 PL 线带有圆弧段，则必须将 PL 线分解，以便导入 SketchUp 后保留圆弧属性，否则圆弧段将全部变成断线，如图 3.1.14 所示。

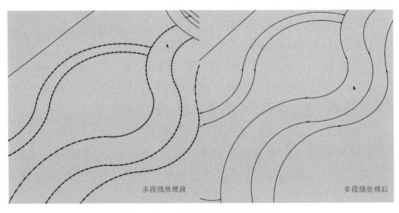

图 3.1.14 多段线处理前后对比

（4）处理样条曲线

样条曲线（SPL 线）同样需要专门处理，否则原始 SPL 线导入 SketchUp 后是固定的 100 段断线；偏移过的 SPL 线导入后的段数与 CAD 里的控制点数相同，一般都是几百段甚至更多。对此有两种处理方式：一种是通过 CAD 插件批量转为 PL 线，然后按上述处理多线段的方法处理；另一种是留待导入 SketchUp 后处理。

（5）Z 轴归零

保证 AutoCAD 软件中所有点、线、面处于同一标高，才可使封面完整。也可以通过 CAD 插件执行 Z 轴归零命令，导入 SketchUp 后处理。

（6）整理图块

图块导入 SketchUp 后将成为组件，依旧保持关联度。根据个人需要和图纸情况选择是否炸开。

（7）处理天正图纸

如果 CAD 图纸使用天正建筑软件绘制，需执行天正菜单文件布图中的【分解对象】命令，把天正建筑软件定义的对象分解为 AutoCAD 基本对象。否则天正建筑软件对象图形将无法正常导入 SketchUp。

（8）消除重线

为了避免重合的 CAD 对象影响封面，需执行天正菜单曲线工具中的【消重图元】命令，消除重合的线、弧和图块等。

提示

经过上述步骤整理后的 CAD 图纸，保存为 .dwg 格式，就可以导入到 SketchUp 中。导入时注意在导入选项中设置好单位。封面之所以无法顺利完成，其本质原因在于线没有闭合，主要有如下几种异常情况：

1）边线不共面。由于 CAD 图纸没有正确 Z 轴归零，边线不在同一标高，因此无法成面。

2）曲线及圆弧存在误差。CAD 圆弧、样条曲线是矢量图，SketchUp 圆弧是线组成的"类圆弧"。CAD 直线和圆弧相交叉导入 SketchUp 后就会没交点或者多出头的短线。

3）相交线无交点。导入后的线可能出现没有交点的现象，使得封面时程序无法判断边界。

4）CAD 绘图不精确。CAD 图纸绘制时由于操作误差或捕捉精度等多种原因，出现没有闭合的缺口，在 CAD 软件中没有进行有效检查。

为避免在封面时出现如上异常情况，对图纸的处理一定要细致。若按照上述步骤处理后在封面时仍然会出现有的面没有封好，这时需要手动进行封面操作。

---

2. 封面相关插件操作

AutoCAD 图纸导入 SketchUp 后，需要进行封面操作。在园林景观、规划等专业，封面工作是制作场景模型的第一步，由于图纸内容繁多、细节复杂，如果使用常规的描线封面的方式，需要花费大量时间和精力，效率低下，并且容易出现问题。在实际工作中，为减少工作量，提高工作效率，通常使用插件来完成这项工作。下面介绍两种常用的封面工具。

（1）Edge Tools 边界工具

CAD 图纸导入 SketchUp 后，仍然会出现部分线不闭合，封面不成功的情况，需要把存在问题的地方查找出来进行修正。如果采用人工修正的方法非常费时费力，利用 Edge Tools 边界工具能够快速找到存在问题的地方并且进行修正。

1）CAD 图纸导入后，先将图纸选中，右击选择【分解】命令，将图形分解。

2）安装好 Edge Tools 插件后，点击工具栏【Inspect and Close Gaps】按钮，运行后会将图形中存在问题的地方显示出来，如图 3.1.15 所示图上蓝色圆圈部分。

3）单击工具栏【Close All Edge Gaps】工具，弹出对话框，根据图纸内容设置断线封闭的间距，然后单击【确定】按钮完成断线封闭，如图 3.1.16 所示。部分错误可以直接用鼠标单击图标完成修正。

4）剩余不能封闭的线可以手动进行处理。

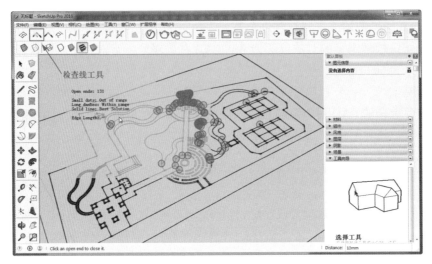

图 3.1.15　检查图纸断线

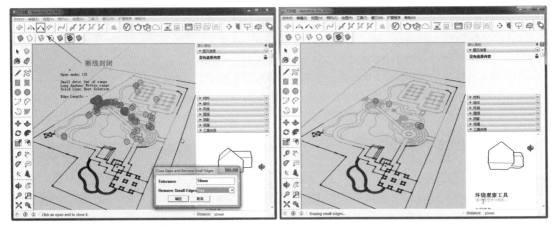

图 3.1.16　断线封闭

（2）Make Face 自动封面插件

Make Face 自动封面插件可以进行自动封面，将整理好的设计图纸导入到 SketchUp 后，选择需要封闭面的线，单击 ▲ 按钮即可完成自动封面。图纸内容越复杂，封面需要的时间越长，同时封面的时间与电脑的配置相关，性能强的电脑花费的时间较少。

3.1.3　知识链接

插件（Plugins）是对软件功能的加强或者补充，在 SketchUp2016 中，软件的功能在某些方面使用起来不够便捷或者不易实现，为弥补这些不足相应产生了各式各样的插件，提升了软件的使用效率。常用的 SketchUp 插件安装步骤如下。

SketchUp插件安装

步骤一：启动 SketchUp2016，单击菜单栏【窗口】/【系统设置】，在弹出的对话框中单击【扩展】，然后单击【安装扩展程序】，如图 3.1.17 所示。

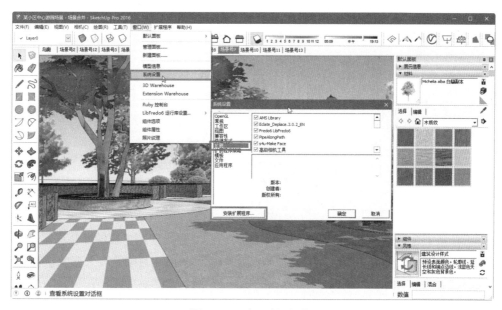

图 3.1.17　打开扩展面板

步骤二：在弹出的对话框中找到要安装的插件，一般插件的后缀名为"RBZ"，然后单击【打开】，在弹出的对话框中单击【是】，则本插件安装完成，如图 3.1.18 所示。

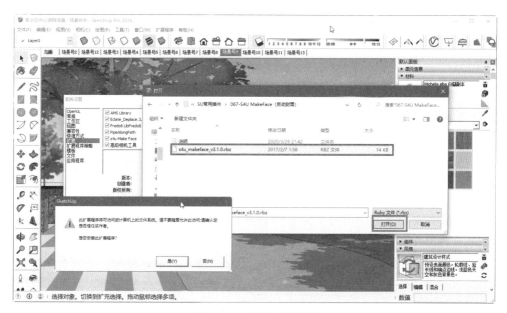

图 3.1.18　插件安装步骤

步骤三：插件安装完成后，一般会直接在工具栏显示插件图标，如果没有显示，可单击【扩展程序】菜单找到相应的插件，再单击相关命令即可打开插件显示，如图 3.1.19 所示。

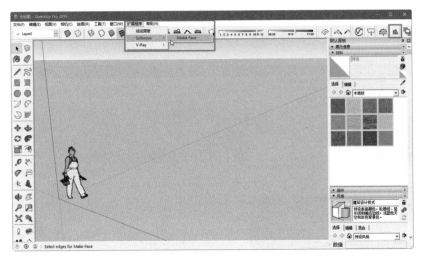

图 3.1.19　启用插件步骤

对于直接安装的插件，如"V-Ray for SketchUp"，可直接使用自带的安装程序进行安装。另有一些插件需要有插件系统的支持才能安装成功，安装前注意阅读相关安装说明。

在园林景观设计中常用的插件有 SUAPP、Make Face、Edge Tools 等，可以在网上进行查找安装。

3.1.4　小试牛刀

根据教材提供的"某小区中心游园设计方案 .dwg" CAD 文件（见课程资源包，任务 3.1—配套图纸），进行整理图纸，在 SketchUp 中导入并进行封面。

任务 3.2　SketchUp场景制作

【任务分析】

在任务 3.1 完成图形封面基础上，继续完成整体场景模型制作。

开始制作之前，对设计方案应该有比较明确的认识与理解，对设计方案中要表达的园林要素有较为清楚的概念。首先，应当对整体设计方案进行分析，明确场景中各元素的位置及相对高程、先后或者上下顺序、物体材质、场地方位等；其次，应当根据制作内容进行排序，提高制作效率。制作场景的顺序因人而异，但应当遵循的原则是从场景中有控制因素的部分开始，如道路、水系等。

在本案例中场景需要制作如下的园林元素：道路系统、场地铺装、水系、绿篱迷宫等。

3.2.1 工作步骤

1. 道路系统制作

道路系统制作

步骤一：健身步道制作。启动 SketchUp2016，打开任务 3.1 中制作完成的"小区中心游园地形 – 封面完成 .skp"文件，将视图缩放到健身步道，使用选择工作 ▶ 选择全部对象，在选择的过程中可以使用【Ctrl】键进行加选，然后右击将其成组图 3.2.1 所示内容。单击材质工具 ✍ 或手击键盘上的【B】键，在【材料】面板中选择【石头】/【土灰色花岗岩】，将材质赋予选中的面，再双击进入组，然后使用推拉工具 ◆ 将每个步石向上推出 50mm，结果如图 3.2.2 所示。

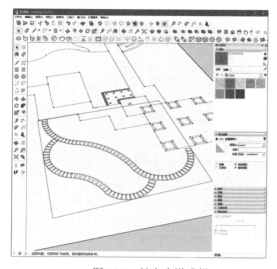

图3.2.1 健身步道成组

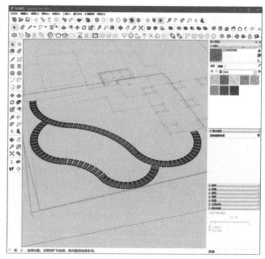

图3.2.2 健身步道制作完成效果

步骤二：路沿制作。在本案例中 CAD 图纸没有绘制路沿部分，需要根据道路的轮廓进行制作。使用选择工具 ▶ 选择与道路相接的绿地地块，然后使用偏移工具 ⌒ 向内偏移100mm，如图 3.2.3 所示。擦除不需要的边线，然后对路沿细节部分进行修整（图 3.2.4）。

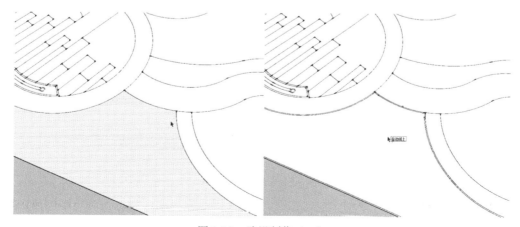

图 3.2.3 路沿制作（一）

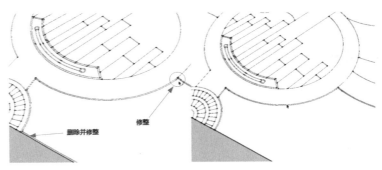

图 3.2.4　修整路沿细节

使用材质工具，在【材料】面板中选择【石头】/【浅灰色花岗岩】，将材质赋予路沿，然后使用推拉工具向上推出 100mm，最终结果如图 3.2.5 所示。

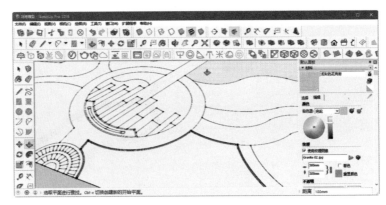

图 3.2.5　路沿制作（二）

步骤三：路面制作。使用推拉工具将园路路面部分向上推出 100mm，再使用材质工具，在【材料】面板中选择【石头】/【卡其色拉绒石材】，将材质赋予路面，结果如图 3.2.6 所示。

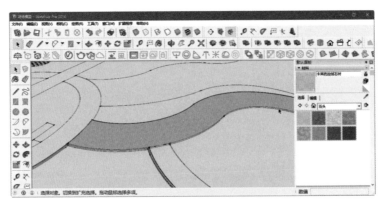

图 3.2.6　道路制作效果

步骤四：将其他园路按照上述步骤二、步骤三所示方法进行制作，对于不同路面赋予不同材质。最终结果如图 3.2.7 所示。

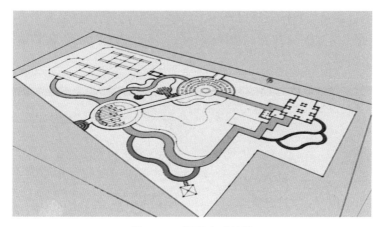

图 3.2.7 道路完成效果

2. 广场铺装制作

步骤一：迷宫铺装制作。使用选择工具 ▶ 选中迷宫地面，在材料面板中创建新材质（图 3.2.8 中 a 处），命名为"迷宫铺装"（图 3.2.8 中 b 处），在【纹理】选项中单击右侧【浏览材质图像文件】按钮（图 3.2.8 中 c 处），打开图像查找对话框，选择"地面拼花 058"并确定，然后将纹理大小修改为如图 3.2.8 中 d 处所示。

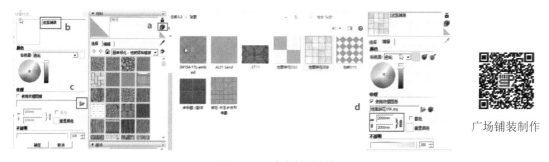

广场铺装制作

图 3.2.8 迷宫材质制作

选择使用材质工具 ✍ 将制作完成的材质赋予迷宫地面，使用推拉工具 ✦ 向上推出100mm，效果如图 3.2.9 所示。

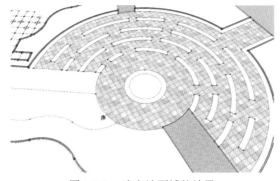

图 3.2.9 迷宫地面铺装效果

步骤二：中心道路铺装制作。同步骤一，创建一个新材质，命名为"中心路铺装"，选择纹理图像"地面拼花033"，解锁图像宽高比，将其调整为3000，800，然后将其赋予中心道路，如图3.2.10所示。

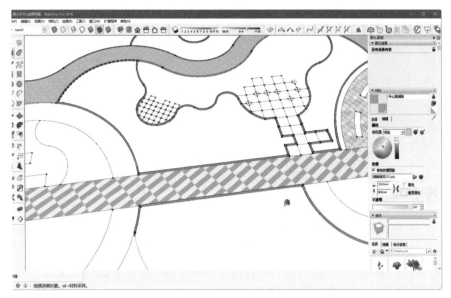

图3.2.10　中心道路赋予材质效果

贴图效果与设计方案不一致时，需要进行调整。选择中心道路右击，在菜单中选择【纹理】/【位置】（图3.2.10），并在视图中对纹理的方向及位置进行调整，调整完毕后单击选择【完成】，然后在【材料】面板对当前材质进入【编辑】，对材质颜色进行调节，使用推拉工具 向上推出100mm，最终如图3.2.11所示。

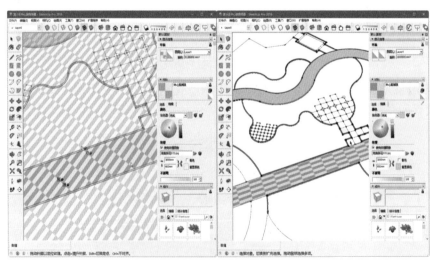

图3.2.11　中心道路材质调节效果

步骤三：北斗七星小广场制作。使用擦除工具 将广场上圆形内的线擦除，然后使用

材质工具 赋予材质不同颜色，再使用推拉工具 向上推出 120mm，其余的方格使用两种不同材质间隔填充，然后全部向上推出 100mm，最终结果如图 3.2.12 所示。

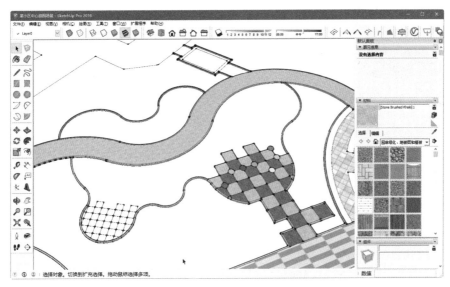

图 3.2.12　北斗七星小广场效果

步骤四：将其余铺装场地、沙坑按照前述方法创建完成，最终效果如图 3.2.13 所示。

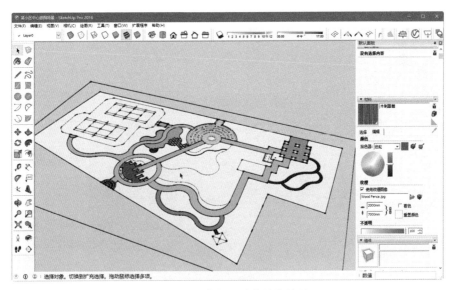

图 3.2.13　广场、铺装最终效果

3. 银月湖制作

步骤一：选择银月湖区域的面，用偏移工具向内偏移 200mm，并修整存在问题部分，偏移出的部分作为湖岸，同时将图中喷泉线擦除，如图 3.2.14 所示。

银月湖制作

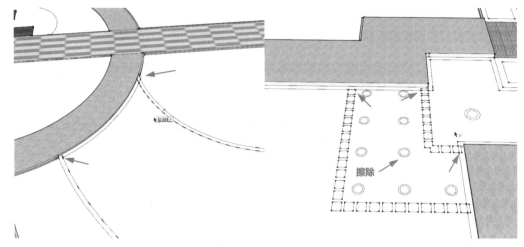

图 3.2.14 池壁制作

步骤二： 修整后，使用材质工具 ⊗ 将【沥青和混凝土】\【混凝土烟熏色】赋予银月湖面，用推拉工具 ◆ 将湖面部分向下推出 1200mm；赋予"池沿"与路沿相同材质，按住【Ctrl】键，用推拉工具 ◆ 将池沿向上推出 100mm，效果如图 3.2.15 所示。

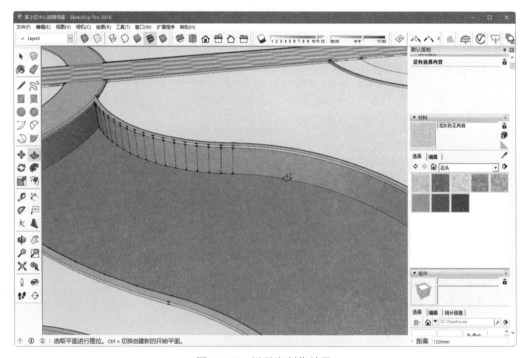

图 3.2.15 银月湖制作效果

步骤三： 按住【Ctrl】键使用擦除工具 ◢ 将池壁上的竖线进行擦除，然后选中池底，再按住【Ctrl】键使用移动工具 ❖ 向上移动复制，移动复制距离 800mm。紧接着使用材质工具 ⊗ 选择【水纹】\【深蓝水色】材质，将其赋予复制出的水面，调节材质【不透明】参数值为 60，效果如图 3.2.16 所示。

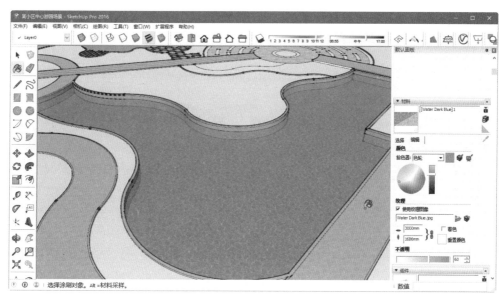

图 3.2.16　银月湖水体制作效果

步骤四：琴键广场水体采用前述方法进行制作，效果如图 3.2.17 所示。

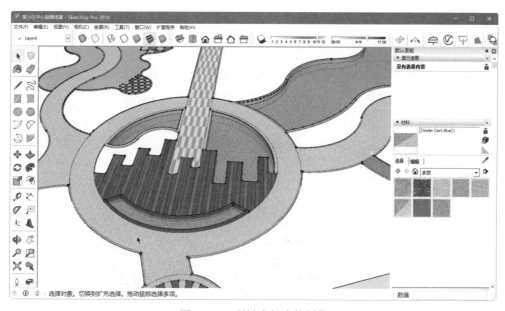

图 3.2.17　琴键广场水体制作

4. 绿篱迷宫制作

　　步骤一：用选择工具 ▶ 选中全部绿篱面，点击材质工具 ⊘，在材质类型中选择【园林绿化、地被层和植物】\【杜松植被】，将其赋予绿篱部分。

　　步骤二：使用推拉工具 ◆ 将绿篱向上推出 900mm。注意铺装先有一个高度，若直接推出地被层后，其侧面不是绿篱材质，可以先推出与铺装一

绿篱迷宫制作

致的高度，然后再推拉出剩余高度。效果如图 3.2.18 所示。

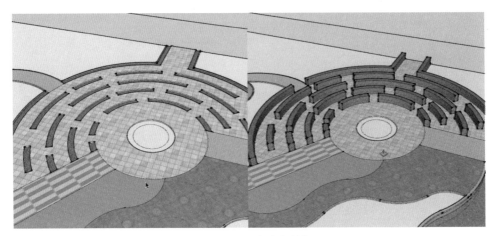

图 3.2.18　绿篱迷宫制作

5. 微地形制作

微地形制作

步骤一：将制作完成的设计地形全部选中，右击，在弹出的菜单中选择【创建群组】，将选中地形成组。然后单击菜单【编辑】/【取消隐藏】/【全部】，将前面隐藏的微地形与绿篱显示出来，如图 3.2.19 所示。

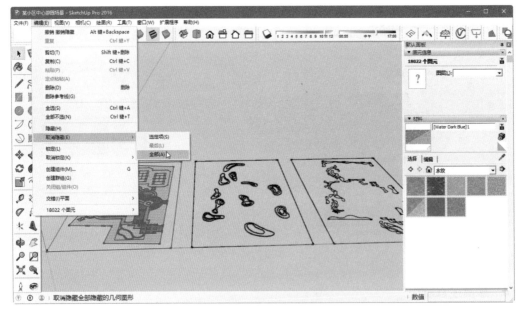

图 3.2.19　取消地形隐藏

步骤二：双击地形组进入地形，选择各地形同一等高线，将其沿蓝色轴线向上移动不同高度，在本例中微地形最多有三条等高线，最高的等高线向上移动 600mm，中间等高线向上移动 300mm，效果如图 3.2.20 所示。

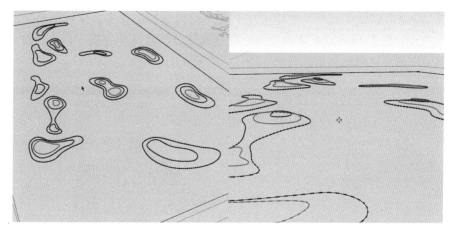

图 3.2.20　地形等高线移动到不同高度效果

步骤三：在工具栏上右击，在弹出的菜单中选择【沙盒】，同时弹出【沙盒】工具栏。使用选择工具 ▸ 选中一个微地形，这时单击【沙盒】工具栏上的【根据等高线创建地形】按钮，可创建完成一个微地形，如图 3.2.21 所示。

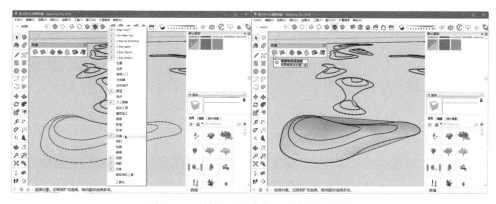

图 3.2.21　使用【沙盒】工具创建微地形

步骤四：将其余微地形等高线分别选中，使用上述方法创建全部微地形。微地形创建后边缘有多余的线，这时用选择工具 ▸ 双击进入微地形组，使用擦除工具 ◢ 擦除。然后使用材质工具将【园林绿化、地被层和植被】/【人工草被】材质赋予微地形，效果如图 3.2.22 所示。

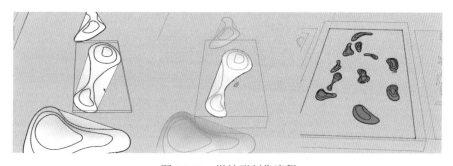

图 3.2.22　微地形制作流程

步骤五：微地形制作完成后，使用选择工具▶将微地形组选中，使用移动工具✣将其与前面制作的设计地形对齐，为原设计地形的草地部分添加草地材质。在【风格】面板中选择【编辑】选项卡，修改参数，效果如图3.2.23所示。

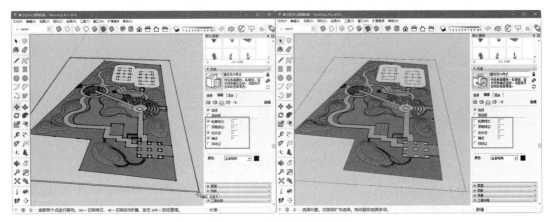

图3.2.23　场地对齐后效果

> **提示**
>
> 在进行对齐操作时，选择边界点比较容易操作。

步骤六：场地对齐后健身步道被微地形遮挡，需要进行调节。这时进入健身步道群组，将被遮挡的部分使用推拉工具◆向上推出，使其超出微地形（注意控制高度），最终效果如图3.2.24所示。

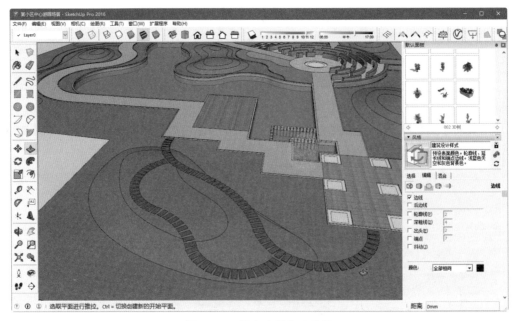

图3.2.24　健身步道修改效果

6. 绿篱制作

步骤一： 使用选择工具 ▸ 双击绿篱组，进入组选中全部绿篱边线，点击封面工具 ▰，将绿篱进行封面，效果如图 3.2.25 所示。

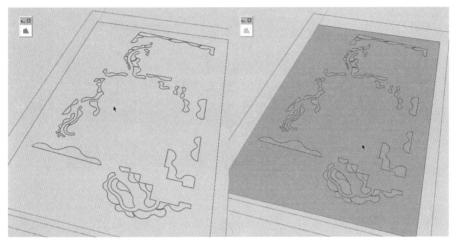

绿篱制作

图 3.2.25　绿篱封面操作效果

步骤二： 选中全部，再右击执行【反转平面】命令，将所有面进行反转，然后删除多余面，对存在问题的地方进行手动修补。最后根据设计内容为各绿篱添加不同材质效果，效果如图 3.2.26 所示。

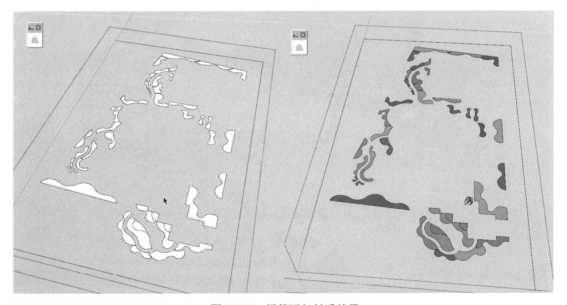

图 3.2.26　绿篱添加材质效果

步骤三： 使用推拉工具 ♦ 对各绿篱进行推拉，推出的高度按照设计要求进行，本例中推出高度为 600mm，效果如图 3.2.27 所示。

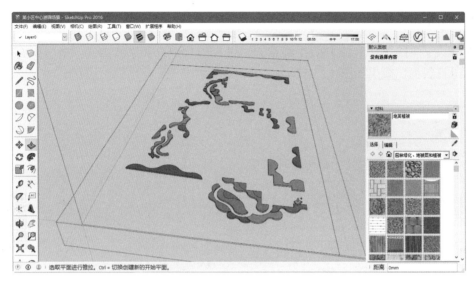

图 3.2.27　绿篱推拉效果

步骤四：使用移动工具将绿篱组移动，将其与前述地形对齐，最终效果如图 3.2.28 所示。

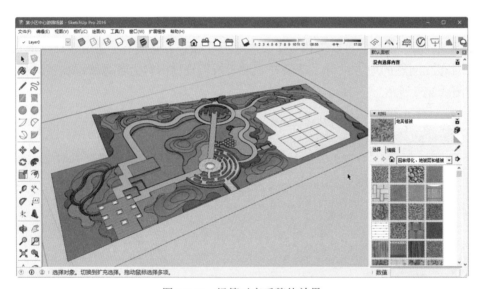

图 3.2.28　绿篱对齐后整体效果

至此地形部分全部制作完毕，后续将对场景中缺少的园林小品进行合并完成整个场景的制作。

3.2.2　知识拓展

1. 创建台阶式地形

步骤一：启动 SketchUp2016，在场景中导入"台阶式地形 .dwg" CAD 文件，如图 3.2.29 所示。

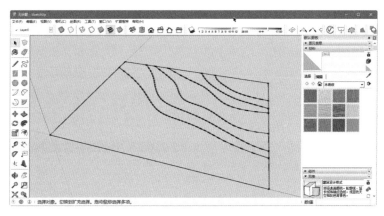

图 3.2.29　导入 CAD 图形

步骤二：使用前述课程讲解的封面工具将其封面，然后反转所有面，如图 3.2.30 所示。

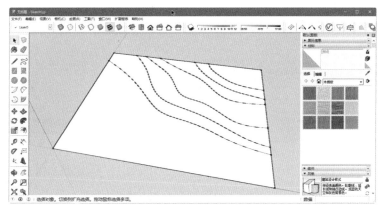

图 3.2.30　将地形封面并反转

步骤三：按照等高线高程使用推拉工具 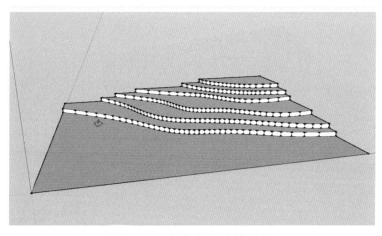 将各个面推拉出应有高度，最终效果如图 3.2.31 所示。

图 3.2.31　台阶式地形制作结果

2. 使用网格创建地形

步骤一:启动 SketchUp2016，选择【沙盒】工具栏，单击 ，此时数值控制框内会提示输入网格间距，这时根据地形大小输入相应数值，如1000，按回车键确定。确定网格间距后，在绘图区内绘制一个长宽分别为8000mm、7000mm 的网格平面，如图 3.2.32 所示。

网格法创建地形

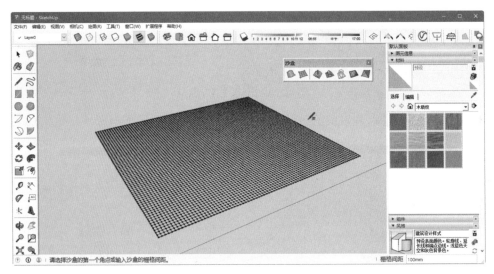

图 3.2.32　绘制地形网格

步骤二:绘制完成后，地形网格自动封面，并形成组。双击进入组编辑，单击【沙盒】工具栏上的曲面起伏 工具，在数值控制框内输入变形框的半径。激活曲面起伏工具后，光标移动到网格平面时，会出现一个圆形的变形框，通过单击进行变形绘制，如图 3.2.33 所示。

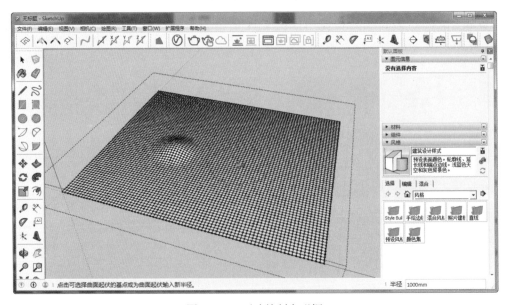

图 3.2.33　更改绘制变形框

步骤三：在网格平面上拾取不同的点并上下拖动拉伸出理想的地形（或者在数值控制框内输入指定拉伸的高度），完成后效果如图3.2.34所示。

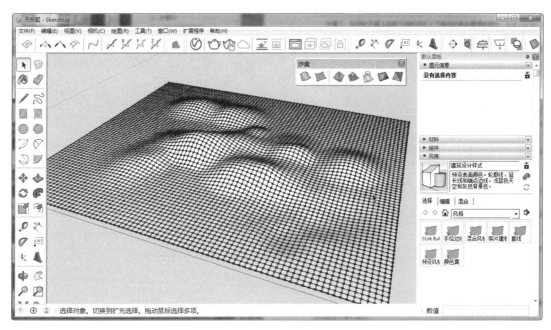

图3.2.34 网格制作地形效果

> **提示**
>
> 一般情况下要完成比较好的地形效果，需要对地形网格多次拉伸，同时不断改变变形框的半径进行控制。

步骤四：网格创建的地形精度不够的情况下，可以使用添加细部工具■对网格进行进一步细化修改。

3.2.3 知识链接

1. 材质的制作

在SketchUp软件中内置的材质并不能够完全满足需要，在场景材质不能满足制作的情况下，可根据设计要求制作。

步骤一：选择材质工具▨，按住【Alt】键在一个未赋予材质的对象上单击，再选择【材料】面板右侧的【创建材质】按钮。

步骤二：在弹出的【创建材质】对话框中可以对材质进行命名，以方便后期对材质进行管理。单击【浏览材质图像文件】按钮，可查找需要使用的贴图，然后将材质赋予对象，根据对象大小调节材质的纹理尺寸，使用色轮可以改变材质的颜色，如图3.2.35所示。

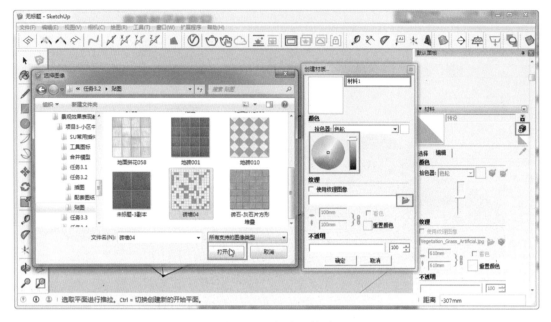

图 3.2.35 创建新材质

2. 材质库引用

步骤一：单击【材料】面板【显示辅助显示窗格】按钮，在面板下会弹出材料选择窗口，在弹出的窗口选择【显示详细信息】，单击【打开和创建材质库】。在弹出的对话框中找到对应的材质库文件夹，单击【选择文件夹】，完成材质库导入。

步骤二：安装好后，单击【材料】面板内各单独分类的文件夹，即可看到每种材质类型。

3.2.4 小试牛刀

根据教材提供的课程资源包"小区中心游园场景 – 封面完成 .skp"文件，完成方案的场景模型制作。

任务 *3.3* 组件加入及其他模型导入

【任务分析】

任务 3.2 创建完成了整个场景地形，如图 3.3.1 所示。本任务在此基础上完成整体场景的制作。

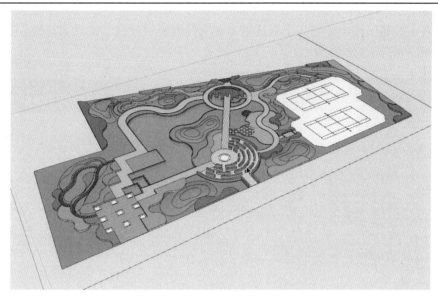

图 3.3.1　某小区中心游园鸟瞰图

分析现有场景，根据设计内容导入相应模型。在本案例中需要导入的对象有艺术景墙、圆形景观树池、方形树池、采薇亭、张拉膜、紫藤花架、五彩构架、临波廊、网球场、园林植物等。导入的对象一部分采用本书提供的素材文件，另一部分需根据场景进行制作。

模型导入需要注意以下几个问题。

1）导入的模型要以组或者组件的形式导入。

2）模型的风格要反映设计要求。

3）模型材质要与场景匹配。

4）模型的大小尽量与场景中所在区域面积大小吻合。

5）导入的植物组件在满足要求的基础上选择面数低的模型。

6）分层导入模型，便于管理，导入时关闭不必要显示的层降低电脑资源消耗，提高效率。

3.3.1　工作步骤

1. 建筑模型导入

（1）滨水大花架导入

园林建筑模型导入

步骤一：启动 SketchUp2016，打开任务 3.2 制作完成的"某小区中心游园场景－地形完成 .skp"文件。

步骤二:在【图层】面板内新建【园林建筑】图层,选中该图层,单击【文件】菜单下的【导入】按钮,弹出【导入】对话框,在文件列表中找到"滨水大花架.skp"文件,并双击打开,如图 3.3.2 所示。

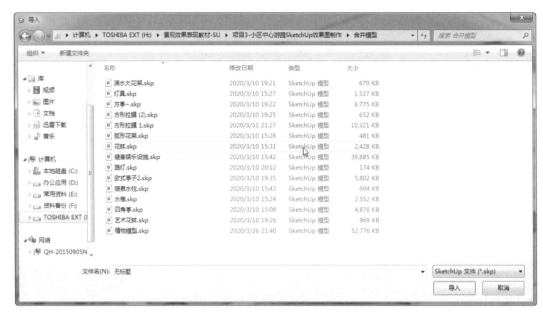

图 3.3.2 SKP 模型导入

步骤三:根据场景方向将导入模型进行移动、旋转,将其放置在合适的位置,如图 3.3.3 所示。

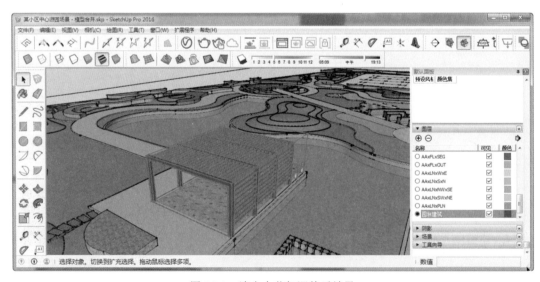

图 3.3.3 滨水大花架调整后效果

(2)其他园林建筑导入

步骤一:同上述方法将滨水护栏导入,将护栏柱与花架边对齐,如图 3.3.4 所示。

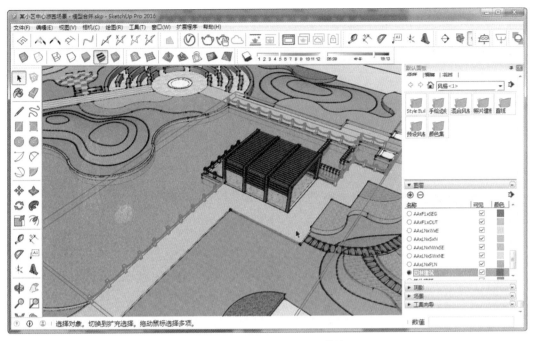

图 3.3.4　滨水护栏导入后效果

步骤二：利用前述方法导入紫藤花架，并对其位置进行调整，如图 3.3.5 所示。

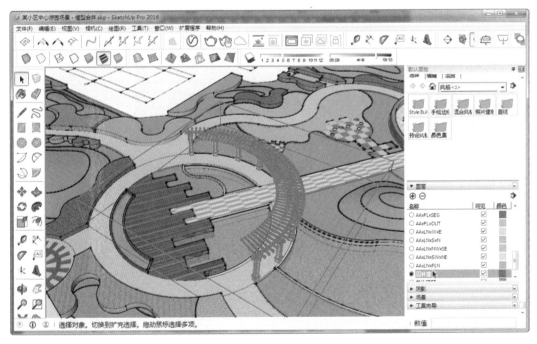

图 3.3.5　紫藤花架导入后效果

步骤三：采用前述方法导入采薇亭，因亭子的位置在微地形上，需要在高度上进行调整对齐，如图 3.3.6 所示。

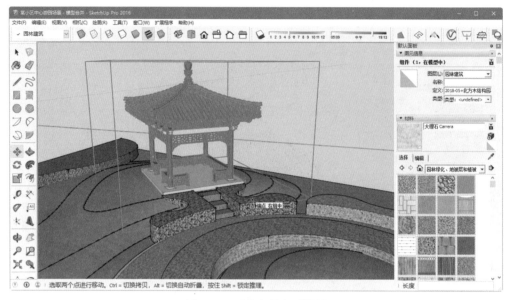

图 3.3.6 采薇亭导入后效果

步骤四：导入张拉膜，并将其放置于平面图中所示位置，因拉膜尺寸过大，需要使用缩放工具 将其进行缩放为原始大小的 0.8 倍，如图 3.3.7 所示。

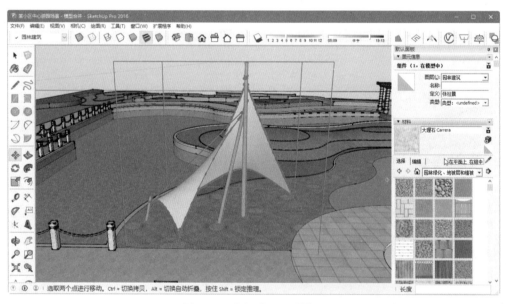

图 3.3.7 张拉膜导入后效果

2. 园林小品模型导入

在本案例中园林小品模型包括五彩构架、园林坐凳、灯具、健身设施，下面分别一一导入。

步骤一：新建【园林小品】图层，并选中该图层。按照建筑模型导入的

园林小品模型
导入

方法导入五彩构架，导入后调整其位置与平面设计图一致，如图 3.3.8 所示。

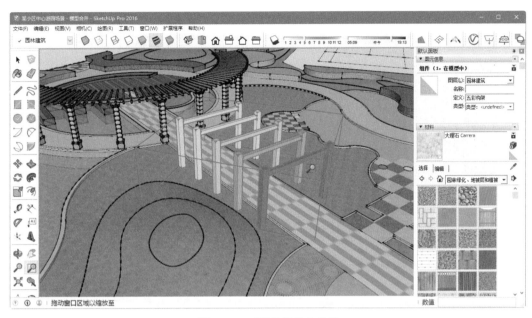

图 3.3.8　五彩构架导入效果

步骤二：启动一个 SketchUp2016 副本，然后打开"健身娱乐设施 .skp"文件，在里面选择运动场模型，使用快捷键【Ctrl+C】将其复制，然后切换到场地中按快捷键【Ctrl+V】键进行粘贴，并导入运动场，然后调整其位置并再复制，如图 3.3.9 所示。

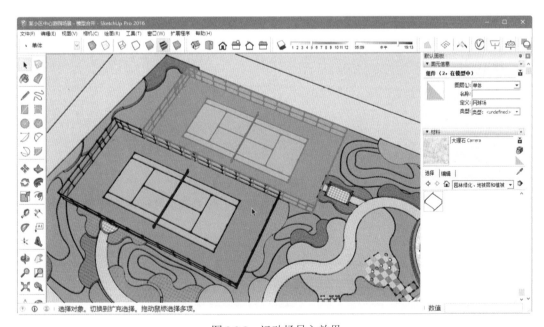

图 3.3.9　运动场导入效果

步骤三：采用上述步骤二方法，将儿童游乐设施等导入到场景，如图 3.3.10 所示。

图 3.3.10　儿童游乐设施导入效果

步骤四：导入特色景墙，执行【文件】/【导入】命令，选择特色景墙导入，调整其位置后如图 3.3.11 所示。

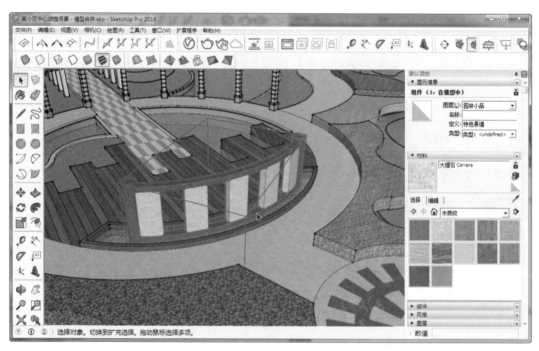

图 3.3.11　特色景墙导入后效果

步骤五：按上述步骤四操作方法，导入方形和圆形树池，导入后注意对齐位置，如

图 3.3.12 和图 3.3.13 所示。

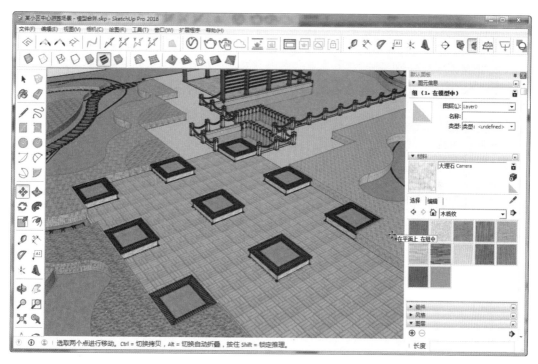

图 3.3.12 方形树池导入效果

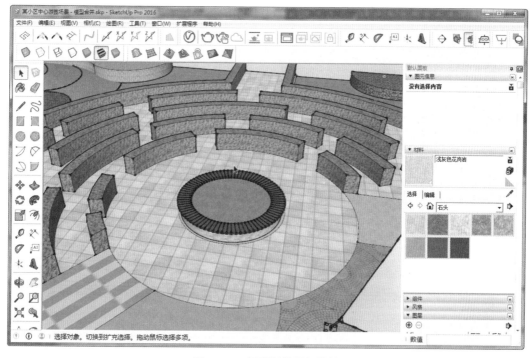

图 3.3.13 圆形树池导入效果

步骤六： 按上述步骤四操作方法导入喷泉水柱，如图 3.3.14 所示。

图 3.3.14 喷泉导入效果

步骤七： 新建一个园林灯具图层，按前述方法导入灯具，如图 3.3.15 所示。

图 3.3.15 园林灯具导入后效果

3. 植物模型导入

SketchUp2016 中使用的植物模型分为 2D 模型与 3D 模型。2D 模型的优点是结构简单，采用二维面片的形式来表现，占用计算机资源少；缺点是制作的高视角效果图或鸟瞰图真实度差，常用在较低高度视角的表现效果图；3D 植物模型优点是完整体现植物的各个组成部分，在任何角度观察都能够表现出

植物模型导入

真实的三维效果，缺点是占用计算机资源多，渲染速度慢根据制作的复杂程度可将 3D 植物模型分为简模和精模，精模体现的植物细节更加丰富，占用的计算机资源更多，常用在表现要求较高的场景。

在本任务中为满足电脑运行要求，加快渲染速度，导入的植物模型采用 2D 模型。

（1）上层乔木导入

乔木在园林景观效果图表现中非常重要，在园林效果图中，要能够体现总体设计意图，乔木的位置基本上要与设计图保持一致。

步骤一：在 SketchUp2016 中打开"某小区中心游园场景 – 场景合并 .skp"文件，为提高操作效率及计算机响应速度，可将"园林建筑""园林小品""园林灯具"等图层关闭显示，效果如图 3.3.16 所示。

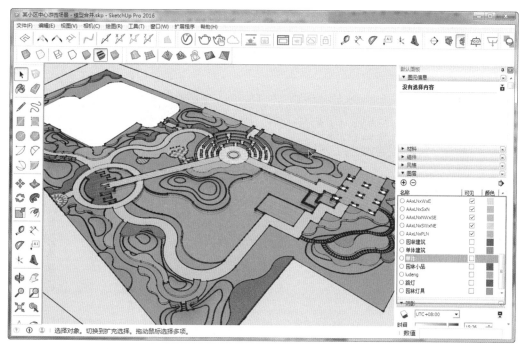

图 3.3.16　关闭不必要图层显示

步骤二：在【图层】面板中创建【乔木】图层，选中该图层。然后在面板中找到"09 上层"图层，将可见性属性勾选，效果如图 3.3.17 所示。

步骤三：启动 SketchUp2016 另一副本，打开"2D 乔木 .skp"文件，在其中选择相应的植物复制到场景中，效果如图 3.3.18 所示。

图 3.3.17 显示上层乔木位置

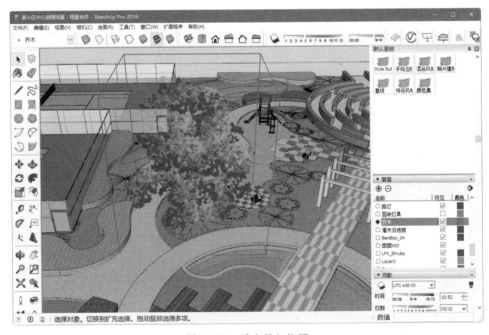

图 3.3.18 乔木导入位置

步骤四：根据上述方法将其余乔木导入场景，在导入时为避免出现电脑卡顿，可以执行【窗口】/【系统设置】/【OpenGL】命令，将【能力】选项修改为最低，在导入一部分模型后将已经定位的模型先行隐藏，将地形模型图层关闭显示，并且不必每棵乔木都需要导入，能表达设计意图即可，效果如图 3.3.19 所示。

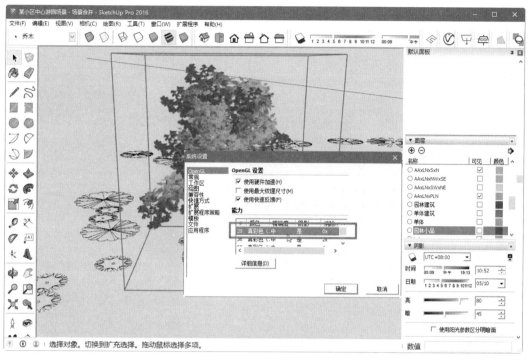

图 3.3.19　更改显示效果

琴韵广场树阵导入效果如图 3.3.20 所示。

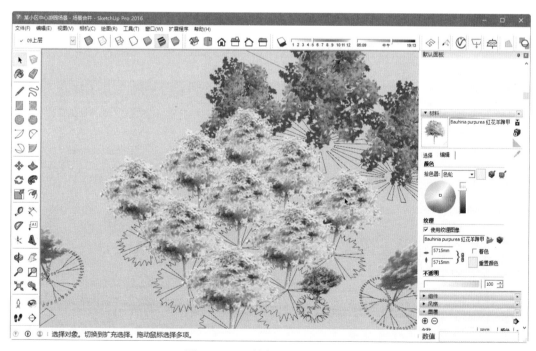

图 3.3.20　琴韵广场树阵导入效果

乔木导入完成后的效果如图 3.3.21 所示。

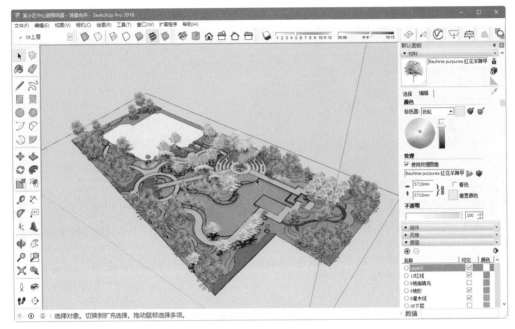

图 3.3.21　乔木导入完成后的效果

（2）中层及下层植物导入

步骤一：同上层乔木导入操作，打开"2D 灌木地被 .skp"文件，将不需要的图层关闭显示，按照中、下层植物平面定位导入模型，然后进行复制、位置调整，植物模型数量满足设计整体意图即可，不必全部放置，效果如图 3.3.22 所示。

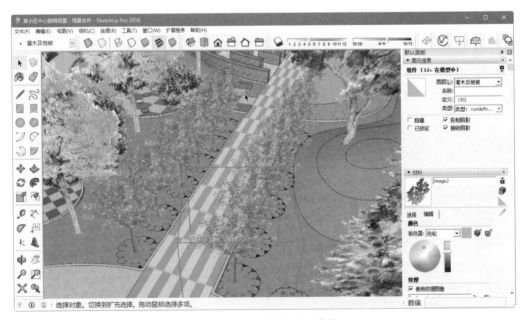

图 3.3.22　中层植物导入效果

步骤二：将中层及下层植物全部导入，效果如图 3.3.23 ～图 3.3.25 所示。

图 3.3.23　微地形植物导入效果

图 3.3.24　水边植物导入效果

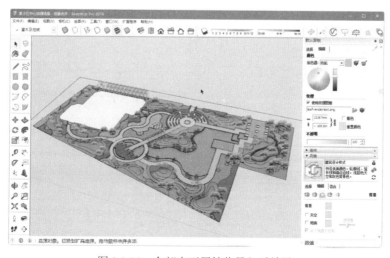

图 3.3.25　全部中下层植物导入后效果

全部植物模型导入后的效果如图 3.3.26 所示。

图 3.3.26　全部植物模型导入后的效果

3.3.2　知识拓展

1. 石质护栏制作

步骤一：在 AutoCAD 中将银月湖直线段湖岸线复制到一个新的文件，将其保存为"滨水护栏参照 .dwg"，如图 3.3.27 所示。

滨水护栏制作

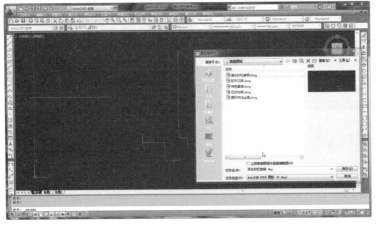

图 3.3.27　湖岸线参照图形

打开 SketchUp2016，在【窗口】/【系统设置】/【模板】中选择【建筑设计 – 毫米】，导入已创建的 CAD 文件。导入的图形作为滨水护栏位置参照。

步骤二：在场景中使用矩形工具 绘制一个边长为 200mm 的正方形。使用偏移工具 将边线向内偏移 20mm，在偏移完成的正方形各个角点上绘制一个半径为 20mm 的圆，然后擦除内部的线，如图 3.3.28 所示。

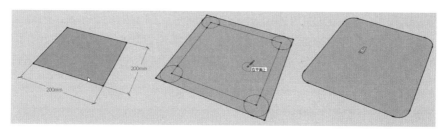

图 3.3.28　绘制护栏柱截面

步骤三：使用材质工具赋予该截面一个【石头】/【大理石】材质，然后使用推拉工具🔷向上推拉 700mm，再选中顶面向内偏移 15mm，然后再将偏移出的面向上推拉 50mm，如图 3.3.29 所示。

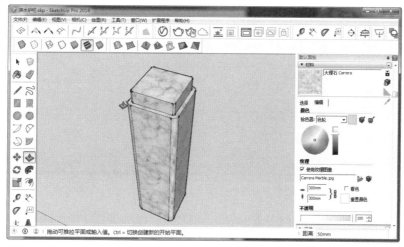

图 3.3.29　滨水护栏柱制作

步骤四：再次选中顶面，向外偏移 15mm，再次赋予顶面上述大理石材质。然后将顶面部分全部向上推拉 100mm，如图 3.3.30 所示。

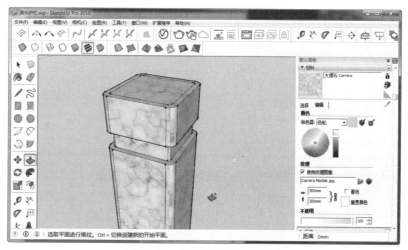

图 3.3.30　滨水护栏顶柱头制作

步骤五：按住【Ctrl】键使用推拉工具 ✥ 将顶面再次向上推出 20mm，用擦除工具 ✐ 擦除顶面内部的线。然后选中顶面，使用缩放工具 ▦ 将顶面比例向内缩放 0.9，缩放时按住【Ctrl】键可保持中心缩放，如图 3.3.31 所示。最后将护栏柱全部选中，创建组件，命名为"护栏柱"。

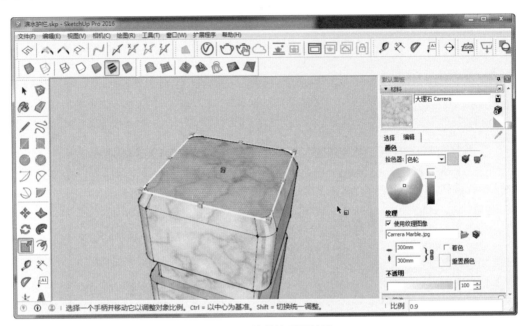

图 3.3.31　护栏柱顶面缩放

步骤六：将创建好的护栏柱与湖岸线的一边对齐，然后按住【Ctrl】键使用移动工具 ✥ 复制 10 个。复制时可以先复制出另一端柱子，然后在键盘上输入"/10"，这样就可以实现等分均匀复制；如图 3.3.32 所示。

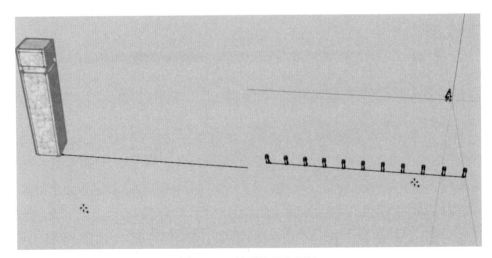

图 3.3.32　护栏柱等分复制

步骤七：两根栏杆柱中间的绳索可以用路径跟随工具进行创建。在两根柱中间创建一条圆弧,向下移动到适当位置,使用直线工具 ✏ 将圆弧两个端点与圆弧的圆心连接,形成一个扇形面,如图3.3.33所示。

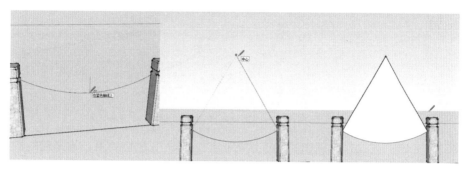

图3.3.33 绘制护栏绳索

步骤八:先选中两端柱子右击,然后执行【隐藏】命令。将扇形面用推拉工具 ♦ 推出一定厚度,选择画圆工具 ◉,以推出面的底面角点为圆心,在面上绘制一个半径为10mm的圆,保留圆弧与圆,将其余线条全部删除,如图3.3.34所示。

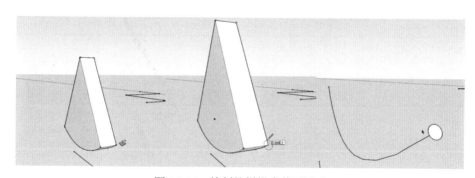

图3.3.34 绘制护栏绳索截面图形

步骤九:使用路径跟随工具 ⌀,先单击圆,再单击圆弧,在圆弧的另一端点单击,创建出护栏绳索,并为其添加一个【地毯、织物、皮革、纺织品】/【亚麻织物】材质,然后将其成组。完成后再复制一条,如图3.3.35所示。

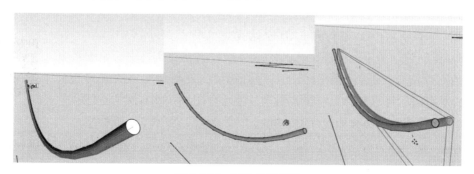

图3.3.35 制作护栏绳索

步骤十:单击【编辑】/【取消隐藏】/【全部】显示已隐藏的护栏柱,选中护栏绳索使用移动工具 ✥ 复制九条,删除开头的第一根护栏柱,如图3.3.36所示。

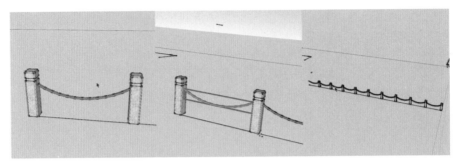

图 3.3.36 护栏绳索复制效果

步骤十一：同上述操作，制作其他位置的护栏，将所有护栏成组，将完成的护栏保存。最终效果如图 3.3.37 所示。

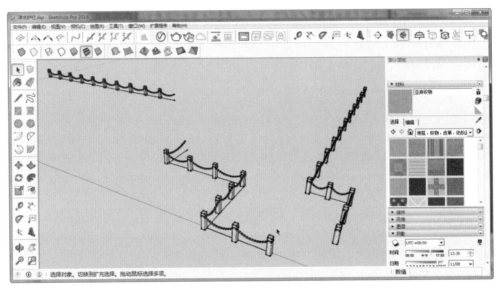

图 3.3.37 滨水护栏制作完成效果

2. 特色景墙

步骤一：在 AutoCAD 中打开 CAD 原始设计文件"某小区中心游园设计 .dwg"，新创建一个空白文档，选择景墙线条复制到新文档中。原图景墙线由几条圆弧构成，重新使用圆弧工具进行描绘，使景墙墙体线成为一条圆弧，绘制完成后将原有的几条圆弧删除，将所有图层归到 0 层，清理命令（PURGE）清理图形，将文档保存为"特色景墙 .dwg"，如图 3.3.38 所示。

特色景墙制作

步骤二：在 SketchUp2016 中导入"特色景墙 .dwg"，使用工具将图形进行封面，封面后将所有面反转。

步骤三：使用选择工具 选中墙体的一条边线，右击，在弹出的菜单中选择【拆分】，将两圆弧各分为九段。分段完成后用直线工具 将各分段对应的端点连接，如图 3.3.39 所示。

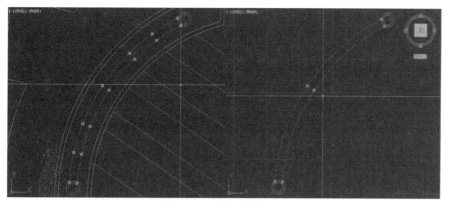

图 3.3.38　特色景墙 CAD

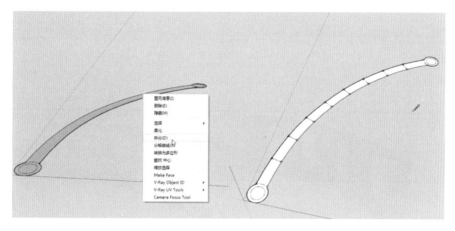

图 3.3.39　景墙墙体拆分

步骤四： 使用材质工具 为所有面添加石头材质，再用推拉工具 将所有面向上推出 500mm，然后按住【Ctrl】键从一端开始的面间隔向上推出 1800mm，如图 3.3.40 所示。

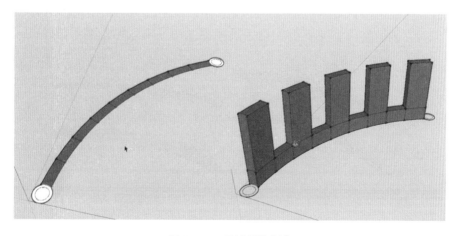

图 3.3.40　景墙墙体制作

步骤五： 使用选择工具 将低处的四个面全部双击选中，再使用移动工具向上复制到与顶面等高，如图 3.3.41 所示。

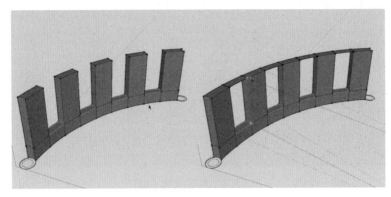

图 3.3.41 景墙面复制

步骤六: 按住【Ctrl】键将顶面全部向上推出 200mm，然后为中间墙面添加材质，如图 3.3.42 所示。

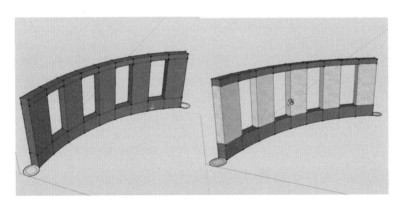

图 3.3.42 景墙顶部推拉并添加材质

步骤七: 按住【Ctrl】键使用擦除工具将墙体上不需要的线擦除，如图 3.3.43 所示。

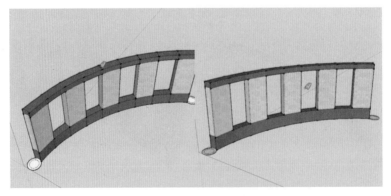

图 3.3.43 景墙边线擦除效果

步骤八: 将侧面的圆向上推拉 2650mm，为其添加材质，将所有对象选中成组。最终景墙效果如图 3.3.44 所示。

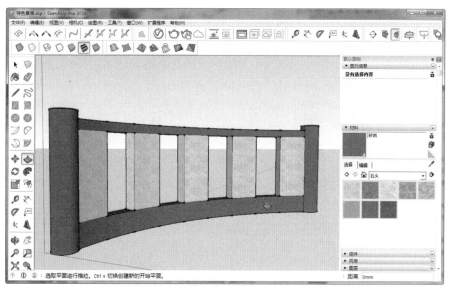

图 3.3.44　景墙制作完成效果

3. 五彩构架

步骤一：同特色景墙制作，将五彩构架 CAD 图纸单独保存一份。

步骤二：在 SketchUp2016 中导入"五彩构架 .dwg"，双击进入组，用直线工具 ✏ 从一个矩形角按沿长边绘制一条长 300mm 的直线，然后从该直线点绘制垂线至另一长边；矩形的另一边按同样的方法操作，如图 3.3.45 所示。

五彩构架制作

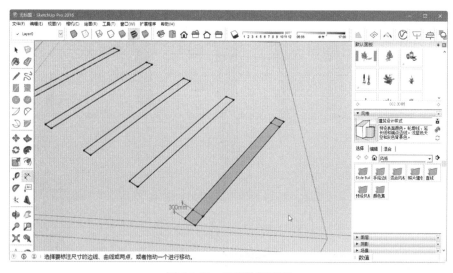

图 3.3.45　五彩构架底面

步骤三：将所有面反转，使用推拉工具 ♦ 将两侧小矩形向上推出 3000mm，中间矩形向上推出 2800mm，然后将中间矩形从底部向上推出 2600mm，形成横梁；再将横梁前后向内拉回 50mm，效果如图 3.3.46 所示。

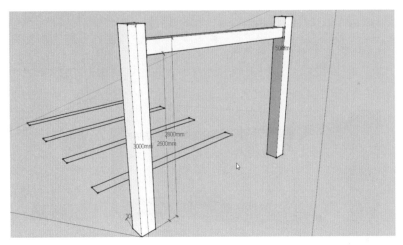

图 3.3.46　五彩构架构件

步骤四：将构架上的反面全部反转为正面，为其添加红色材质，然后把构架成组。再按照图纸位置复制，分别赋予不同颜色材质，最后删除地面上的线，如图 3.3.47 所示。

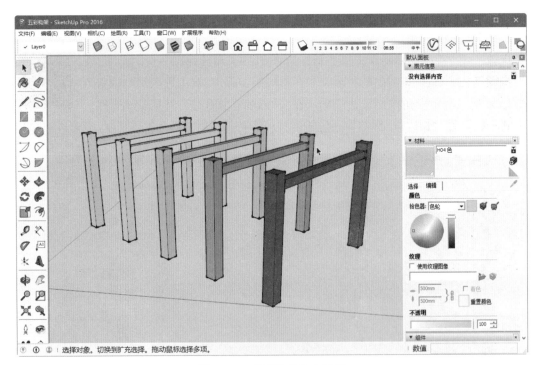

图 3.3.47　五彩构架完成效果

4. 方形树池坐凳

步骤一：打开 SketchUp2016，在【窗口】/【系统设置】/【模板】中选择【建筑设计－毫米】，然后在场景中使用矩形工具 绘制一个边长为 1900mm 的正方形，再使用偏移工具 向内偏移 200mm，然后将所有面反转，如图 3.3.48 所示。

方形树池
坐凳制作

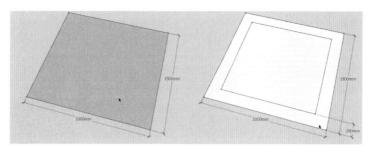

图 3.3.48　绘制方形树池轮廓

步骤二：为外面添加一个【砖、覆层和壁板】/【多色石块】材质，修改纹理大小为 500mm、340mm；然后向上推出 350mm，如图 3.3.49 所示。

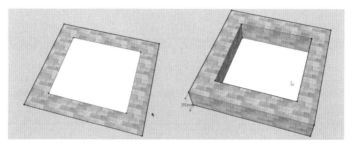

图 3.3.49　制作树池壁

步骤三：选中顶面向外偏移 50mm，选中内边线向内偏移 50mm，如图 3.3.50 所示。

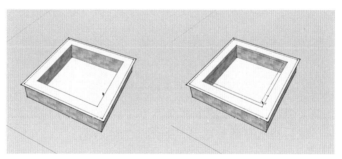

图 3.3.50　偏移顶面

步骤四：连接内外线，将中间面删除，然后选中一侧的面，将其成组。再将其移出另一侧，然后打开组将内部两条线删除，如图 3.3.51 所示。

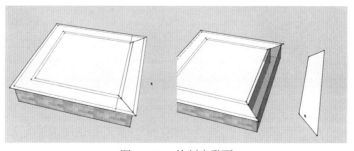

图 3.3.51　绘制坐凳面

步骤五：绘制一个长 800mm、宽 80mm 的矩形，将其与上面的面对齐，然后复制出 22 个，如图 3.3.52 所示。

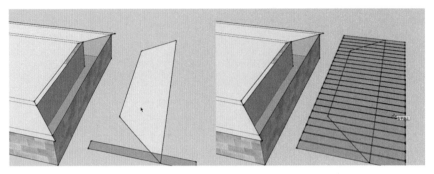

图 3.3.52 绘制坐凳面木条

步骤六：将前面的组分解，然后删除相交后图形的外边，得到如图 3.3.53 所示图形。注意接口处的线要全部擦除，然后将所有面反转为正面。

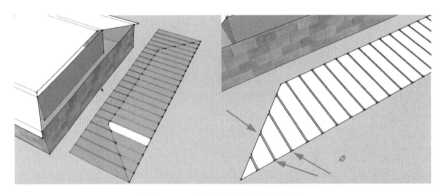

图 3.3.53 绘制坐凳面木条图形

步骤七：为所有面添加【木质纹】/【饰面木板】材质，并编辑其纹理大小，然后将所有面向上推出 50mm，最后将所有部分成组，如图 3.3.54 所示。

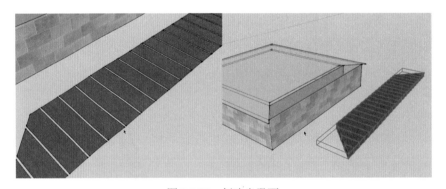

图 3.3.54 创建坐凳面

步骤八：将组移动到原来位置，然后旋转复制三个，并将中间的面与其余不需要部分删除，同时将中间面向上推出 300mm，添加草地材质，最终效果如图 3.3.55 所示。

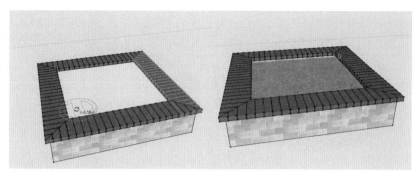

图3.3.55　方形树池完成效果

5. 圆形树池坐凳

步骤一： 在AutoCAD中绘制一个圆形坐凳面，单位为毫米，将其保存，如图3.3.56所示。

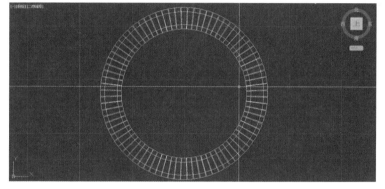

圆形树池坐凳
制作

图3.3.56　CAD绘制圆形树池坐凳图形

步骤二： 启动SketchUp2016，在【窗口】/【系统设置】/【模板】中选择【建筑设计 – 毫米】，将步骤一创建的图形导入，选中两个圆形，将其成组，图3.3.57所示。

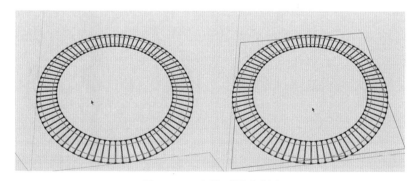

图3.3.57　坐凳面图形成组

步骤三： 将坐凳面全部选中，使用封面工具进行封面，将所有面反转，使用材质工具赋予坐凳面木质纹材质，然后向上推出50mm，然后将坐凳面成组，如图3.3.58所示。

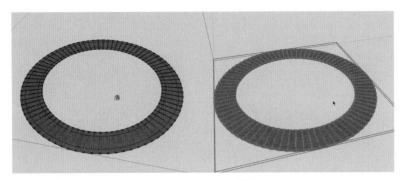

图 3.3.58　坐凳面制作

步骤四：将坐凳面隐藏，然后进入圆形树池组进行封面，并将所有面反转。反转后将圆环部分添加【砖、覆层和壁板】/【多色石块】材质，然后向上推出 400mm；对中间圆添加草地材质，向上推出 350mm，如图 3.3.59 所示。

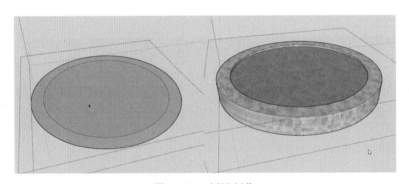

图 3.3.59　树池制作

步骤五：选择树池顶面边线向内偏移四次，偏移距离分别为 50mm、100mm、200mm、250mm。然后选中中间两个圆环面成组。

步骤六：进入步骤五创建的组，将圆环添加【金属】/【粗糙金属】材质，颜色调为深黑色，再使用推拉工具 将其向上推出 30mm，如图 3.3.60 所示。

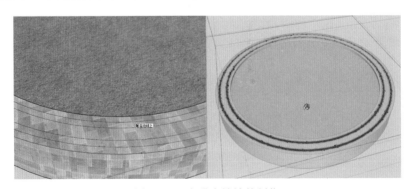

图3.3.60　坐凳支撑铁件制作

步骤七：显示隐藏的坐凳面，使用移动工具将其向上移动至底面与圆环顶面对齐，如图 3.3.61 所示。

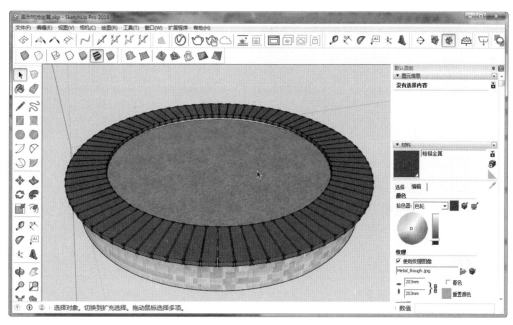

图 3.3.61 圆形树池坐凳完成效果

6. 2D 植物模型制作

步骤一：启动 Photoshop 软件，打开一张植物素材图片，使用背景橡皮或其他方法删除图像白色背景部分，使背景部分透明显示，然后将该图像保存为"PNG"格式，如图 3.3.62 所示。

2D植物模型制作

图 3.3.62 处理图像

步骤二：启动 SketchUp2016，单位选择毫米。单击【文件】/【导入】，导入的文件类型选择 便携式网络图形 (*.png) ，在对话框中选择步骤一创建的图像文件，再单击【导入】按钮。

步骤三：导入后用鼠标指定图像位置，然后移动鼠标缩放图像至适宜大小。导入后的图像平铺于水平面，需使用旋转工具将其树立，此时可以参照场景中人物高度再次缩放，如图 3.3.63 所示。

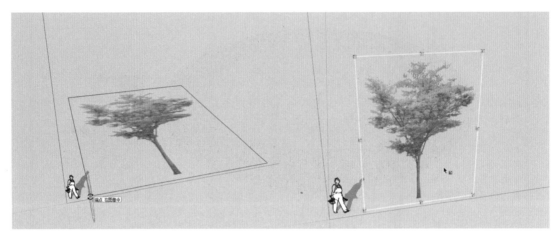

图 3.3.63　导入并调整图像

步骤四：选中要处理的对象将其分解，然后使用手绘线工具〜在平面上沿树的外缘绘制全部的轮廓线，绘制时有基本的轮廓即可，不必太多细节。绘制完成后如图 3.3.64 所示。

图 3.3.64　手绘线描绘植物轮廓

步骤五：删除外边线，按住【Shift】键并用擦除工具✐擦除植物边缘的边线。最后将植物全部选择；右击，在弹出的菜单中选择【创建组件】，参数设置如图3.3.65所示，同时指定组件轴于树干底部，并将结果保存。

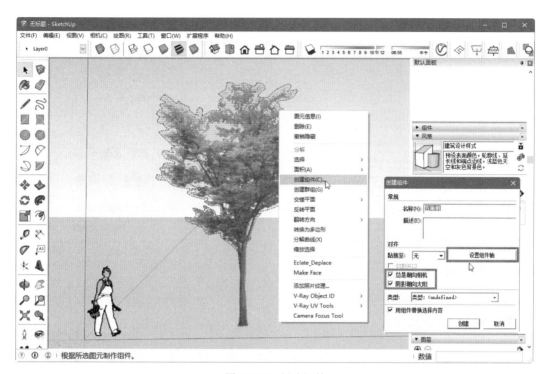

图3.3.65　创建组件

3.3.3　知识链接

1．植物组件引用

SketchUp2016自带的组件库中植物模型的类型很少，不能满足园林效果图制作需要。在进行设计时可以直接调用已有的植物组件。

步骤一：将已有的植物模型分别单独保存，为方便查找应每一种植物按其名称命名。

步骤二：将同类型的植物放入同一个文件夹，如创建一个"3D大树模型"文件夹，将常用植物模型放入其中。

步骤三：在SketchUp2016场景中打开【组件】面板，在右侧单击图3.3.66中所示按钮，在弹出的菜单中选择【打开或创建本地集合】。

步骤四：找到创建的植物模型文件夹，直接选择相关文件即可，如图3.3.67所示。

图3.3.66　引用组件操作

图 3.3.67　植物组件引用

2. 3ds MAX 模型导入

在 SketchUp2016 中经常会用到使用 3ds Max 软件制作的模型，此类模型不能直接在 SketchUp2016 中导入使用，需要进行转换格式。

步骤一：启动 3ds Max2016 软件，单击菜单栏【自定义】/【单位设置】，在打开的【单位设置】对话框内单击【系统单位设置】，设置系统单位为"毫米"，如图 3.3.68 所示。

3ds MAX模型
导入

图 3.3.68　系统单位设置

步骤二：单击【开始】按钮找到"张拉膜.max"文件并打开，在弹出的【文件加载：单位不匹配】对话框中选择【采用文件单位比例】，单击【确定】按钮。在【缺少外部文件】窗口选择【继续】，在【过时文件】信息直接单击【确定】按钮，如图3.3.69所示。

图3.3.69　文件对话框

步骤三：文件打开后，选中其中的拉膜结构，单击【开始】按钮，选择【另存为】/【保存选定对象】，在弹出的对话框内将选中的文件命名为"张拉膜修改.max"保存。

步骤四：重新打开步骤三保存的文件，选中后单击菜单栏【组】，将模型进行分解；按【M】键打开【材质编辑器】，选择一个空白材质球并单击【从对象拾取材质】按钮，吸取张拉膜材质，同样将张拉膜的金属构件材质提取出来，如图3.3.70所示。

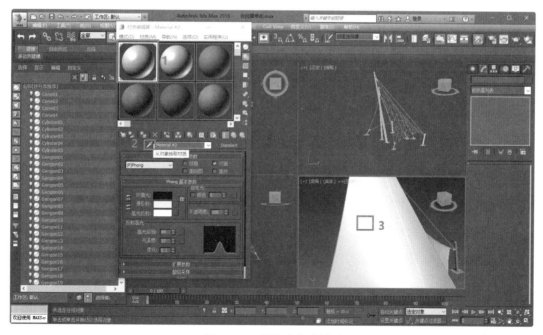

图3.3.70　提取张拉膜材质

步骤五：选中材质球，单击材质编辑器右侧【按材质选择】按钮，在弹出的【选择对象】对话框中单击【选择】按钮，将场景中所有使用此材质的物体选中，如图3.3.71所示。

图 3.3.71　按材质选定物体

步骤六：选定物体后，单击右侧工具面板中的【实用程序】，在下拉栏中单击【塌陷】，然后再单击【塌陷选定对象】，将所有选中物体塌陷为一个对象，如图 3.3.72 所示。重复上述步骤将采用相同材质的物体也塌陷为一个对象。

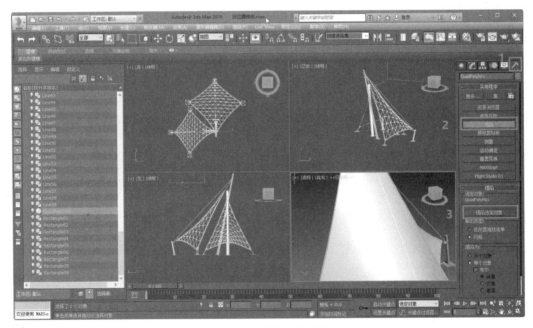

图 3.3.72　塌陷选中对象

步骤七：选择张拉膜上的线，单击右侧【修改】面板，在【渲染】下拉菜单中，勾选【在视口中启用】选项，如图 3.3.73 所示。将场景中所有拉膜线全部修改。

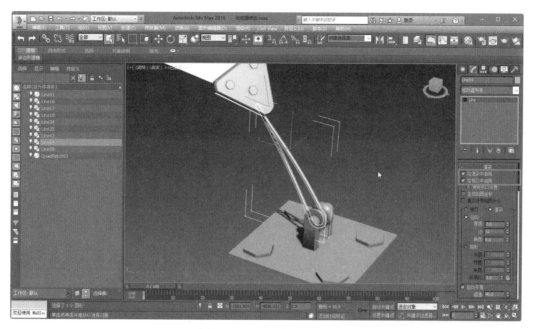

图 3.3.73　更改线显示效果

步骤八：执行【开始】/【导出】命令，在弹出的对话框中设置保存文件的位置与名称，文件格式选择为"3DS"，将保存的文件命名为"张拉膜 .3ds"，在单击【保存】按钮保存文件，如图 3.3.74 所示。

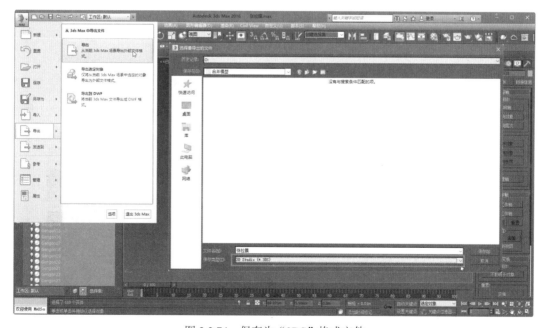

图 3.3.74　保存为"3DS"格式文件

步骤九：启动 SketchUp2016，设置场景单位为毫米，执行【文件】/【导入】命令，在弹出的对话框中找到步骤九中保存的"张拉膜 .3ds"文件，单击【选项】按钮，在弹出的对话框中选择比例单位为毫米，确定后完成模型导入，如图 3.3.75 所示。

图 3.3.75 导入"3DS"格式文件选项设置

步骤十：导入后的张拉膜存在一定问题，这时使用选择工具 ▶ 双击进入组，多次双击进入有问题的组，将存在问题的部分进行修正，如图 3.3.76 所示。

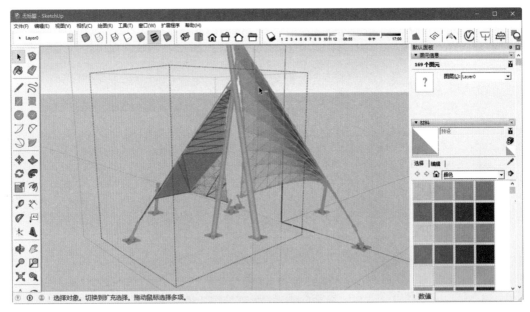

图 3.3.76 修正错误面

步骤十一：选中张拉膜，右击选择【柔化 / 平滑边线】，将表面进行柔化，然后为其添加一个白色材质（正反面都要添加），如图 3.3.77 所示。

步骤十二：将张拉膜其他部位光滑表面也进行柔化，然后添加金属材质，最终效果如图 3.3.78 所示。最后将其保存。

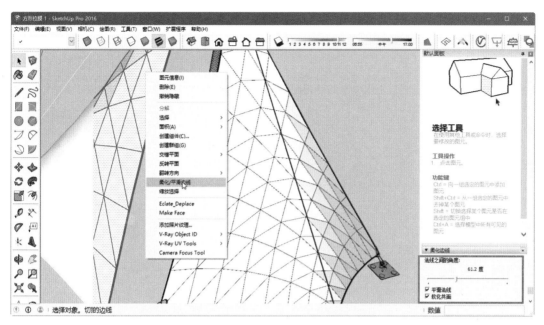

图 3.3.77　柔化张拉膜曲面

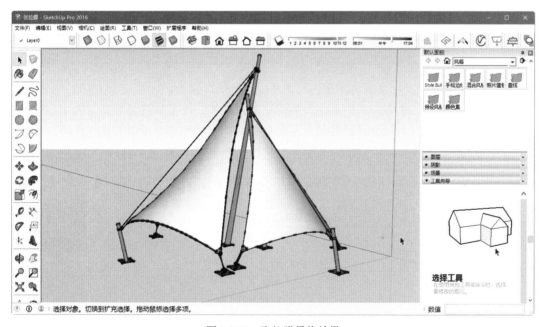

图 3.3.78　张拉膜最终效果

3.3.4　小试牛刀

根据教材提供的场景及景观建筑、小品、植物等组件，上机练习模型导入、园林小品制作等操作内容。

任务 3.4 效果图渲染输出

【任务分析】

整体场景制作完成后，在场景中选择合适的角度渲染出图像如图 3.4.1 所示。

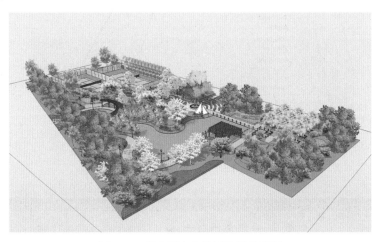

图3.4.1　某小区中心游园鸟瞰效果图

SketchUp 渲染出图的步骤比较简单，分为以下两步。

1）选择合适的表现角度，如要表现鸟瞰效果，场景角度应当从上向下，视窗内包括全部场景；如表现局部效果图则要根据设计的重点内容设定渲染角度。

2）渲染出图，将场景表现内容输出为图像，如 JPEG 或 PNG 等格式。

3.4.1　工作步骤

相机创建

1. 创建相机

场景制作完成后，需要从某一个固定的角度进行观察和渲染。在默认场景很难保证每次的观察角度不变，需要创建一个角度固定的相机实现定点观察的效果。在实际操作中往往需要从多个角度进行渲染，所以可以根据设计要求创建多个相机以满足要求，同时可以使用不同的表现样式来展现各式各样的设计风格。

步骤一： 在 SketchUp2016 中打开制作完成的中心游园场景模型，使用视图控制工具或者视图快捷操作键调整画面至合适角度，在【场景】工具面板中点击添加场景按钮，在弹出的对话框中选择【不做任何事情，保存更改】选项，单击【创建场景】，完成场景创建（图 3.4.2），默认为【场景号 1】，此时在视口中增加了一个场景选项卡，如图 3.4.3 所示。

图 3.4.2　创建场景步骤示意

图 3.4.3　场景号创建示意

步骤二: 场景号添加完成后,如果对场景内的相机位置、样式、阴影等内容进行了修改,则需要对场景号进行更新,这样才能保留修改的效果。如果对某个场景进行了修改,在【场景】工具面板上选中其场景并右击,在弹出的菜单中选择【更新场景】,然后选择需要更新的项目,再单击【更新】,这样就对更改的效果更新完毕。另外,可以在【场景号】选项卡上右击,在弹出的菜单上执行【更新】命令同样可以实现场景更新,不过此时的更新不会出现更新场景内容的选项菜单(图 3.4.4)。

图 3.4.4　场景更新操作步骤示意

步骤三: 使用步骤二所述方法,变换观察角度与场景的阴影、风格样式、观察角度后,再创建几个新的场景。如图 3.4.5 所示。场景号可以根据需要改变前后顺序,在【场景号】选项卡上右击,在弹出的菜单中选择【左移】或【右移】就可以更改场景顺序,对于多余的场景号可以选择删除。

图 3.4.5　创建多个场景号

2. 添加环境效果

相机设置完成后，场景中的物体并没有显示阴影，整体画面显示平淡，并与现实情况不符。这时需要根据场地方向，设置合理的阴影效果。

添加环境效果

步骤一：选定一个场景号，找到【阴影】工具面板，修改相关参数，如图 3.4.6 所示。

图 3.4.6　阴影设置

步骤二：单击【风格】工具面板，选择【编辑】选项卡，勾选【天空】选项，通过调查色块改变天空颜色，如图 3.4.7 所示。

图 3.4.7　修改天空效果

步骤三：切换场景号，单击【窗口】/【默认面板】/【雾化】，在右侧面板中调节其参数，并一同调节【阴影】面板中参数，如图 3.4.8 所示。

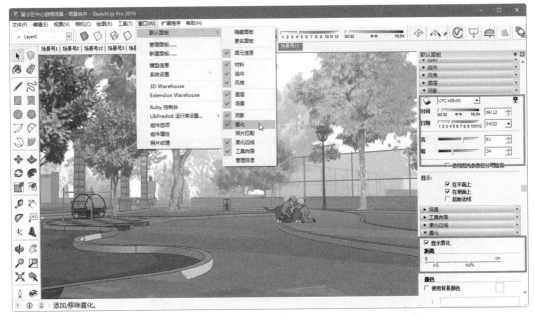

图3.4.8 雾化效果

3. 渲染图像并保存

步骤一：选择确定的场景，然后单击菜单栏【文件】/【导出】/【二维图形】，在弹出的【输出二维图像】对话框中选择保存位置；然后根据需要选择保存类型，在【保存类型】下拉列表中选择相应的图像类型，如 JPEG 图像，单击【选项…】按钮，在弹出的对话框中选择相应的参数，如图 3.4.9 所示。

渲染图像并保存

图 3.4.9 图像导出

步骤二：设置完成后单击【导出】按钮，导出图像，导出的效果如图 3.4.10 所示。

图 3.4.10　图像导出结果

　　步骤三：选择一场景号，调节视点高度，显示整个场景，将场景号命名为"鸟瞰"，然后调节【阴影】、【场景】等面板参数，完成后将其导入为二维图形，如图 3.4.11 所示。

图 3.4.11　鸟瞰图导出

　　至此就完成了整个效果图的制作与导出，在实际工作中如果需要显示动态的场景，可以在导出时选择菜单栏【文件】/【导出】/【动画】/【视频】，将整个场景导出为视频。

3.4.2　知识拓展

1. 立面图制作

　　步骤一：打开"小区中心游园场景－合并.skp"文件，单击菜单栏【工具栏】/【视图】，在对话框中找到【视图】选项勾选，或在工具栏右击，在弹出的菜单中选择【视图】，打开【视图】工具栏，如图3.4.12所示。

立面图制作

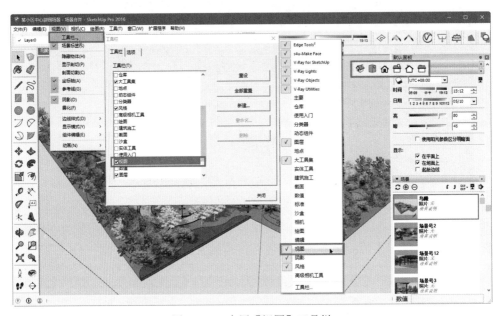

图3.4.12　启用【视图】工具栏

　　步骤二：单击【视图】工具栏上的左视图 工具，然后再单击【相机】/【平行投影】，将视图转换为正投影模式，此时就窗口中即显示整个场景的左立面，如图3.4.13所示。

图3.4.13　场景左立面

　　步骤三：根据设计表现要求可以选择其他立面，使用视图控制工具缩放到合适大小。然后将其渲染输出为二维图形保存。

2. 剖面图制作

　　步骤一：在工具栏中单击剖切面工具 ，在场景中绘制剖切面，调整剖切面的方向及位置，如图3.4.14所示。

剖面图制作

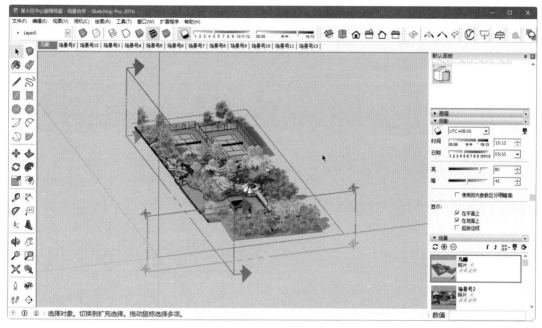

图 3.4.14　绘制剖切面

步骤二：根据表现要求使用移动工具 ✤ 将剖切面移动倒合适位置，然后采用立面图制作方法将视口转换为相应方向，如图 3.4.15 所示。

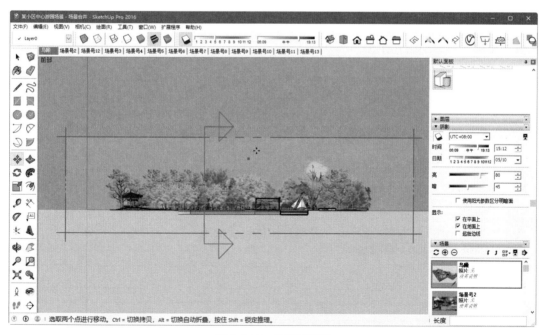

图 3.4.15　前剖面视图

步骤三：单击菜单栏【视图】/【显示剖切】，关闭剖切符号显示，即可对当前视口进行渲染输出，如图 3.4.16 所示。

图 3.4.16 关闭剖切符号显示

立面图和剖面图在渲染完成后可在 Photoshop 中进一步进行处理。

3.4.3 知识链接

SketchUp2016 提供了多种显示风格，【风格】工具面板包含了场景内的各类显示效果的编辑与修改，如图 3.4.17 所示。

图 3.4.17 【风格】工具面板

1. 选择风格样式

SketchUp2016 内置了 7 种风格样式类型，分别是"Style Builder 比赛优秀作品""手绘边线""混合风格""照片建模""直线""预设风格""颜色集"，每种风格类型包括若干风格样式，在设计中可以根据需要单击每个样式改变场景显示效果。

2. 风格样式编辑

在【风格】工具面板内单击【编辑】选项卡，显示五种不同的设置选项，单击每个选项可以对其进行单独设置。

1）边线设置。【边线设置】选项用于控制几何体边线的显示、隐藏、粗细及颜色，如图 3.4.18 所示。

2）平面设置。【平面设置】工具面板中包含六种表面显示模式，分别是"以线框模式显示""以隐藏线模式显示""以阴影模式显示""使用纹理显示阴影""使用相同的选项显示有着色显示的内容""以 X 光透视模式显示"。另外面板中还包括了平面显示的正面颜色和背面颜色修改如图 3.4.19 所示。

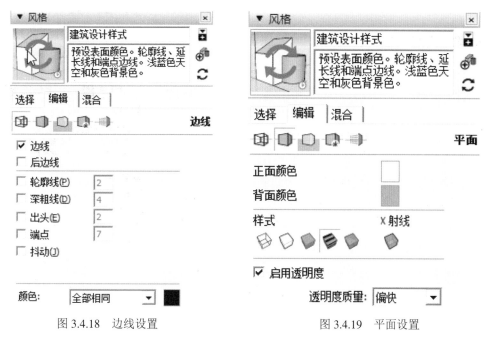

图 3.4.18　边线设置　　　　　　　　　图 3.4.19　平面设置

　　3）背景设置。【背景设置】工具面板中可以修改场景的背景色，也可以在背景中展示一个模拟大气效果的天空和地面，并显示地平线，如图 3.4.20 所示。

　　4）水印设置。【水印设置】工具面板可以在模型周围放置 2D 图像，用来创建背景，或者在带纹理的表面上（如画布）模拟绘画的效果。放在前景里的图像可以为模型添加标签，如图 3.4.21 所示。

图 3.4.20　背景设置

图 3.4.21　水印设置

5）模型设置。【模型设置】工具面板可以修改模型中的各种属性，例如，选定物体的颜色、被锁定物体的颜色等，还可以设置剖切线的宽度、使用照片匹配时前景照片和背景照片的不透明度，如图 3.4.22 所示。

3. 设置天空、地面与雾效

1）设置天空与地面。在 SketchUp2016 中，用户可以在背景中展示一个模拟大气效果的天空和地面，以及显示出地平线。

背景的效果可以在【风格】工具面板中编辑设置。单击【风格】工具面板，在【编辑】选项卡中单击【背景设置】按钮，即可对天空、地面的颜色等内容进行设置。

2）添加雾效。在 SketchUp2016 中可以为场景添加雾气环绕的效果。执行【窗口】/【雾化】菜单命令，打开【雾化】工具面板，在该面板内即可设置雾的浓度及颜色等。

图 3.4.22　模型设置

3.4.4　小试牛刀

根据书中提供的相关案例，上机练习场景相机设置及渲染出图操作。

任务 3.5 V-Ray渲染出图

SketchUp2016 中渲染输出的效果图在表现形式上与真实场景存在一定的差距，为提高表现力，能够更加真实反映设计内容，可以使用专用的渲染软件达到目的。在各种渲染软件中，V-Ray for SketchUp 是普及程度较高的渲染器（简称 VFS），利用它可以创建出逼真的场景效果。

使用 V-Ray for SketchUp 渲染器需要注意安装的版本要符合要求，本案例中使用的 V-Ray 版本为 4.1，支持 SketchUp2016 ～ 2020 版本。其他版本可根据需要进行安装。

【任务分析】

在任务 3.4 完成的"某居民小区中心游园"场景基础上，利用 VFS 调整材质、灯光等内容，完成鸟瞰效果图的渲染输出，如图 3.5.1 所示。

图3.5.1　某小区中心公园总平面图

3.5.1　工作步骤

1. 材质编辑

V-Ray材质编辑

原有场景中的材质使用的是SketchUp2016中自带材质，在V-Ray渲染中真实度较差，需要进一步调节。

步骤一：启动SketchUp2016，打开"小区中心游园场景　V-Ray渲染 .skp"文件，将视图移动到水面附近。单击V-Ray工具栏的资源编辑器图标 ，在弹出的对话框中单击 图标，如图 3.5.2 所示。

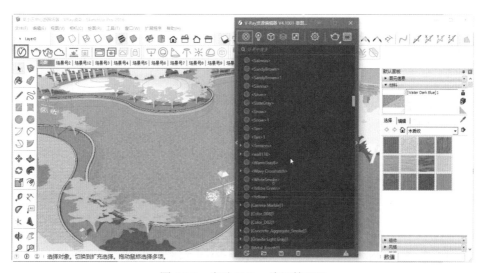

图 3.5.2　启动 V-Ray 资源管理器

步骤二：双击进入地形群组，使用材质工具 按住【Alt】键单击水面，将水面材质提取出来，此时在V-Ray材质编辑器中可以看到材质显示；然后单击资源管理器右侧箭头图标，弹出材质编辑框，如图3.5.3所示。

图3.5.3 提取水材质

步骤三：若默认的水材质没有表现出水的特点，可在材质编辑框内对水的材质做相应修改，如图3.5.4所示。在按照图3.5.5所示调节参数，并为水平添加波纹效果。最终的水面效果如图3.5.6所示。

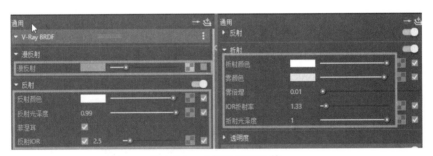

图3.5.4 水材质设置参数

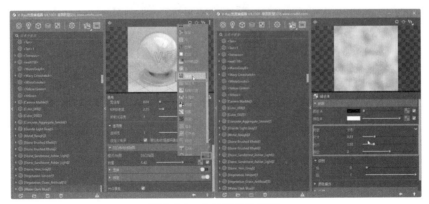

图3.5.5 水材质参数调节

图3.5.6 水面制作完成效果

提示

根据场景不同，对水的材质可以有不同的调节参数。

步骤四：在测试渲染中可以看出路沿颜色太暗（图3.5.7）。进入地形群组，使用材质工具提取材质，打开 V-Ray 材质编辑器，选择路沿材质【浅灰色花岗岩】，在【反射】面板中将【反射颜色】提高，再单击【漫反射】右边的贴图通道图标 ██，调节相应参数，如图3.5.8 所示。调节完成后效果如图3.5.9 所示。其他场景中不合理的材质利用上述方法进行调整。

图3.5.7 道路材质过暗

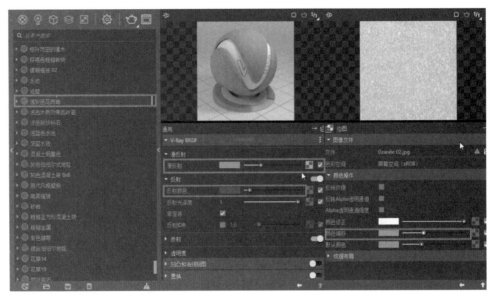

图 3.5.8 调节贴图亮度

图 3.5.9 路沿调节材质后效果

2. 代理树添加

渲染鸟瞰效果图时，2D 模型植物的表现效果较差，直接使用 3D 模型会导致计算机卡顿甚至死机，为解决这一问题，通常在场景中使用 V-Ray 代理植物 3D 模型。

步骤一：启动 SketchUp2016，打开一个 3D 植物模型，选中模型后单击 V-Ray 应用栏中的代理物体导出按钮 ，在弹出的对话框中设置文件保存位置，显示效果参数等，然后单击【Export】进行导出，如图 3.5.10 所示。

V-Ray代理树
添加

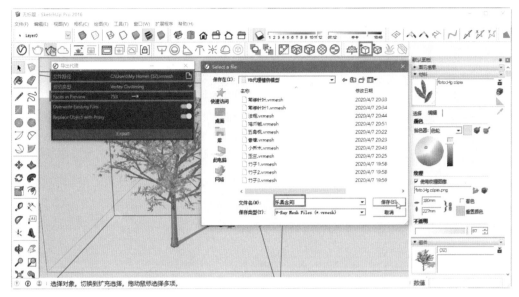

图 3.5.10　导出 V-Ray 代理物体

步骤二：将场景中的植物模型保存到已导出 V-Ray 代理物体的同一文件夹，按照植物名称命名，如"乐昌含笑 .skp"。

步骤三：打开完成材质编辑的场景，采用任务 3.3 中导入植物模型的方法，先将不需要的图层关闭，打开显示乔木的图层用以定位，如图 3.5.11 所示。在本案例中，只需要将近处的乔木使用 V-Ray 代理对象，其他部分使用 2D 模型。

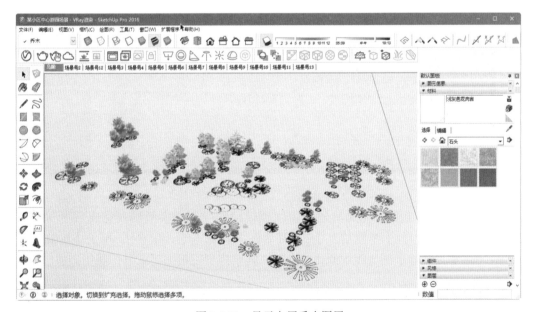

图 3.5.11　显示上层乔木图层

步骤四：执行【文件】/【导入】命令，在对话框中找到已保存的"五角枫 .skp"文件导入场景，然后根据定位将其进行复制，同时可以对其旋转、缩放效果如图 3.5.12 所示。

图 3.5.12　V-Ray 代理植物模型导入

测试渲染效果如图 3.5.13 所示。

图 3.5.13　代理植物导入后测试渲染效果

步骤五：重复以上步骤完成其他植物代理模型的导入。模型导入完成后可对模型进行清理，单击【窗口】/【模型信息】，在对话框中选择【统计信息】，单击【清除未使用项】。在本书中只创建了部分乔木的代理模型，其余模型可根据要求自行制作完成。

3. 场景布光

步骤一：设置太阳角度与方位。根据需要渲染的效果表现，在【阴影】面板中调节日期与时间，然后进行渲染测试，如图 3.5.14 所示。

场景布光

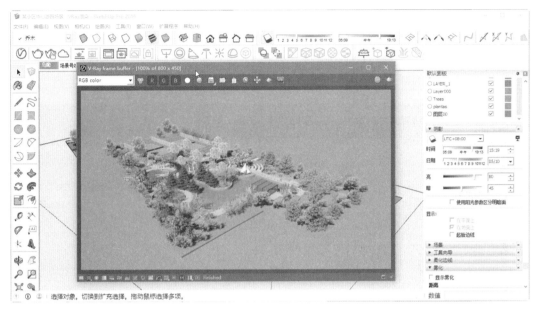

图 3.5.14 设置环境光

步骤二：根据不同场景角度选择合适的阴影参数。

4. 渲染

步骤一：点击 V-Ray 资源管理器，切换到【设置】界面，打开【渲染输出】卷展栏，此处可以设置渲染图像的大小与比例。打开【渲染安全框】选项，在视口中显示的暗色部分是在渲染时不会渲染的部分，明亮部是能够被渲染的部分，如图 3.5.15 所示。

V-Ray渲染出图

图 3.5.15 渲染输出设置

步骤二：先设置一个较低的图像尺寸进行测试，如效果满足要求，则在【渲染输出】中设置较大的渲染尺寸，得到最终的渲染图像。渲染完成后单击渲染窗口的【保存图像】将图像保存，根据需要选择格式，图 3.5.16 所示。保存的图像可继续在其他软件中进行进一步调色（如 Photoshop）。

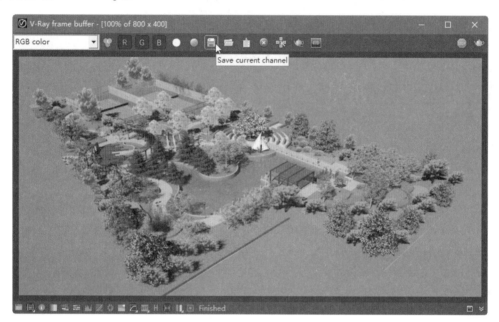

图 3.5.16　保存渲染图像

其他角度渲染效果示例如图 3.5.17 和图 3.5.18 所示。

图 3.5.17　局部渲染效果（一）

图 3.5.18　局部渲染效果（二）

3.5.2　知识拓展

夜景效果图制作步骤如下。

步骤一：将场景中不必要的图层关闭，只保留园林灯具层可见。然后双击进入庭园灯组件，如图 3.5.19 所示。

夜景效果图制作

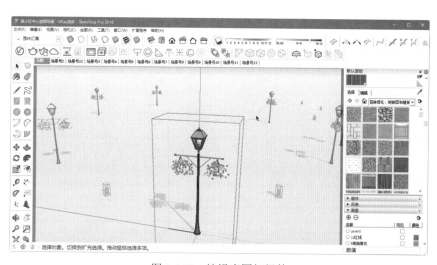

图 3.5.19　编辑庭园灯组件

步骤二：点击 V-Ray 灯光工具栏中的泛光灯工具【Omni light】※，在庭园灯的灯泡位置创建一个泛光灯，并将其移动到灯泡中间位置，如图 3.5.20 所示。

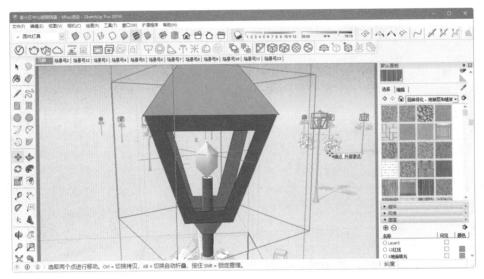

图 3.5.20 创建光源

步骤三：进入庭园灯组件，打开 V-Ray 资源管理器，单击左侧箭头打开材质库，选择发光材质并将其拖动到编辑框内，然后调整其参数，再将材质赋予灯泡对象，参数设置如图 3.5.21 所示。

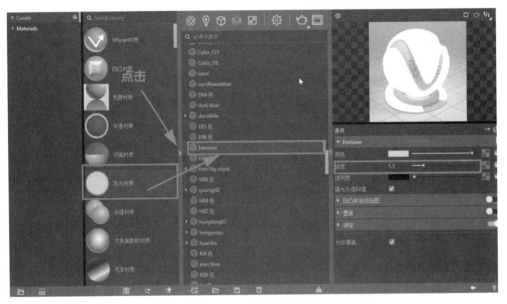

图 3.5.21 灯泡材质制作

步骤四：在【阴影】工具面板中将【时间】调节到最右侧，打开 V-Ray 资源编辑器，切换到【设置】选项，单击【环境】选项卡，将【背景】值修改为 0.3，如图 3.5.22 所示。

步骤五：切换到【灯光设置】工具面板，选择泛光灯，将其【强度】值修改为 30，【颜色】选择淡米黄色，如图 3.5.23 所示。

步骤六：选择合适的角度进行渲染测试，效果如图 3.5.24 所示。

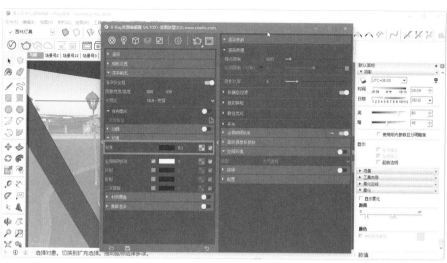

图 3.5.22　修改环境参数

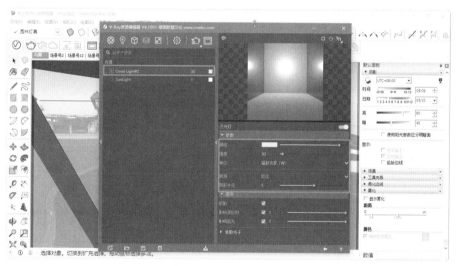

图 3.5.23　灯光参数设置

图 3.5.24　夜景渲染测试效果

步骤七：如效果达不到要求，可继续进行修改完善，然后设置渲染尺寸进行渲染输出。

3.5.3　知识链接

1.　V-Ray 工具栏

（1）V-Ray for SketchUp

常用工具简介如下。

⊘资源编辑器

渲染开关

交互渲染开关

☁ Chaos Cloud

视口渲染

视口渲染区域

渲染输出框

批量渲染

（2）V-Ray Lights

矩形面片灯

球形灯光

聚光灯

IES 光域网灯光

※泛光灯

半球灯

模型灯光：将 SU 内部模型转化为发光体（此模型必须成组后在转化为发光源）

（3）V-Ray Objects

实体显示 V-Ray 物体

关闭 V-Ray 物体显示

清除材质

世界坐标贴图

适配三面贴图

球形世界贴图

适配球形贴图

（4）V-Ray Utilities

无限平面物体

代理物体导出

代理物体导入

制作 V-Ray 毛发

转化为 V-Ray 集

2. 材质、灯光、渲染设置通用编辑器（图3.5.25）

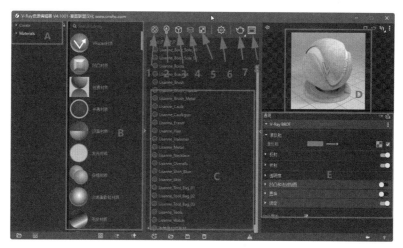

图 3.5.25　材质、灯光、渲染设置通用编辑器

1）材质选项卡：显示场景所有基于 V-Ray 的材质。

2）灯光列表：显示场景中所有 V-Ray 灯光。

3）V-Ray 组件列表：显示 V-Ray 渲染器独占的物体，如代理物体（无限平面、毛发）。

4）渲染通道选项卡：显示场景中所有 V-Ray 的渲染通道。

5）贴图选项卡：显示场景中可用的 V-Ray 贴图。

6）渲染设置选项卡：在此可以设置重要的 V-Ray 渲染设置。

7）渲染方式选项卡：进行渲染或者切换渲染方式。

8）渲染帧窗口：打开 V-Ray 渲染帧窗口。

A：预制材质库：预制了常用的材质和贴图。

B：V-Ray 库列表：显示可以使用的材质、灯光、贴图等。

C：材质列表：显示场景中可用的材质。

D：材质预览：显示选中材质的渲染效果。

E：材质调节参数：对当前选中材质可用的调节参数。

3. V-Ray 材质重点参数

（1）漫反射（图3.5.26）

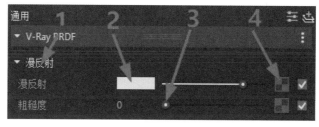

图 3.5.26　漫反射工具面板

1)【漫反射】：材质本身颜色。

2）拾色器可以直接拾取任意颜色作为漫反射颜色。

3)【粗糙度】：用来改变物体表面的粗糙程度。

4）贴图通道，单击弹出菜单，选择相应用贴图，然后启用开关。

（2）反射（图 3.5.27）

1)【反射颜色】：当为黑色代表没有反射，当颜色是白色代表反射最强。

2)【反射光泽度】：默认 1.0 代表完全光滑，没有高光点。如果这个值越接近 1 代表这个物体越光滑，反之则越粗糙。

3)【菲涅尔】：模拟现实中一种真实存在的反射衰减。一般情况下是勾选上的，只有做不锈钢或者镜子才选该选项。

4)【反射 IOR】：数值越大反射越强。

（3）折射（图 3.5.28）

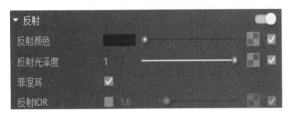 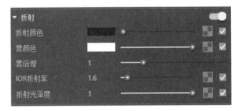

图 3.5.27 反射工具面板 　　图 3.5.28 折射工具面板

1)【折射颜色】：黑色表示不透明，白色完全透明，有折射效果。

2)【雾颜色】：物体内部颜色。

3)【雾倍增】：控制内部颜色强度。

4)【IOR】：折射率（水：1.33；玻璃：1.6，默认的是玻璃）。

5)【折射光泽度】：影响物体透明度。

4. V-Ray 灯光设置

（1）太阳光设制（图 3.5.29）

1）在 SketchUp2016 中调整阴影面板，调节太阳光位置。

2）在 V-Ray 灯光列表中选择【SunLight】工具，在右侧打开控制选项进行调节；单击【SunLight】前面的图标可以关闭太阳光。

3）参数中的【颜色】控制太阳的颜色，【强度倍增】控制阳光强度。

4)【尺寸倍增】：控制太阳大小。

5)【混浊度】：控制天空晴朗程度。

6)【臭氧】：控制阳光颜色冷暖效果。

图3.5.29　太阳光设置常用参数

（2）灯光设置

1）面片灯（图3.5.30）。

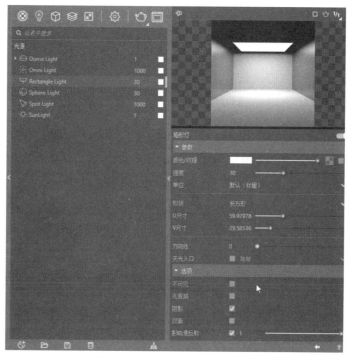

图3.5.30　面片灯设置常用参数

①【颜色 / 纹理】: 灯光的颜色及是否用纹理进行照明。

②【强度】: 灯光亮度。

③【单位】: 光强单位选项。

④【U/V 尺寸】: 灯光的长宽大小。

⑤【方向性】: 改变灯光照射范围。

⑥【不可见】: 在渲染时是否渲染灯光物体本身。

⑦【无衰减】: 灯光不会随距离衰减。

⑧【阴影】: 灯光产生投影。

⑨【双面】: 灯光向两面发光。

2）球形灯光。球形灯光没有形状参数，其余参数与面片灯光基本相同。

3）聚光灯（图 3.5.31）。SU 内部特有的 V-Ray 灯光，没有发光体积。可模拟舞台灯效果，当射灯使用。

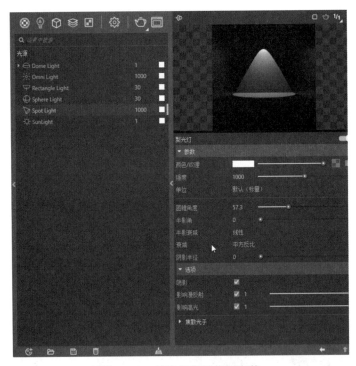

图 3.5.31　聚光灯设置常用参数

①【圆锥角度】: 聚光灯锥形开口大小。

②【半影角】: 控制灯光减弱范围。

③【衰减】: 控制灯光衰减方式。

4）IES 光域网灯光（图 3.5.32）。模拟自带焦散的射灯效果，常用在室内的射灯、筒灯，室外可用来表现射灯效果。

5）泛光灯。没有指向性的光源。

6）穹顶灯（图 3.5.33）。模拟无限大的穹顶照明，常用于夜景和 IBR 照明（图片照明）。

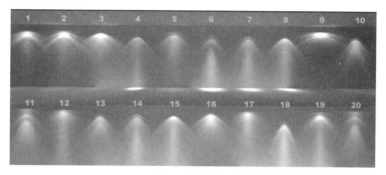

图 3.5.32　光域网灯光照射效果

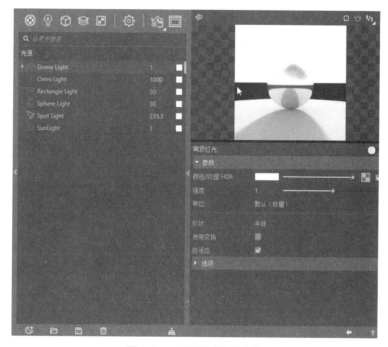

图 3.5.33　穹顶灯设置参数

5.　渲染设置（图 3.5.34）

1)【渲染引擎】：选择渲染使用的硬件。

2)【互动模式】：一般将其关闭，开启后电脑配置低容易死机。

3)【渲染质量】：快速选择渲染最后的图像质量。

4)【相机设置】：设置相机相关参数，不建议更改参数，默认即可;【景深】控制渲染图像的焦距远近效果。

5)【渲染安全框】：显示视图中可被渲染的区域，建模时可关闭。

6)【图像宽度 / 高度】：设置图像尺寸;【长宽比】：控制图像长宽比例。

7)【保存图片】：图像渲染完成后保存到一个指定文件路径。

8)【环境】：控制渲染时环境照明效果，默认有 V-Ray 天空贴图，一般保持默认。

9）【渲染参数】：控制渲染图像的质量，一般可保持默认。

10）【全局照明】：控制使用的渲染算法，一般保持默认。

11）【空间环境】：控制环境渲染效果，根据渲染图像不同进行调整。

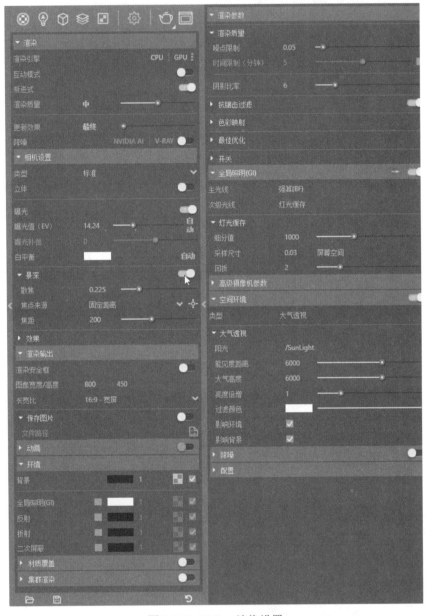

图 3.5.34　V-Ray 渲染设置

3.5.4　小试牛刀

根据本任务提供的场景文件，使用 V-Ray 渲染器进行上机渲染实训操作。

任务 $\mathcal{3.6}$ 鸟瞰效果图后期处理

【任务分析】

通过 3ds Max 进行裸模型渲染，结合 Adobe Photoshop 后期效果处理技巧对裸模型中景观元素进行添加，对其鸟瞰效果图的前景、中景（设计重点）、背景分别处理，最终完成对比效果如图 3.6.1 和图 3.6.2 所示。

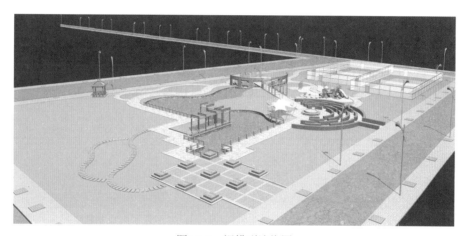

图3.6.1 裸模型渲染图

图3.6.2 Adobe Photoshop后期处理图

在绘制鸟瞰效果后期处理时，要注意模型渲染图选取的鸟瞰角度，可以直接表达该场景的鸟瞰效果。首先要分析制作该鸟瞰效果图的流程，即绘制各个部分相互之间的前后顺序，高效地绘制该效果图，在实际工作中能够大大地提高工作效率。以此项目为例，大致分为以下几个流程。

1）鸟瞰效果图分析与构图处理。

2）大环境处理。

3）行道树处理。

4）树阵广场处理。

5）水面处理。

6）景观大树与树群处理。

7）上层乔木处理。

8）色叶植物与地被植物处理。

9）人车等配景素材处理与整体调整。

鸟瞰效果图后期
处理流程及注意
问题

提示

1）大环境处理：主要以草坪和外部植物群落为主，在整个鸟瞰效果图中占了较大的比例，特别要注意对素材的选择。

2）行道树、树阵广场处理：这两个部分的处理要特别注意模型渲染的透视角度，且处于效果图近景部分，表现强烈的视觉冲击感，确保与大环境的尺度、透视关系等保持协调；

3）水面处理：处于效果图中心位置的水面景观，要特别注意水面与周围景观的处理，要考虑水面与驳岸之间的衔接，结合放置景石、水生植物等技巧方法，还原大自然真实环境；

4）植物处理：要充分考虑常绿与落叶植物、观花与观叶植物、宿根花卉与地被植物进行结合，注意搭配层次、季相变化、错落有致等种植原则，使得更加自然；

5）整体调整：整体对鸟瞰效果图的调整时，可以适当增加一些烘托气氛的素材进行叠加，使得鸟瞰效果图不再单一。

鸟瞰效果图后期处理工作步骤如下。

1. 鸟瞰效果图分析与构图处理

（1）效果图分析

按照整体设计，主要对以下景观进行处理。

1）主入口的树阵广场。

2）中心水景及驳岸处理。

3）绿篱迷宫广场。

4）网球运动场。

以上是整个鸟瞰效果图的主要组成部分，其中最难、最重要的是对1）、2）的处理。

（2）构图处理

步骤一：将"鸟瞰渲染.jpg"拖拽到 Adobe Photoshop 中，在【图层】面板中双击图层

鸟瞰效果图的分
析与构图处理

进行解锁，命名为"底层"，然后单击【确认】按钮，如图 3.6.3 所示。

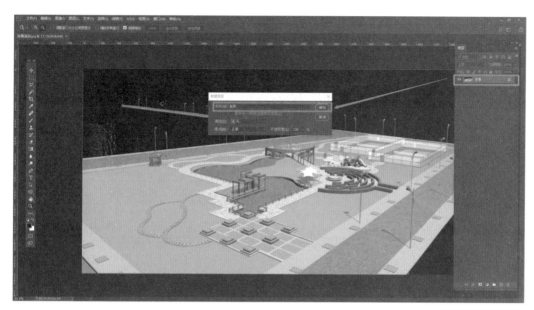

图3.6.3　打开渲染图

步骤二：执行【新建图层】命令（快捷键【Ctrl+Shift+N】），并将其命名为"图框"，完成效果如图 3.6.4 所示。

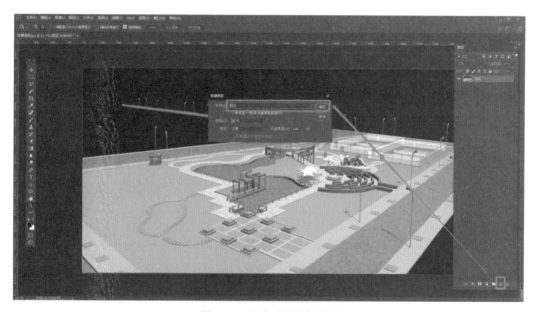

图3.6.4　新建【图框】图层

步骤三：在【图层】面板中选择【图框】，执行【框选工具】命令（快捷键【M】），按住【Shift】键加选选区，在【拾色器】面板中设置前景色（R:0,G:0,B:0），执行【填充前景色】命令（快捷键【Alt+Del】），再取消蚂蚁线（快捷键【Ctrl+D】），完成效果如图 3.6.5 所示。

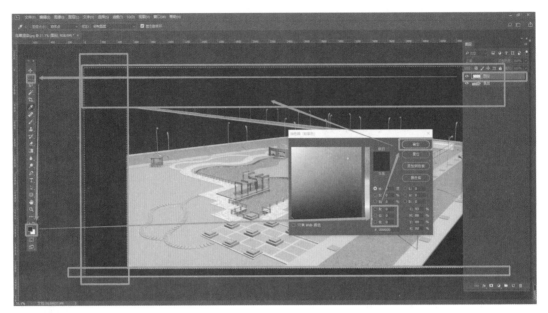

图 3.6.5　填充【图框】图层

步骤四：在【图层】面板中选中【底层】，执行魔棒工具命令（快捷键【W】），设置容差值为"3"，按住【Shift】键加选选区，执行删除命令（快捷键【Del】），再取消蚂蚁线（快捷键【Ctrl+D】），完成效果如图 3.6.6 所示。

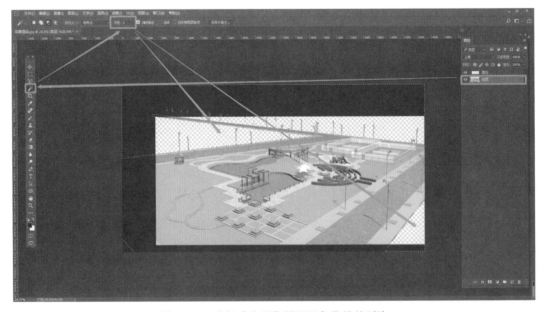

图 3.6.6　选择【底层】图层黑色背景并删除

步骤五：执行裁剪工具命令（快捷键【C】），按照前面所述的构图，裁剪多余部分，完成效果如图 3.6.7 所示。

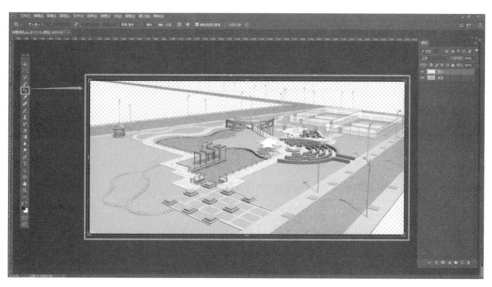

图 3.6.7 裁剪后效果

步骤六：执行图像大小命令（快捷键【Ctrl+Alt+I】），设置分辨率为"120 像素 / 英寸"，再单击【确定】按钮，完成效果如图 3.6.8 所示。

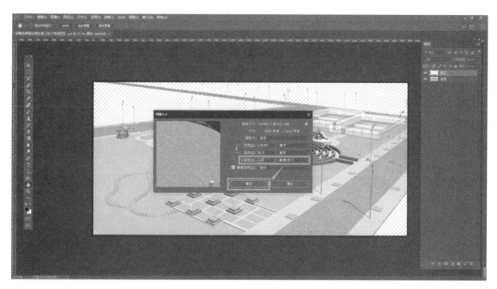

图3.6.8 设置分辨率

2. 大环境处理

（1）草坪处理

步骤一：在【图层】面板中选中【底层】，执行框选工具命令（快捷键【M】），按住【Shift】键加选选区；执行吸管工具（快捷键【I】）命令；填充前景色（快捷键【Alt+Del】），再取消蚂蚁线（快捷键【Ctrl+D】），完成效果如图 3.6.9 所示。

大环境处理

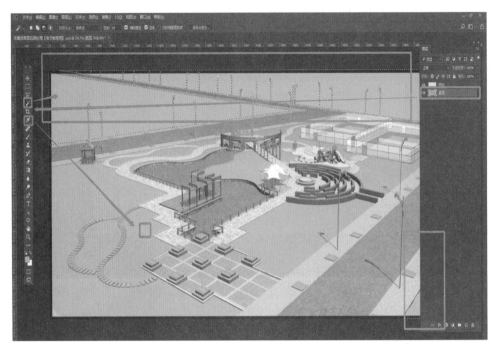

图 3.6.9　　填充草坪颜色

步骤二： 在【图层】面板中选中【底层】，执行框选工具命令（快捷键【M】），按住【Shift】键加选选区，完成效果如图 3.6.10 所示（粉红色显示区域）。要仔细选择区域，不要遗漏区域。

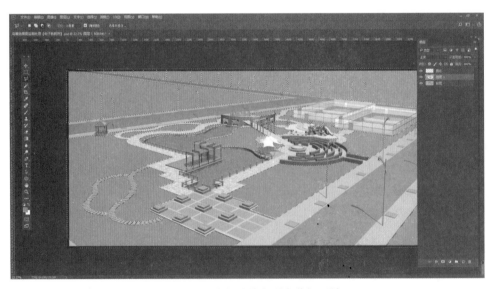

图 3.6.10　　选择并填充所有草坪区域

步骤三： 将草地素材拖拽到 Adobe Photoshop 中，执行全选（快捷键【Ctrl+A】）工具命令，再进行复制（快捷键【Ctrl+C】），然后切换至效果图文件，进行"粘贴入"操作（快捷键【Ctrl+Shift+Alt+V】），完成效果如图 3.6.11 所示。

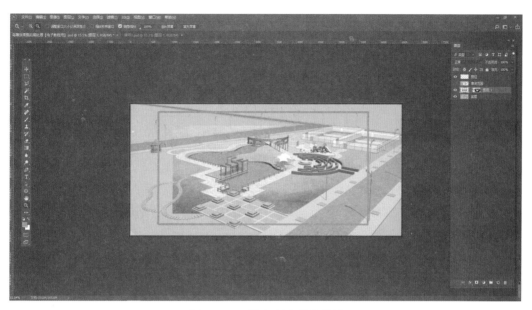

图 3.6.11　贴入真实草地素材

　　步骤四：执行变换工具命令（快捷键【Ctrl+T】），按住【Shift+Alt】键进行中心等比缩放到适合大小，并且调整适当位置和角度，完成后命名为"草坪 1"，完成效果如图 3.6.12 所示。

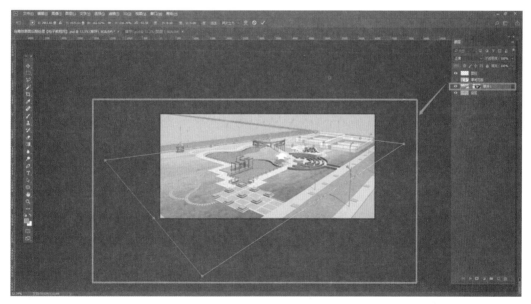

图 3.6.12　调整后的草坪效果

　　步骤五：按上述步骤二至步骤四操作，完成外部环境草地范围，命名为"草坪 2"，完成效果如图 3.6.13 所示。

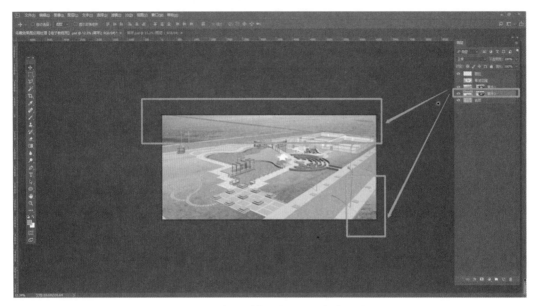

图 3.6.13 采用同样方法处理后的草坪效果

（2）道路处理

步骤一：在【图层】面板中选中【底层】，执行魔棒工具命令（快捷键【W】），设置容差值为"30"（随时改变设置容差值），按住【Shift】键加选选区，并结合套索工具（快捷键【L】），按住【Alt】键对不属于道路部分进行选择即可，完成效果如图 3.6.14 所示（粉红色显示区域）。

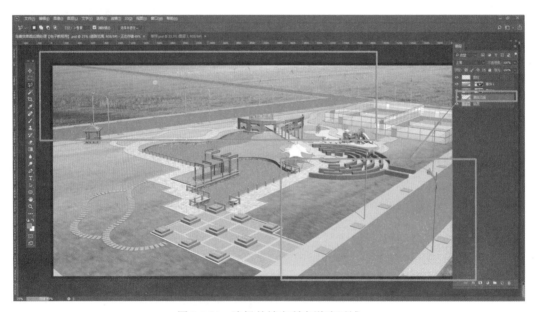

图 3.6.14 选择并填充所有道路区域

步骤二：执行【新建图层】命令（快捷键【Ctrl+Shift+N】），并将其命名为"路面"，在【拾色器】面板中设置前景色（R：255，G：255，B：255），完成效果如图 3.6.15 所示。

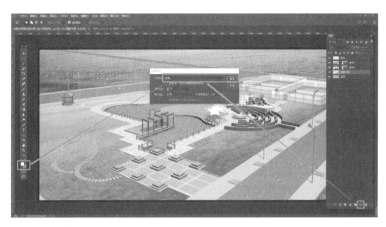

图 3.6.15 新建路面图层

步骤三：执行渐变工具命令（快捷键【G】），选择"由有到无"序列，按从左至右的方向操作，选择取消蚂蚁线（快捷键【Ctrl+D】），完成效果如图 3.6.16 所示。

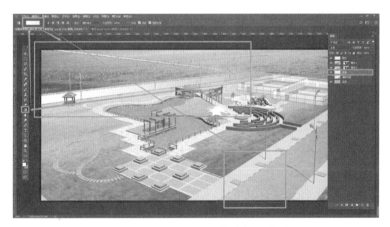

图 3.6.16 路面执行渐变填充后效果

步骤四：在【图层】面板中设置图层不透明度为"30%"，完成效果如图 3.6.17 所示。

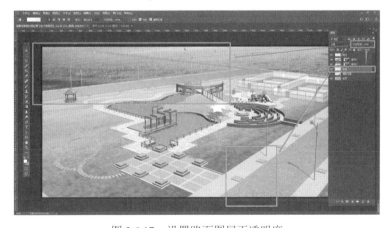

图 3.6.17 设置路面图层不透明度

（3）背景植物

步骤一: 将背景树丛素材拖拽到 Adobe Photoshop 中，命名为"远处树丛"，置于"草坪"之上；执行变换工具命令（快捷键【Ctrl+T】），按住【Shift+Alt】键进行中心等比缩放到适合大小，并且调整适当位置和角度，完成效果如图 3.6.18 所示。

图 3.6.18　置入背景植物

步骤二: 执行橡皮擦工具命令（快捷键【E】），调出【画笔】面板（快捷键【F5】），选择柔边笔刷，在英文输入法状态下按住键盘上的"【"和"】"调整画笔大小，以便于适当擦除图元，并对其进行过渡衔接，完成效果如图 3.6.19 所示。

图 3.6.19　柔化背景植物边界

步骤三: 执行复制图层工具命令（快捷键【Ctrl+J】），并结合变换工具（快捷键【Ctrl+T】），按住【Shift+Alt】键进行中心等比缩放到适合大小，同时调整适当位置和水平翻转，完成效果如图 3.6.20 所示。

图 3.6.20　复制和调整背景植物

3. 行道树处理

步骤一：执行【新建图层】工具命令（快捷键【Ctrl+Shift+N】），并将其命名为"辅助线"，选择画笔工具（快捷键【B】），在【拾色器】面板中设置前景色（R：255，G：0，B：0），画笔大小设置为"15"，单击起始点，按住【Shift】键至终点；执行变换工具命令（快捷键【Ctrl+T】），进行变换并调整适当位置，完成效果如图 3.6.21 所示。

行道树的处理

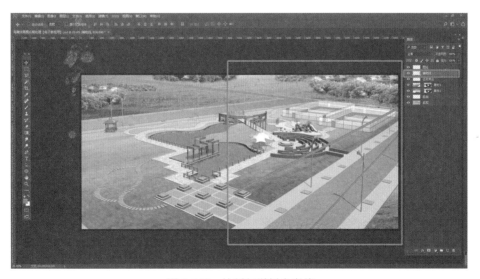

图 3.6.21　绘制行道树参考线

步骤二：将行道树素材拖拽到 Adobe Photoshop 中，命名为"行道树"；执行变换工具命令（快捷键【Ctrl+T】），同时按住【Shift+Alt】键进行中心等比缩放到适合大小，并且调整适当位置，完成效果如图 3.6.22 所示。

图 3.6.22　置入行道树并调整大小

步骤三：在【图层】面板中新建"组"，命名为"行道树 1"，将图层"行道树"放入新建组"行道树 1"中，完成效果如图 3.6.23 所示。

图 3.6.23　创建组

步骤四：进行复制图层（快捷键【Ctrl+J】），将素材范围全选，在【拾色器】面板中设置前景色（R：0，G：0，B：0），然后填充前景色（快捷键【Alt+Del】），选择取消蚂蚁线（快捷键【Ctrl+D】），将文件命名为"行道树 阴影"并置于"行道树"之下，完成效果如图 3.6.24 所示。

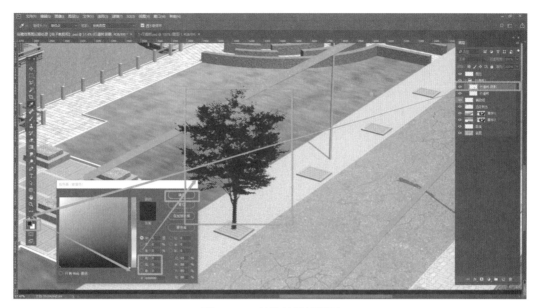

图 3.6.24 制作行道树阴影

步骤五：执行变换工具命令（快捷键【Ctrl+T】），按住【Shift+Alt】键进行中心等比缩放到适合大小，并进行透视变换，其阴影方向可参考环境中高杆灯的阴影，完成效果如图 3.6.25 所示。

图 3.6.25 调整行道树阴影位置

步骤六：在【图层】面板中设置图层不透明度为"30%"，并调整至合适位置，执行合并图层工具命令（快捷键【Ctrl+E】），将行道树及其阴影合并，完成效果如图 3.6.26 所示。

步骤七：按上述方法将行道树进行处理，结合执行变换工具命令（快捷键【Ctrl+T】），按照辅助线方向进行绘制，绘制时注意图层位置，完成效果如图 3.6.27 和图 3.6.28 所示。

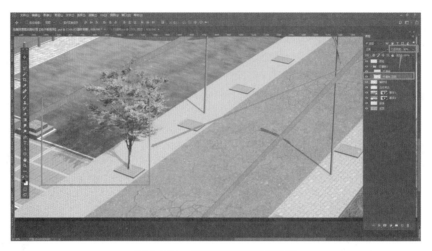

图 3.6.26　设置行道树阴影效果

图 3.6.27　复制并调整后行道树效果

图 3.6.28　复制并调整远处行道树效果

4. 树阵广场处理

步骤一：将地被草花素材拖拽到 Adobe Photoshop 中，命名为"地被 – 树阵广场"；执行变换工具命令（快捷键【Ctrl+T】），按住【Shift+Alt】键进行中心等比缩放到适合大小，并且调整适当位置，并注意透视方向，完成 树阵广场的处理效果如图 3.6.29 所示。

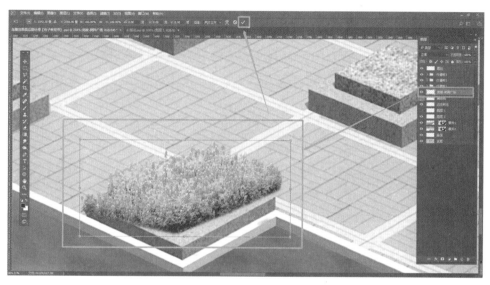

图 3.6.29　置入地被草花

步骤二：在【图层】面板中将其图层不透明度设置为"50%"，执行套索工具命令（快捷键【L】），设置羽化值为"5"，删除多余的地被草花（快捷键【Del】），完成效果如图 3.6.30 所示。

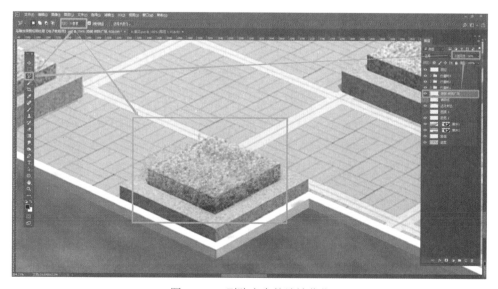

图 3.6.30　删除多余的地被草花

步骤三：在【图层】面板中将其图层不透明度设置恢复至"100%"，执行套索工具命令（快捷键【L】），设置羽化值为"5"；执行【色相/饱和度】命令（快捷键【Ctrl+U】），设置明度值为"–25"，完成效果如图3.6.31所示。

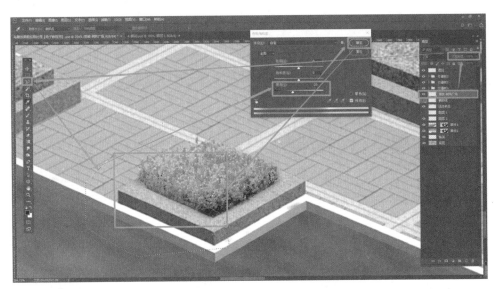

图3.6.31　调整地被草花的【色相/饱和度】

步骤四：执行选择复制（【Alt】键拖动）结合变换工具（快捷键【Ctrl+T】）、移动工具（快捷键【V】），复制图层（快捷键【Ctrl+J】）等将树阵广场图完成，并注意透视方向，完成效果如图3.6.32所示。

图3.6.32　复制地被草花

步骤五：将银杏素材拖拽到Adobe Photoshop中，命名为"地被–树阵广场"；执行变换工具命令（快捷键【Ctrl+T】），按住【Shift+Alt】键进行中心等比缩放到适合大小，并且调整适当位置，并注意透视方向（添加辅助线方法详见"行道树处理"）；在【图层】面板中新建"组"，命名为"树阵广场"，将图层"行道树"放入新建组"树阵广场"，完成效果如图3.6.33所示。

图3.6.33　处理后的树阵广场效果

5. 水面处理

（1）水体处理

步骤一：在【图层】面板中关闭组"树阵广场"，选中【底层】，使用魔棒工具（快捷键【W】）并结合套索工具（快捷键【L】）提高水体水位标高。按住【Shift】键加选选区，设置羽化值为"2"，完成效果如图3.6.34所示（红色显示区域）。

水面的处理

图3.6.34　选择水面区域并填充

步骤二：将水体素材拖拽到 Adobe Photoshop 中，并进行复制（快捷键【Ctrl+C】），在效果图文件中进行"粘贴入"（快捷键【Ctrl+Shift+Alt+V】）；执行变换工具命令（快捷键【Ctrl+T】），按住【Shift+Alt】键进行中心等比缩放到适合大小，并且调整适当位置，完成后命名为"水体"，完成效果如图 3.6.35 所示。

图 3.6.35　贴入水体素材

步骤三：在【图层】面板中选择【水体】，执行仿制图章工具（快捷键【S】），按住【F5】键调出【画笔】面板中柔边笔刷，在英文状态下的键盘上按住"【"和"】"调整画笔大小，并按住【Alt】键拾取附近相似图元，完成效果如图 3.6.36 所示。

图 3.6.36　水面周边细节处理

（2）水生植物

步骤一：将水生植物素材拖拽到 Adobe Photoshop 中，命名为"驳岸"，适当调整图层位置，执行框选工具命令（快捷键【M】），再进行剪切复制图层（快捷键【Ctrl+Shift+J】），选择变换工具（快捷键【Ctrl+T】），按住【Shift+Alt】键进行中心等比缩放到适合大小，并且调整适当位置，完成效果如图 3.6.37 所示。

图 3.6.37 置入水生植物并调整大小和位置

步骤二：复制图层（快捷键【Ctrl+J】），选择变换工具（快捷键【Ctrl+T】）进行水平翻转（右击），直至调整到合适位置和大小，完成效果如图 3.6.38 所示。

图 3.6.38 复制并调整水生植物

步骤三：选择变换工具（快捷键【Ctrl+T】），按住【Shift+Alt】键进行中心等比缩放到适合大小，并且调整适当位置；使用橡皮擦工具（快捷键【E】），按住【F5】键调出【画笔】

面板中柔边笔刷，在英文状态下的键盘上按住"【"和"】"调整画笔大小，擦除多余图元，完成效果如图 3.6.39 所示。

图 3.6.39 删除和柔化边界

步骤四：按照上述方法，将水生植物制作完成。管理好在制作过程中所产生的图层，以便后期进行修改，在【图层】面板中新建组，命名为"驳岸处理"，完成效果如图 3.6.40 所示。

图 3.6.40 采用同样的方法处理其他的驳岸

（3）倒影处理

步骤一：执行加深减淡工具命令（快捷键【O】），选择【加深工具】，对滨水景石在水中的倒影部分进行加深处理，加深完成效果如图 3.6.41 所示。

图 3.6.41　加深驳岸倒影效果

步骤二： 滨水廊架在水中的倒影按步骤一所述方法进行处理，处理的效果如图 3.6.42 所示。特别要说明的是，在本案例中后面所出现的水中倒影的处理方法不再赘述。

图 3.6.42　加深廊架倒影效果

6. 景观大树与树群处理

步骤一： 将景观大树素材拖拽到 Adobe Photoshop 中，命名为"景观大树"，适当调整图层位置，使用变换工具（快捷键【Ctrl+T】），按住【Shift+Alt】键进行中心等比缩放到适合大小，并且调整适当位置（绿篱迷宫的圆形树池处），完成效果如图 3.6.43 所示。

景观大树与
树群的处理

图 3.6.43 置入景观大树并调整到合适的大小

步骤二：复制图层（快捷键【Ctrl+J】），全选素材（Ctrl+单击图层缩略图），在【拾色器】面板中设置前景色（R：0，G：0，B：0），然后填充前景色（快捷键【Alt+Del】）；再取消蚂蚁线（快捷键【Ctrl+D】），完成效果如图 3.6.44 所示。

图 3.6.44 填充景观大树阴影

步骤三：使用变换工具（快捷键【Ctrl+T】），进行透视变换【Ctrl】，在【图层】面板中设置图层不透明度为"50%"，效果如图 3.6.45 所示。

图 3.6.45 调整景观大树的阴影

步骤四：将草花地被（紫）素材拖拽到 AdobePhotoshop 中，命名为"草花地被"，适当调整图层位置，选择变换工具（快捷键【Ctrl+T】），按住【Shift+Alt】键进行中心等比缩放到适合大小，并且调整适当位置（绿篱迷宫的圆形树池处），完成效果如图 3.6.46 所示。

图 3.6.46 置入草花地被

步骤五：在【图层】面板中选择【草花地被】，设置图层不透明度为"50%"，执行套索工具命令(快捷键【L】)进行选择多余图元，设置羽化值为"2"，按住【Del】键删除多余图元，完成效果如图 3.6.47 所示。

图 3.6.47 删除多余的草花区域

步骤六：在【图层】面板中设置不透明度为"100%"，使用橡皮擦工具（快捷键【E】）和调出【画笔】面板（快捷键【F5】），选择柔边笔刷，在英文状态下的键盘上按住"【"和"】"调整画笔大小，对其进行过渡衔接，完成效果如图 3.6.48 所示。

图 3.6.48 柔化植物边界

步骤七：其余素材处理方法可按照上述步骤进行处理，并结合执行【色相 / 饱和度】工具命令（快捷键【Ctrl+U】），管理好在制作过程中所产生的图层，以便后期进行修改，完成效果如图 3.6.49 所示。

图 3.6.49　执行【色相／饱和度】后效果

7. 上层乔木处理

参照"景观大树与树群处理"所述的方法进行制作，在处理素材的过 程中要注意以下几点问题。

上层乔木的处理

1）素材光影关系：光影关系要大致符合模型渲染的光影关系，可在图 纸中寻找参照物。

2）素材尺度把握：可以在图纸中寻找参照物进行对素材尺度的控制。

3）图层次序：要把握植物的前后关系，调整图层的位置关系，设置图层不透明度等方 法进行加以解决。

4）素材颜色微调：可以执行【色相／饱和度】（快捷键【Ctrl+U】）、曲线工具（快捷键 【Ctrl+L】）、色彩平衡（快捷键【Ctrl+B】）等命令进行调整素材的颜色倾向，完成效果如 图 3.6.50 所示。

图 3.6.50　上层乔木处理完成后的效果

8. 色叶植物与地被处理

参照"景观大树与树群处理"和"上层乔木处理"所述的方法进行制作，完成效果如图 3.6.51 所示。

图 3.6.51　色叶植物与地被处理完成后效果

9. 人车物等配景处理与整体调整

步骤一：将汽车素材拖拽到 Adobe Photoshop 中，命名为"汽车 1"，适当调整图层位置，执行变换工具命令（快捷键【Ctrl+T】），按住【Shift+Alt】键进行中心等比缩放到适合大小，并且调整适当位置，完成效果如图 3.6.52 所示。

图 3.6.52　置入汽车并调整位置和大小

步骤二：执行加深减淡工具命令（快捷键【O】）；选择"加深工具"，对汽车底部的阴影部分进行加深处理，加深完成效果如图3.6.53所示。

图3.6.53　制作汽车阴影

步骤三：按照上述方法将汽车素材添加到效果图中，完成效果如图3.6.54所示。

图3.6.54　制作其他汽车效果

步骤四：按照上述方法将人物素材处理完成，阴影部分处理参照"景观大树与树群处理"所述的步骤二、步骤三执行，完成效果如图3.6.55所示。

图3.6.55 置入人物素材

步骤五：将雾化素材拖拽到 Adobe Photoshop 中，命名为"雾化"，适当调整图层位置，执行变换工具命令（快捷键【Ctrl+T】），按住【Shift+Alt】键进行中心等比缩放到适合大小，并且调整适当位置，完成效果如图 3.6.56 所示。

图3.6.56 添加雾化效果

───────────── 项目总结 ─────────────

　　本项目以"某小区中心游园景观设计平面图 .dwg"为载体，详细介绍了 AutoCAD 图形整理、输出并导入到 SketchUp2016 的方法。

　　使用 SketchUp2016 制作小区中心游园场景，展示了整体地形制作、材质制作、园林景观建筑小品导入与制作、植物组件加入等详细操作过程。

　　在项目实施过程中还详细介绍了 SketchUp2016 工具的操作方法及相关插件的安装与使用方法，为后续学习提供准备。

　　在渲染图像内容中介绍了渲染出图的风格设置、天空与地面及环境雾效，立面图、剖面图的渲染设置方法，V-Ray 渲染器的使用方法。

　　通过本项目的学习，可使学生初步掌握园林景观 SketchUp 效果图制作的常用方法、技巧和流程。

───────────── 挑 战 自 我 ─────────────

　　1. AutoCAD 图形整理、输出并导入到 SketchUp 软件的方法。

　　2. 各类地形制作方法与技巧。

　　3. Max 格式模型转换为 skp 格式模型的方法。

　　4. 材质库与组件库使用方法。

　　5. V-Ray 渲染器制作夜景效果图的方法。

　　6. 完成以下考核项目，该项目考核采用分层次考核方式，学生可以根据自己对软件所掌握的熟练程度选择项目。

项目3　园林SketchUp效果图制作考核试题

班级：_____　　姓名：_____　　学号：_____　　分数：_____

◆ **命题选择**

　　基础档：根据所提供的某街心花园 CAD 景观设计平面图（与项目 2 中挑战自我图纸文件相同，详见课程资源包），制作场景总鸟瞰图与节点效果图，节点选择 1～3 个。

　　良好档：根据所提供的某城市广场 CAD 景观设计平面图（与项目 2 中挑战自我图纸文件相同，详见课程资源包），制作场景总鸟瞰图与节点效果图，节点选择 1～3 个。

　　优秀档：根据所提供的某综合性小区 CAD 景观设计平面图（与项目 2 中挑战自我图纸文件相同，详见课程资源包），制作场景总鸟瞰图与节点效果图，节点选择 1～3 个。

◆ **作业要求**

　　1. 作业内容完整、表达方法正确、渲染图像尺寸合理、图面美观。

　　2. 作业以 *.PNG 格式的电子稿形式上交，以"学号＋姓名"为文件命名。

项目评价

园林景观 SketchUp2016 效果图制作评价标准主要包括 CAD 图纸整理、导入，场景地形制作、模型导入合并、材质的制作、相机设置与渲染等内容，其具体的评价细则如下表所示。

评价标准	成绩
能够根据提供的设计方案CAD图纸使用SketchUp软件创建模型，图纸整理合理有序；场景模型制作完整，园林建筑小品模型尺度合理、位置准确，模型材质的色彩、质感、纹理大小合理，贴图方向准确，能准确表达设计意图；相机角度合理，能够准确表达设计内容；渲染效果图构图均衡、层次分明、表现准确、感染力强；软件操作熟练自如	90分以上
能够根据提供的设计方案CAD图纸使用SketchUp软件创建模型，图纸整理合理；场景模型制作完整，园林建筑小品模型尺度合理、位置较准确，模型材质的色彩、质感、纹理大小合理，贴图方向准确，能准确表达设计意图；相机角度较合理，能够准确表达设计内容；渲染效果图构图均衡、层次分明、表现准确；软件操作比较熟练	80～90分
能够根据提供的设计方案CAD图纸使用SketchUp软件创建模型，图纸整理合理有序；场景模型制作较完整，园林建筑小品模型尺度较合理、位置较准确，模型材质的色彩、质感、纹理大小较合理，贴图方向有一定差错，能表达设计意图；相机角度合理，能够表达设计内容；渲染效果图构图均衡、层次分明；软件操作基本熟练	70～80分
能够根据提供的设计方案CAD图纸使用SketchUp软件创建模型，图纸整理合理有序；场景模型制作完整，园林建筑小品模型尺度较合理、位置有偏差，模型材质基本正确，能表达设计意图；相机角度不能够准确表达设计内容；渲染效果图构图较均衡；软件操作不熟练	60～70分
能够根据提供的设计方案CAD图纸使用SketchUp软件创建模型，图纸整理不合理；场景模型不完整，园林建筑小品模型尺度、位置不准确，模型材质混乱，不能表达设计意图；相机设置不合理；渲染效果图不能表现设计要求；软件操作生疏	60分以下

项目 **4**

园林设计方案文本制作与出图

教学指导 ☞ | **知识目标**

  1. 掌握园林设计方案文本制作的流程与技巧。

  2. 熟悉方案文本的内容。

能力目标

  1. 能够熟练运用 Photoshop 软件制作园林设计方案文本。

  2. 会根据需求进行方案文本排版。

素质目标

  1. 通过国内外优秀设计方案文本的赏析，培养学生的设计赏析能力和美感。

  2. 通过设计方案文本的汇报，培养学生的竞争意识。

一个完整、系统的景观方案设计必须涵盖哪些工作？一个完整文本的输出应该包含多少内容？一般而言，一套完整的景观方案设计文本包括文字与图纸两部分。需要将规划方案的说明、投资匡(估)算、水电设计的一些主要节点说明汇编成文字部分，将规划平面图、功能分区图、绿化种植图、小品设计图、全景透视图、局部景点透视图等汇编成图纸部分。两部分内容可以分开打印，也可以制作成统一的文本版面，将文字和图纸放在同一个方案文本中。一个完整文本一般需要包含以下内容。

封面（中英文项目名称；甲方名称，日期）

扉页（中英文项目名称；委托单位、设计单位；项目编号、日期；首席设计、方案设计、土建设计、植物设计、水电设计等）

封面、扉页、目录页

设计资质页（企业法人营业执照、园林景观规划设计资质证书、工程设计证书等）

文本目录页

一、项目概况（文字为主，可加现场照片）

1.1 项目背景：主要描述位置、面积、地势、周边等，包含一些数据等。

1.2 场地概况：包括环境概况（气候、季风、土质、水质等），景观概况（地形地貌、植被、水系、建筑等）。

二、设计依据（可添加一些规划局的城市规划或分区规划图）

主要列举国家和地方相关法规、城市和项目周边总体规划、相关设计规范、各设计控制指标等。

前期分析

三、设计原则（文字为主）

四、设计指导思想（文字为主）

五、设计目标（用一段话或一句口号概况甲方的要求；或城市的需要；或使用者的心声等）

六、前期基址分析（对原始地形的分析，图文并茂）

6.1 区位分析（与城市分区、主干道、其他绿地系统以及发展规划的关系）（场地生态效益、绿地联动效应、交通沿线景观、未来发展规划分析）

6.2 周边环境分析（与周边相邻道路、河流、山体、建筑和开放绿地的关系，周边游憩线路）

6.3 竖向分析 / 高程分析（另加上建筑阴影的分析）

6.4 SWOT 分析（内部优势、劣势；外部机会、威胁）

6.5 功能分析（明确须满足的功能和对应位置；场地使用人群的行为构成）

6.6 交通分析（包括与相邻道路的关系；停车位数量、位置）

6.7 植被分析（上、中、下层植被；常绿、落叶植被；阔叶针叶植被；色相、季相等）

6.8 视线分析（是否需要对景、障景、借景等）

6.9 空间结构分析（空间的形态、属性、分隔、联系与过渡）

6.10 图与底关系

6.11 水环境分析

6.12 场地不利因素分析（悬崖、污染物、特殊工厂、污染水池、高压线、边坡、垃圾堆放、有害

植物等)

注意:前期的基址分析不是简单的场地描述,而是要找出场地现存的问题,并提出相应解决的初步方案。

七、概念设计(在前期基址分析的基础上提出概念)

7.1 设计概念(挑战?为设计定位,构思概念,提出设计的主题/主线,相似绿地类比)

7.2 概念演化 解析概率(在概率的指导下,将概率融入景观)(通过概念的形态,色彩,感觉,律动,意向等融入景观)

概念设计

八、规划定位

8.1 规划结构(满足服务半径,各开敞空间之间的关系,分布、布局等)

8.2 景观结构(设计后最终形成的景观轴、景观带、景观脉、景观环、景观点等)

8.3 功能分区布局(另加行为构成分析)

8.4 竖向设计(可配上若干重点景区的剖面图)

8.5 交通系统(与外部道路关系,内部分流、换线,停车位)

8.6 视线分析(设计后景观视线的引导)

规划定位及其他

8.7 绿化种植规划(分区,季相)

8.8 场地内部游憩规划(行为构成分析)

8.9 电力及给排水规划

8.10 开发时序规划(一般分为三期建设:近、中、远)

九、总体设计

9.1 总体平面图

9.2 总体剖立面图(可另加页作重要区域剖立面图)

9.3 总体鸟瞰图(可另加添加夜景鸟瞰图和局部鸟瞰图)

9.4 景观注释图(可另加页作一个配套服务设施的注释图)

方案文本赏析

9.5 种植设计图(植物列表明细清单,植物图例一一对应)

十、局部设计

10.1 中心景观节点(放大平面图、区域鸟瞰、区域透视图、示意图)

10.2 重要景观节点一(同上)

10.3 重要景观节点二(同上)

注意:如果是小区的设计,重要景观节点可以换成中心游园、组团绿地和宅旁绿地等。

10.4 园林建筑设计(布局、功能、风格、色彩等)

十一、园林小品设计(可分为雕塑小品、铺装、城市家具、灯具、标识系统等示意图)

十二、技术经济指标及投资估算(表格)

封底(中英文设计单位名称;日期)

任务 4.1　园林设计方案文本

【任务分析】

一般情况下，设计方案文本采用 A3（42cm×29.7cm）图纸大小，版面布局有横版和竖版两种形式。依据设计图纸的特点也会采用 A4（29.7cm×21cm）图纸大小或其他自定义图纸尺寸。在设计方案输出之前，需要先进行文本封面、封底和内页的制作。

本次任务主要讲述项目载体"某小区中心游园景观设计方案"（详见课程资源包）封面、封底的制作，文本内页的制作，以及前面几个项目完成的系列图纸的文本合成。该文本版面采用 A3 的竖版，尺寸规格为 29.7cm×42cm。主要包括以下三个方面的内容。

1）封面、封底的制作，效果见图 4.1.1。

2）内页的制作，效果见图 4.1.2。

3）文本合成，效果见图 4.1.3。

图4.1.1　封面、封底效果

图4.1.2　内页效果　　　　图4.1.3　总平面图排版后效果

4.1.1 工作步骤

1. 封面、封底的制作

设计方案的好坏不只是表现在内容上，同时封面设计的好坏也是很重要的，因为在方案评审过程中首先映入眼帘的就是文本的封面。在方案文本封面设计中需要注意以下几点。

1）要根据设计方案中所讲述的内容来构思设计。

2）主题要突出，层次要分明。

3）结构要完整，版面要清晰。

4）创意要新颖，设计要精良。

另外，在文本的封面或封底要标注项目名称，如有必要还可标注设计单位、委托单位名称（如果是暗标，则不能标注设计单位名称）。

步骤一：启动 Photoshop，新建文件"封面封底"，具体参数设置如图 4.1.4 所示。

步骤二：单击【视图】/【新参考线】，弹出【新参考线】对话框，为视图添加参考线，具体参考线位置分别为水平线上下各 2cm 处，垂直书脊线 30cm、31cm 处。添加参考线后的效果如图 4.1.5 所示。

图4.1.4　新建文件大小　　　　　　图4.1.5　辅助线位置

> **提示**
>
> 为了保证封面封底效果的统一，一般情况下会选择封面封底在同一个文件下设计，所以图纸尺寸应该是文本版面宽度的 2 倍。同时因为文本制作完成后都有一定的厚度，所以需要增加一个文本厚度的宽，这里设置的文本厚度为 1cm。另外，一般情况下，在版面设计时需要在上下左右增加出血线。这是因为文本制作完成后，需要打印，但在打印机上打印不会那么精准，需要适当地裁剪边线，所以版面可以适当地各增加 3mm 的出血线。

步骤三：新建一个图层，设置深浅不同的两种绿色调，然后从上到下进行渐变填充，效果如图 4.1.6 所示。

步骤四：下载一个能绘制电影胶片图案的特殊效果笔刷，并选择合适的笔刷形状和大小，新建一个图层，绘制一个胶片图案，效果如图4.1.7所示。

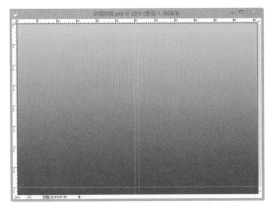

图4.1.6　渐变后效果

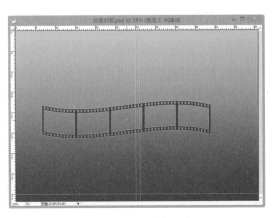

图4.1.7　绘制胶片图案

步骤五：按【Ctrl+T】键，右击，在弹出的快捷菜单中灵活使用【透视】、【变形】、【斜切】等命令，调整胶片图案效果如图4.1.8所示。

步骤六：按【W】键，使用魔棒工具快速选择胶片空白区域，新建一个图层，设置深浅不同的两种绿色调，然后从左到右进行渐变填充，效果如图4.1.9所示。

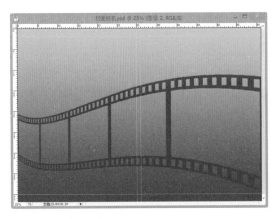

图4.1.8　调整后的胶片效果

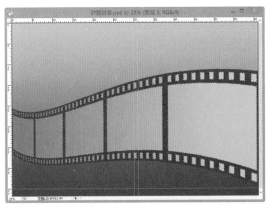

图4.1.9　渐变后的胶片效果

步骤七：给胶片形状图层制作【投影】和【内发光】等图层效果，效果如图4.1.10所示。

步骤八：给底版增加高层建筑线条纹样效果，效果如图4.1.11所示。

步骤九：打开项目一完成的"夜景效果图.jpg"文件，将其贴入选择框中，并适当调整图层的不透明效果，效果如图4.1.12所示。

步骤十：采用同样的方法将项目1完成的"景观分析图.jpg"、项目2完成的"琴韵广场剖面效果图.jpg"、项目3完成的"鸟瞰效果图01.jpg"文件分别贴入不同的选择框中，效果如图4.1.13所示。

步骤十一：选择合适的字体和字号，将设计的主体文字"森情绿意，诗意栖居"输入，并给字体制作不同的文字效果，效果如图4.1.14所示。

步骤十二：选择其他的字体和字号，输入其他不同的文字，效果如图 4.1.15 所示。

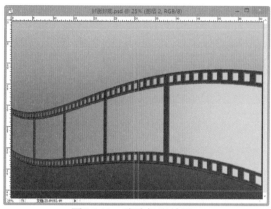

图4.1.10　胶片投影效果

图4.1.11　增加底版纹路效果

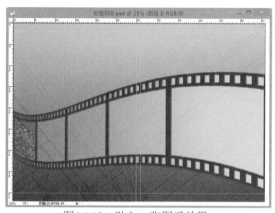

图4.1.12　贴入一张图后效果

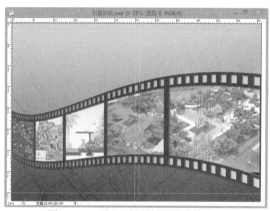

图4.1.13　贴入不同效果图后效果

图4.1.14　输入标题文字

图4.1.15　输入其他文字

　　步骤十三：制作按钮效果。绘制一个正圆形，设置深浅不同的两个绿色调，从左上角至右下角做渐变效果，效果如图 4.1.16 所示。单击【选择】菜单下的【收缩】，将选择区域缩小 10 像素，从右下角至左上角做渐变效果，效果如图 4.1.17 所示。

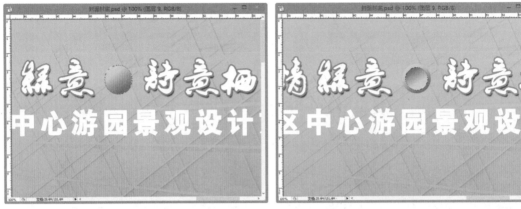

图4.1.16 圆形渐变后效果　　　　　　　　图4.1.17 缩边反向渐变后效果

步骤十四：按【Shift+Ctrl+S】快捷键，将文件保存为"封面封底 .jpg"格式。

2. 内页的制作

文本内页的制作要求与文本封面封底风格统一，可以在文本内页标注项目名称和公司名称；同时，在内页上必须标注图纸名称和页码，这样可以使文本方案看起来一目了然。在文本内页的设计中要注意以下几点原则。

- 艺术性与单一性。
- 趣味性与独创性。
- 整体性与协调性。

步骤一：启动 Photoshop，新建文件"内页"，宽度为 29.7cm，高度为 42cm，分辨率为150。

步骤二：单击【视图】/【新参考线】，弹出【新参考线】对话框，为视图添加参考线，具体参考线位置分别为水平线上 2cm、下 3cm，垂直线左右各 2cm 处。

步骤三：执行钢笔工具命令（快捷键【P】），绘制如图 4.1.18 所示形状。执行【转换点】工具命令，调整形状的曲线，效果如图 4.1.19 所示。

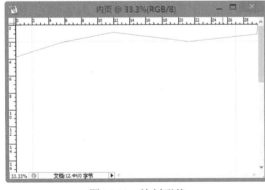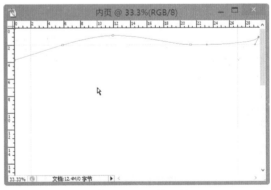

图4.1.18 绘制形状　　　　　　　　　　图4.1.19 调整形状

步骤四：选择深浅不同的绿色调，拖动鼠标做出如图 4.1.20 所示渐变效果。

步骤五：采用同样的方法绘制不同的形状，并填充不同的绿色调，完成后的文本内页上边的装饰效果如图 4.1.21 所示。

步骤六：采用同样的方法绘制不同的形状，并填充不同的绿色调，完成后的文本内页下边的装饰效果如图 4.1.22 所示。

步骤七：设置一种合适的绿色，选择"黑体"字样式，输入【。】，并调整大小和间距，效果如图 4.1.23 所示。

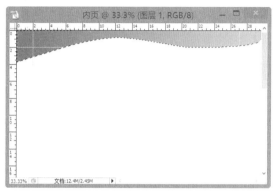

图4.1.20　渐变后效果

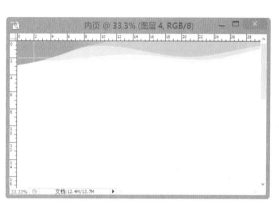

图4.1.21　上边装饰效果

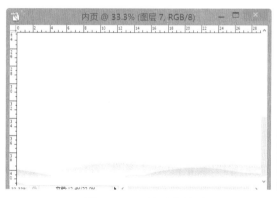

图4.1.22　下边装饰效果

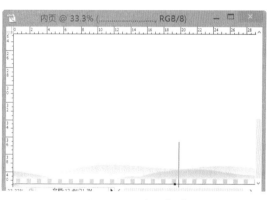

图4.1.23　输入【。】

步骤八：按【X】键，将前景色和背景色恢复为默认的黑白色。单击【图层】面板下方的【添加矢量蒙版】按钮，从左至右拖动鼠标，形成如图 4.1.24 所示效果。

步骤九：打开"封面封底 .psd"文件，将"森青绿意，诗意栖居"文字和中间的按钮复制到文件中，并调整字体大小和位置，效果如图 4.1.25 所示。

步骤十：选择不同的字体，在内页下方输入"图纸名称"和"页码"等文字，效果

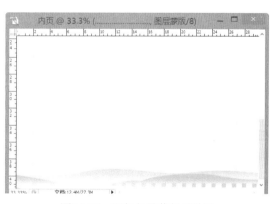

图4.1.24　添加矢量蒙版后效果

如图 4.1.26 所示。

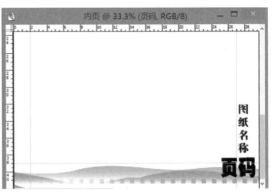

图4.1.25　复制文字和按钮　　　　　　　　　　图4.1.26　输入其他文字

步骤十一：按【Ctrl+S】快捷键，将文件保存为"内页 .psd"格式。

3. 文本合成

在这里只讲述前面四个项目完成的图纸部分的排版，设计说明部分不做介绍。

步骤一：打开已经完成好的"内页 .psd"文件，将其另存为"总平面图 .psd"文件。

步骤二：打开项目已完成的"景点分析图 .jpg"文件，将其拖到"总平面图 .psd"图中，调整其大小和位置。注意不要将图纸超出参考线。

步骤三：将"图纸名称"改为"总平面图"，"页码"改为"01"。完成后效果如图 4.1.27 所示。

> **提示**
>
> 参考线位置相当于 Word 文档中的页边距设置，在参考线范围之外不要进行文字和图片的排版。

步骤四：采用同样的方法完成"交通分析图"和"夜景灯光效果图"的排版，完成后效果如图 4.1.28 和图 4.1.29 所示。

步骤五：采用同样的方法完成不同类型鸟瞰效果图的排版，完成后效果如图 4.1.30 ～图 4.1.32 所示。

> **提示**
>
> 效果图较大的时候，为了能使图看起来更加清晰，可以考虑将版面加长的形式。

步骤六：打开已经完成好的"内页 .psd"文件，将其另存为"琴韵广场分析图 .psd"文件，并修改图纸名称和页码。

图4.1.27 总平面图

图4.1.28 交通分析图

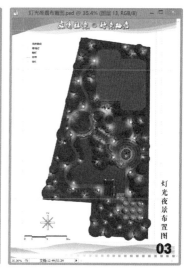

图4.1.29 灯光夜景布置图

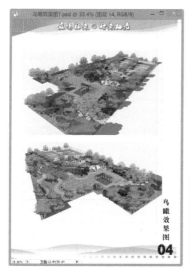

图4.1.30 鸟瞰效果图1

图4.1.31 鸟瞰效果图2

图4.1.32 鸟瞰效果图3

步骤七： 打开项目 1 完成的总平面效果图，将其拖到分析图中，并降低图像的饱和度，调整图像大小和位置，完成后效果如图 4.1.33 所示。

步骤八： 新建一个图层，将前景色设置为红色，在总平面索引图上的"琴韵广场"区域绘制一个正圆形，并填充为红色，并设置不透明度为 60%，完成后效果如图 4.1.34 所示。

步骤九： 在完成好的总平面效果图中框选选区"琴韵广场"及部分周边区域，并拖到分析图中，旋转图像角度为水平，完成后效果如图 4.1.35 所示。

步骤十： 使用圆形选择工具框选出琴韵广场中心区域，然后反选选区，按【Ctrl+U】快捷键，弹出【色相 / 饱和度】对话框，降低图像饱和度，完成后效果如图 4.1.36 所示。

图4.1.33 调整后的索引图

图4.1.34 绘制被索引区域

图4.1.35 旋转索引平面图

步骤十一：按【Ctrl+M】快捷键，弹出【曲线】对话框，调整图像的明暗度，完成后效果如图 4.1.37 所示。

图4.1.36 调整【色相/饱和度】

图4.1.37 调整【曲线】

步骤十二：新建一个图层，在主要景点区域绘制小圆形，并填充为红色，设置字体大小和颜色，在圆形区域标注景点序号，并在下方标注对应的景点名称，完成后效果如图 4.1.38 所示。

步骤十三：新建一个图层，用画线的命令在剖切位置绘制剖线，并在剖线方向标注对应的名称，完成后效果如图 4.1.39 所示。

步骤十四：打开项目 2 已经完成的局部展开立面图和剖面图，并拖到分析图中，调整其位置和字体大小，按【Ctrl+S】快捷键将其保存，完成后的琴韵广场分析图如图 4.1.40 所示。

步骤十五：打开刚完成的"琴韵广场分析图 .psd"文件，将其另存为"琴韵广场效果图 .psd"文件，将图纸名称和页码改好。

图4.1.38　标注主要景点位置和名称

图4.1.39　绘制剖线

步骤十六：将总平面索引图和索引区域图层保留，删除其他的图层，然后选择合适的箭头笔刷，使用画笔工具绘制一个箭头，调整箭头的方向与局部效果图的透视方向基本一致，完成后的索引图如图4.1.41所示。

步骤十七：将项目3和项目4完成的两张不同表现形式的琴韵广场效果图拖到新建的文件中，并调整大小和位置，考虑到排版的需要，将索引图进行旋转，完成后的局部效果如图4.1.42所示。

图4.1.40　完成后分析图

图4.1.41　调整完成后的索引图

图4.1.42　完成后的局部效果

4.1.2　小试牛刀

完成封面封底与内页的设计。

任务 *4.2* 文本版式设计

【任务分析】

使用 Adobe InDesign 软件，高效、便捷地进行景观设计方案文本排版，有利于提高工作的效率。本任务的完成效果如图 4.2.1 ～图 4.2.5 所示。

图4.2.1　文本封面设计

图4.2.2　文本目录设计

图4.2.3　文本过渡页设计　　　　图4.2.4　文本主页设计

在制作园林景观设计文本时，需要考虑到以下因素。

1）风格定位。景观设计文本要与整体设计风格相统一，根据不同的项目，应设计不同的景观设计文本版式。封面具有"首因效应"，会对阅览者带来第一感受。对于封面设计，要秉持"简单、大方、朴素"的原则（根据不同项目性质，可以适当改变其封面设计），突出文本的核心内容，使人影响深刻。

2）总体布局。总体布局应该考虑到总平图的大致形状，并充分考虑排版的需求以及后期的修改，应将整个平面图尽可能最大化，凸显景观设计内容。

3）总体色彩。整体文本的主调色要与文本内容进行融合，以项目载体为例，主色调参数为（R：164，G：181，B：163），对其不

图4.2.5　文本封底设计

透明度、微调 RGB 值等不同的方式进行搭配，除强调部分以外，其余应都是在一个色域之内。

4）排版设计。为了提高整体阅览的感受性，对文本中的字体样式、字体大小、文本行间距、文本颜色、文本不透明度等主要内容进行参数化。在文本设计中，字体样式不应超过三种；字体大小应该根据文本重要性进行改变，例如文本名称、文本主标题、文本副标题、文本正文内容、英文部分等，分清文本内容主次。

5）文本逻辑。文本排版要有一定的逻辑性，在文本设计前要构建好文本框架，构建文本框架后，对其进行多方面、多维度的调整，完善文本结构，提高文本的逻辑性。

提示

1）软件版本。使用 Adobe InDesign CC（9.0）版本。

2）简要说明：

① 在高版本 Adobe InDesign 中能够打开低版本 Adobe InDesign；在低版本中不能打开高版本保存的"indd"文件，而要在高版本中保存成"idml"文件；

② 将置入与 Adobe InDesign 中的图片素材、矢量图、PDF 文件、Microsoft Word、Microsoft Excel 等文件，要放在同一个文件夹下，以免链接缺失；

③ Adobe InDesign 文件进行打包，执行"文件-打包"命令，要输出"idml"文件以及特殊的字体。

4.2.1　工作步骤

　　步骤一: 运行"Adobe InDesign",执行【文件】-【新建文档】命令(快捷键【Ctrl+N】),弹出对话框,如图 4.2.6 所示。

　　步骤二: 在弹出的【新建文档】对话框中,设置:①取消勾选"对页";②页面大小选择"A3";③页面方向选择"纵向";④选择"边框和分栏",进行下一步操作,见图 4.2.6。

图4.2.6　设置新建文档对话框

　　步骤三: 设置"边距"参数:上、下、左、右各设置 10 毫米,并单击【确定】即可,并及时保存文件,完成效果如图 4.2.7 所示。

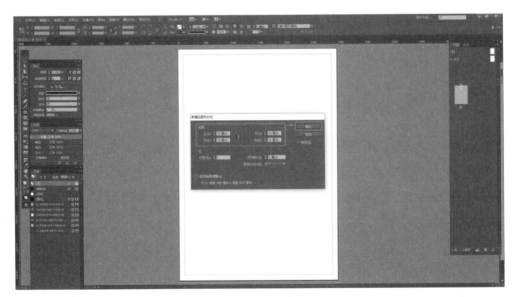

图4.2.7　设置边距

1. 封面制作

步骤一：执行矩形工具命令（快捷键【M】），在【描边】面板中设置粗细为"0点"，在【拾色器】面板中，设置（R：164，G：181，B：163），并添加到【添加RGB色板】，以便下次再次使用，然后填充到前景色即可，完成效果如图4.2.8所示。

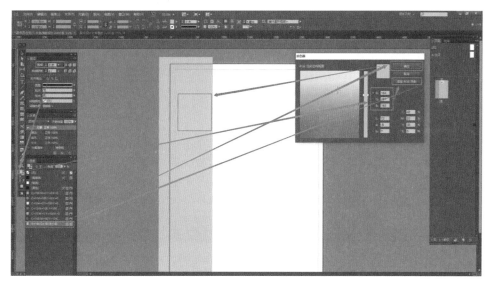

图4.2.8　设置前景色并填充

步骤二：执行直线工具命令（快捷键【\】），在【描边】面板中设置粗细为"6点"，在【效果】面板中设置不透明度为"60%"，在【色板】面板中将背景色设置为"纸色"，按上述方法进行再次绘制，完成效果如图4.2.9所示。

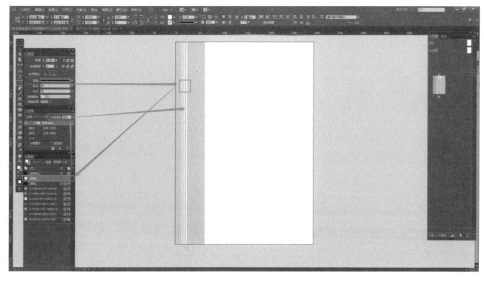

图4.2.9　绘制不同装饰线条

步骤三：执行文字工具命令（快捷键【T】），输入"LANDSCAPE"，字体选择"造字工房尚黑G0v1"的常规体，字号输入"200点"，在【色板】面板中将前景色设置为"纸色"，并顺时针旋转90°，在【效果】面板中设置不透明度为"60%"，完成效果如图4.2.10所示。

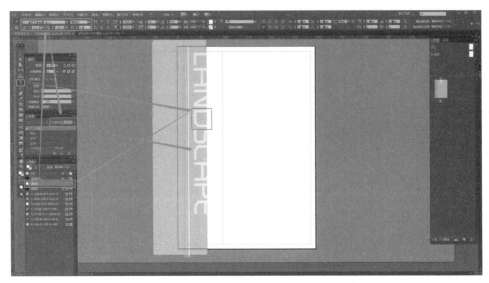

图4.2.10　设置字体并输入字体

步骤四：适当拖拽调整文本框大小，并双击文本框，选择"全部强制对齐"，完成效果如图4.2.11所示。

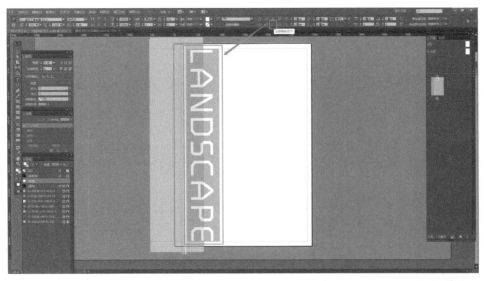

图4.2.11　调整字体大小和间距

步骤五：执行文字工具命令（快捷键【T】），按照上述步骤进行调整即可，完成效果如图4.2.12所示（执行命令【W】可进行打印预览）。

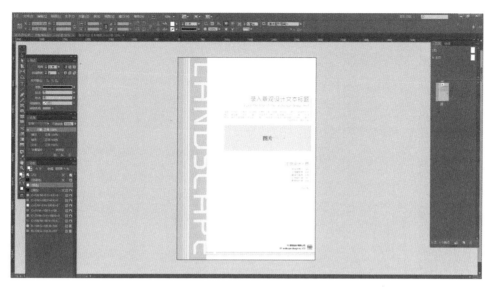

图4.2.12 根据设计需求输入不同的文字内容

2. 目录制作

步骤一:在【页面】面板中,执行新建页面命令,主标题设为"18点",副标题设为"10点",英文设置不透明度"50%",完成效果如图 4.2.13 所示。

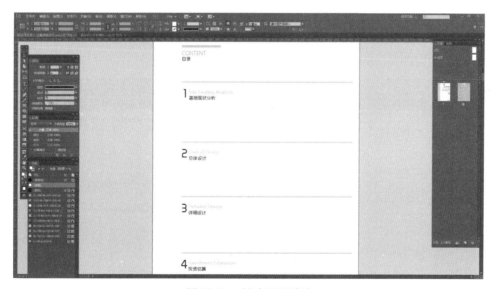

图4.2.13 新建目录页面

步骤二:主标题主要为"基地现状分析""总体设计""详细设计""投资估算"等。"基地现状分析"主标题下主要包括"区位分析""交通分析""周边自然条件""基地分析"等;"总体设计"主标题下主要包括"设计目标""设计策略""设计原则"等;"详细设计"主标题下主要包括"方案比较""效果图""总平面图""景观总平面图"等;"投资估算"主标题下主要包括"投资估算表",完成效果如图 4.2.14 所示。

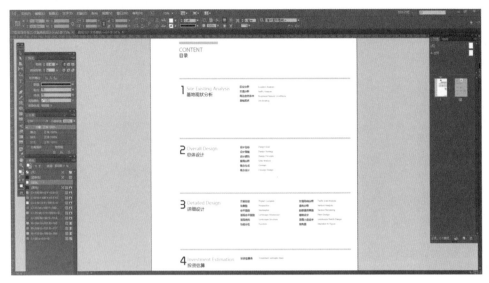

图4.2.14   根据要求输入目录内容

3. 过渡页制作

过渡页的排版设计，以简约为主，突出重点。

步骤一:在【页面】面板中，执行新建页面命令，在"文字工具"（快捷键【T】）设置中，输入"1"，字号为"120点"；输入"基地现状分析"，字号为"18点"（同英文部分）；输入"区位分析"等，字号为"10点"，在执行矩形工具命令（快捷键【M】），设置前景色为（R: 153，G: 186，B: 165），完成效果如图 4.2.15 所示。

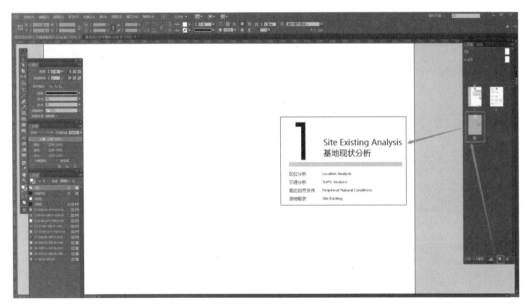

图4.2.15   新建过渡页页面

步骤二: 在【效果】面板中, 将文本框 "1" 不透明度设置为 "40%", 将英文文本框的不透明度设置为 "50%", 完成效果如图 4.2.16 所示。

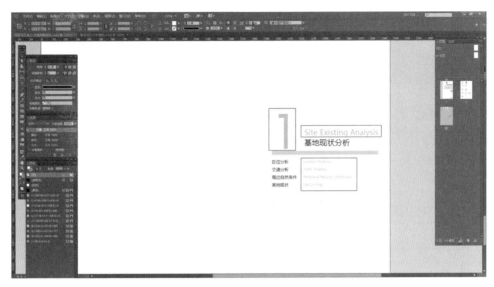

图4.2.16　根据需要输入文本并设置不透明效果

4. 文本主页设计

主页设计要与文本所确定的文本设计样式进行全部统一, 包括样式、风格、主色调等。

步骤一: 在【页面】面板中, 双击 "A- 主页"(若要多个主页, 可以右击 "新建主页"), 进入主页编辑页面, 可以参照 "1. 封面制作" 中的相关步骤, 这里不再赘述, 完成效果如图 4.2.17 所示。

图4.2.17　新建主页

步骤二：将其文本框在【效果】面板中设置不透明度为"75%"（横条）、"40%"（横条），完成效果如图 4.2.18 所示。

图4.2.18　设置主页效果

步骤三：执行文字工具命令（快捷键【T】），双击"A- 主页"（若要多个主页，可以右击"新建主页"），进入主页编辑页面，使用快捷键【Ctrl+Shift+Ctrl+N】，文本框内出现"A"，编辑字体样式、字号，放在适当位置即可，完成效果如图 4.2.19 所示。

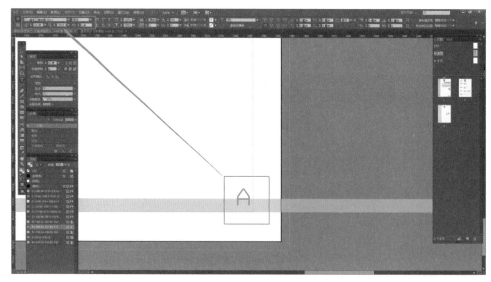

图4.2.19　设置页码

步骤四：在【页面】面板中，执行新建页面命令，在文字工具设置中（快捷键【T】），输入"区位分析"，字号为"18 点"；输入"Location Analysis"，字号为"18 点"（将其文本框在【效果】面板中设置不透明度为"60%"），完成效果如图 4.2.20 所示。

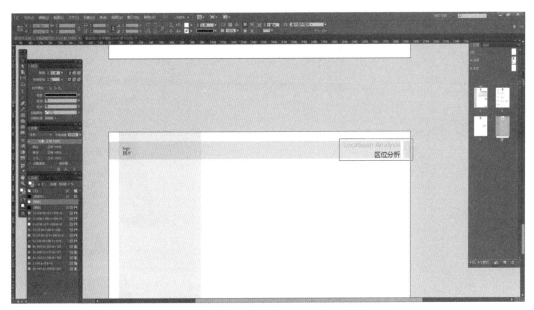

图4.2.20 添加相关文字和图片

步骤五：按照步骤四所述，将其余主页完成；按照"3.过渡页制作"所述，将其余主页完成。"A-主页"全部应用于"文本主页设计"（在【页面】面板中，选中相应的页面，右击，选择"将主页应用于页面"，选择"A-主页"），其余使用"B-主页"。

5. 封底设计

参考封面的设计步骤，并与其呼应，如图4.2.21所示。

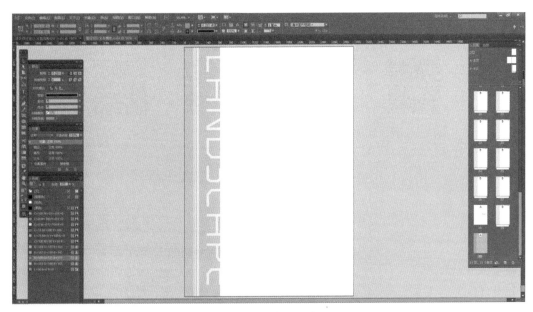

图4.2.21 封底设计效果

4.2.2　知识拓展

完成如图 4.2.22 所示另外一种风格的版面设计和系列分析图的绘制。

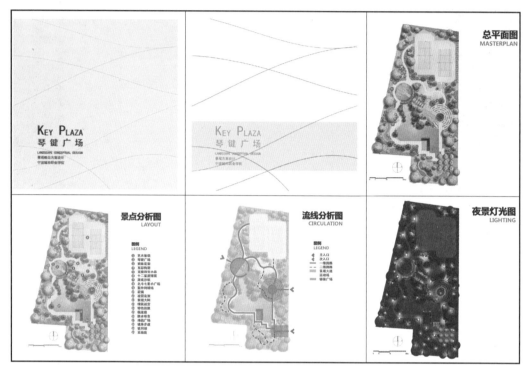

图4.2.22　版面设计参考图

操作视频如下：

| InDesign基础
知识 | InDesign绘制
封面与扉页 | InDesign绘制
流线分析图 | 绘制总平面图
及景点分析图 |

4.2.3　知识链接

排版是表现设计思路和效果的有力语言，方案的设计过程就像讲故事一样，排版便是将故事顺序呈现的方式，合理利用排版版式设计，突出图面语言的优势，清晰阐述设计内容和设计流程。文本要有美感，排版、色调、字体至关重要。

排版要将内容元素有节奏的融入到版面中，形成文本的"骨骼"。排版时，要考虑如何更多和更有效率的接收文本上的信息，从而使读者对方案留下深刻的印象。版面的内容必须充实与实用，但要特别注意不要出现"塞"和"花"的状况。"塞"指将各种信息，诸如文字、图片等不加考虑的塞到版面上，有多少放多少，不加以规范化、条理化。"花"指版面做的很花哨，但是很不实用。例如，采深色带有花哨图案的图片作为背景或采用颜色各异、风格不同的图片及文字，使版面五彩缤纷，缺乏整体性，影响阅览者的浏览。

方案文本排版时，图面标准如下。

1）重点分明，简洁清晰。

2）图像逻辑连贯，环环相扣，表意明确。

3）设计发展过程展现充分，图像数量不宜过多。

4）兼顾图面视觉语言的审美高度。

排版的设计思路如下。

1）顺序遵循设计思路，逻辑通畅。

2）版式呈现主次分明，重点清晰。

3）信息传达图文并茂，美观易读。

景观设计方案范例如下。

观溪樾——景
观设计方案

礼遇华宸——
景观设计方案

玫瑰园庭院——
景观设计方案

4.2.4　小试牛刀

使用 InDesign 软件完成文本版面设计与排版。

项目总结

本项目详细介绍了方案文本所包含的内容，以及在制作方案文本时要注意的问题。通过本项目的学习，学生可初步掌握方案文本制作的技巧和流程，以及方案文本制作时所要包含的图纸类型。

挑　战　自　我

完成项目 4 考核试题。

项目4　方案文本制作考核试题

班级：_____　　姓名：_____　　学号：_____　　分数：_____

◆ **命题选择**

根据要求完成某设计方案全套方案文本的制作。

◆ **作品要求**

1. 要求内容完整，表达方法正确，图面美观。
2. 作品以 *.jpg 格式的电子稿形式上交，以"学号＋姓名"为文件命名。

——— 项目评价 ———

设计文本的评价标准如下表所示。

评价标准	成绩
封面、封底和内页的设计能够正确表达设计意图，并和图纸风格协调统一；能合理布局各类型景观效果图，版面布局美观、协调	90分以上
封面、封底和内页的设计能够较正确表达设计意图，并和图纸风格较协调统一；能较合理布局各类型景观效果图，版面布局较美观、协调	80～90分
封面、封底和内页的设计基本能够表达设计意图，并和图纸风格基本协调统一；能较合理布局各类型景观效果图，版面布局基本美观、协调	70～80分
封面、封底和内页的设计基本能够表达设计意图，并和图纸风格较协调统一；版面布局较乱	60～70分
封面、封底和内页的设计不能表达设计意图，并和图纸风格极不协调；版面布局很乱	60分以下

附　录

附录1　Phototshop软件快捷键汇总

工具箱：

多种工具共用一个快捷键的：可同时按【Shift】加此快捷键选取

矩形、椭圆选框工具：【M】

裁剪工具：【C】

移动工具：【V】

套索、多边形套索、磁性套索：【L】

魔棒工具：【W】

喷枪工具：【J】

画笔工具：【B】

像皮图章、图案图章：【S】

历史记录画笔工具：【Y】

像皮擦工具：【E】

铅笔、直线工具：【N】

模糊、锐化、涂抹工具：【R】

减淡、加深、海绵工具：【O】

钢笔、自由钢笔、磁性钢笔：【P】

添加锚点工具：【+】

删除锚点工具：【-】

直接选取工具：【A】

文字、文字蒙版、直排文字、直排文字蒙版：【T】

度量工具：【U】

直线渐变、径向渐变、对称渐变、角度渐变、菱形渐变：【G】

油漆桶工具：【K】

吸管、颜色取样器：【I】

抓手工具：【H】

缩放工具：【Z】

默认前景色和背景色：【D】

切换前景色和背景色：【X】

切换标准模式和快速蒙版模式：【Q】

标准屏幕模式、带有菜单栏的全屏模式、全屏模式：【F】

临时使用移动工具：【Ctrl】

临时使用吸色工具：【Alt】

临时使用抓手工具：空格键

打开工具选项面板：【Enter】

循环选择画笔：【[】或【]】

选择第一个画笔：【Shift+[】

选择最后一个画笔：【Shift+]】

选择工具：

全部选取：【Ctrl+A】

取消选择：【Ctrl+D】

重新选择：【Ctrl+Shift+D】

羽化选择：【Ctrl+Alt+D】

反向选择：【Ctrl+Shift+I】

选择区域移动：方向键

将图层转换为选择区：【Ctrl】+单击工作图层

选择区域以10个像素为单位移动：【Shift】+方向键

复制选择区域：【Alt】+方向键

路径变选区 数字键盘的：【Enter】

图像调整：

调整色阶：【Ctrl+L】

自动调整色阶:【Ctrl+Shift+L】

打开曲线调整对话框:【Ctrl+M】

去色:【Ctrl+Shift+U】

反相:【Ctrl+I】

打开"色彩平衡"对话框:【Ctrl+B】

打开"色相/饱和度"对话框:【Ctrl+U】

图层操作:

在对话框新建一个图层:【Ctrl+Shift+N】

以默认选项建立一个新的图层:【Ctrl+Alt+Shift+N】

通过复制建立一个图层:【Ctrl+J】

通过剪切建立一个图层:【Ctrl+Shift+J】

与前一图层编组:【Ctrl+G】

取消编组:【Ctrl+Shift+G】

向下合并或合并链接图层:【Ctrl+E】

合并可见图层:【Ctrl+Shift+E】

将当前层下移一层:【Ctrl+[】

将当前层上移一层:【Ctrl+]】

将当前层移到最下面:【Ctrl+Shift+[】

将当前层移到最上面:【Ctrl+Shift+]】

激活下一个图层:【Alt+[】

激活上一个图层:【Alt+]】

激活底部图层:【Shift+Alt+[】

激活顶部图层:【Shift+Alt+]】

调整当前图层的透明度(当前工具为无数字参数的,如移动工具)【0】至【9】

文件菜单操作:

新建图形文件:【Ctrl+N】

用默认设置创建新文件:【Ctrl+Alt+N】

打开已有的图像:【Ctrl+O】

打开为:【Ctrl+Alt+O】

关闭当前图像:【Ctrl+W】

保存当前图像:【Ctrl+S】

另存为:【Ctrl+Shift+S】

存储副本:【Ctrl+Alt+S】

页面设置:【Ctrl+Shift+P】

打印:【Ctrl+P】

打开"预置"对话框:【Ctrl+K】

显示最后一次显示的"预置"对话框:【Alt+Ctrl+K】

设置"常规"选项(在预置对话框中):【Ctrl+1】

设置"存储文件"(在预置对话框中):【Ctrl+2】

设置"显示和光标"(在预置对话框中):【Ctrl+3】

设置"透明区域与色域"(在预置对话框中):【Ctrl+4】

设置"单位与标尺"(在预置对话框中):【Ctrl+5】

视图操作:

放大视图:【Ctrl++】

缩小视图:【Ctrl+-】

满画布显示:【Ctrl+0】

实际像素显示:【Ctrl+Alt+0】

显示/隐藏选择区域:【Ctrl+H】

显示/隐藏路径:【Ctrl+Shift+H】

显示/隐藏标尺:【Ctrl+R】

显示/隐藏参考线:【Ctrl+;】

显示/隐藏网格:【Ctrl+"】

贴紧参考线:【Ctrl+Shift+;】

锁定参考线:【Ctrl+Alt+;】

显示/隐藏"画笔"面板:【F5】

显示/隐藏"颜色"面板:【F6】

显示/隐藏"图层"面板:【F7】

显示/隐藏"信息"面板:【F8】

显示/隐藏"动作"面板:【F9】

显示/隐藏所有命令面板:【TAB】

显示或隐藏工具箱以外的所有调板:【Shift+Tab】

编辑操作：

还原 / 重做前一步操作：【Ctrl+Z】

还原两步以上操作：【Ctrl+Alt+Z】

重做两步以上操作：【Ctrl+Shift+Z】

剪切选取的图像或路径：【Ctrl+X】或【F2】

复制选取的图像或路径：【Ctrl+C】

合并复制：【Ctrl+Shift+C】

将剪贴板的内容粘贴到当前图形中：【Ctrl+V】或【F4】

将剪贴板的内容粘贴到选框中：【Ctrl+Shift+V】

自由变换：【Ctrl+T】

应用自由变换 (在自由变换模式下)：【Enter】

从中心或对称点开始变换 (在自由变换模式下)：【Alt】

限制 (在自由变换模式下)：【Shift】

扭曲 (在自由变换模式下)：【Ctrl】

取消变形 (在自由变换模式下)：【Esc】

自由变换复制的像素数据：【Ctrl+Shift+T】

再次变换复制的像素数据并建立一个副本：【Ctrl+Shift+Alt+T】

删除选框中的图案或选取的路径：【DEL】

用背景色填充所选区域或整个图层：【Ctrl+Backspace】或【Ctrl+Del】

用前景色填充所选区域或整个图层：【Alt+Backspace】或【Alt+Del】

弹出"填充"对话框：【Shift+Backspace】

从历史记录中填充：【Alt+Ctrl+Backspace】

按上次的参数再做一次上次的滤镜：【Ctrl+F】

退去上次所做滤镜的效果：【Ctrl+Shift+F】

重复上次所做的滤镜 (可调参数)：【Ctrl+Alt+F】

剪切选择区：F2 / Ctrl + X;

复制选择区：F3 / Ctrl + C;

粘贴选择区：F4 / Ctrl + V;

增大笔头大小：【] 】

减小笔头大小：【 [】

选择最大笔头：【Shift+] 】

选择最小笔头：【Shift+[】

将当前层下移一层：【Ctrl+[】

将当前层上移一层：【Ctrl+] 】

将当前层移到最下面：【Ctrl+Shift+[】

将当前层移到最上面：【Ctrl+Shift+] 】

激活下一个图层：【Alt+[】

激活上一个图层：【Alt+] 】

激活底部图层：【Shift+Alt+[】

激活顶部图层：【Shift+Alt+] 】

帮助：F1

剪切：F2

复制：F3

粘贴：F4

隐藏 / 显示画笔面板：F5

隐藏 / 显示颜色面板：F6

隐藏 / 显示图层面板：F7

隐藏 / 显示信息面板：F8

隐藏 / 显示动作面板：F9

恢复：F12

填充：Shift+F5

羽化：Shift+F6

选择→反选：Shift+F7

附录2　SketchUp软件快捷键一览表

序号	名称	图标	快捷键	序号	名称	图标	快捷键
1	线段		L	16	平行偏移		O
2	矩形		B	17	测量		Q
3	圆弧		A	18	量角器		V
4	圆		C	19	文字标注		T
5	多边形		N	20	尺寸标注		D
6	不规则线段		F	21	坐标轴		Y
7	选择		空格键	22	三维文字		Shift+T
8	油漆桶		X	23	视图旋转		鼠标中键
9	橡皮擦		E	24	视图平移		H
10	定义组件		G	25	视图缩放		Z
11	移动		M	26	充满视图		Shift+Z
12	旋转		R	27	恢复上个视图		F8
13	缩放		S	28	回到下个视图		F9
14	推拉		U	29	相机位置		I
15	路径跟随		J	30	绕轴旋转		K

续表

序号	名称	图标	快捷键	序号	名称	图标	快捷键
31	漫游		W	38	单色显示		Alt+5
32	添加剖面		P	39	等角透视		F2
33	透明显示		Alt+`	40	顶视图		F3
34	线框显示		Alt+1	41	前视图		F4
35	消隐显示		Alt+2	42	后视图		F5
36	着色显示		Alt+3	43	左视图		F6
37	贴图显示		Alt+4	44	右视图		F7

附录3　课程考核方案

本课程主要包括小区中心游园平面效果图制作、园林景观立（剖）面效果图制作、小区中心游园 SketchUp 效果图制作和园林设计方案文本制作四个项目的学习。鉴于学习过程的重要性，课程教学团队对传统的评价手段和方法进行了改进，采用过程性评价和综合性评价相结合、知识技能考核与职业素养考核相结合、教师评价与学生评价相结合的多元化考核评价方式。考核及成绩评定方式主要包括项目考核、期中理论考核、期末限时考核和职业素养考核四个方面。

1. 项目考核

各项目考核贯穿整个学习过程，侧重于对学生过程性评价；学生在完成每个工作项目的过程中也完成了整个学习的过程。该项考核采用学生独立完成作品形式，教师评价为主，包括平面效果图制作考核、立面效果图制作考核、园林景观方案草图制作和方案文本制作四个单元项目考核。根据每个项目的自身特点和对职业岗位的任职要求又有各自的评价标准。

项目考核的内容主要如下。

序号	考核内容	分值	权重%
1	项目1：教、学、做阶段	100	5
	项目1：自主学习阶段	100	5
2	项目2：自主学习阶段	100	5
	项目2：创作阶段（分层考核）	100	5
3	项目3：任务1，单体模型创建1（分层考核）	100	2.5
	项目3：任务1，单体模型创建2（分层考核）	100	2.5
	项目3：任务1，单体模型创建3（分层考核）	100	2.5
	项目3：任务1，单体模型创建4（分层考核）	100	2.5
	项目3：任务2~任务5	100	20
	项目3：任务6	100	10
4	项目4：方案文本的制作	100	5

（1）园林景观平面效果图制作评价标准

园林景观平面效果图制作评价标准主要包括 CAD 设计方案的导入，各景观元素的绘制，图纸色彩、布局、文字、图例说明、指北针、比例尺等方面的设计，其具体的评价细则如下。

评价标准	成绩/分
能根据规范要求正确导入CAD设计方案，线宽、线型符合要求	10
各景观元素表达合理，铺装尺寸大小符合设计规范，建筑、小品表现到位，水体效果好，植物素材风格协调	60
图纸色彩美观，统一协调	20
图面布局合理；指北针、比例尺俱全；文字、箭头、线框等大小合适，排列美观	10

（2）园林景观立（剖）面效果图制作评价标准

园林景观立（剖）面效果图制作的评价标准主要包括CAD图纸导入，主体景观的表现，前景、背景层次的处理，图纸色彩、布局等方面的设计，其具体评价细则如下：

评价标准	成绩/分
能正确的分层导入CAD设计方案	10
能按照设计要求正确绘制各立面景观要素，主景突出	50
前景、背景和配景素材搭配协调	30
图纸布局合理	10

（3）中心游园SketchUp效果图制作评价标准

中心游园SketchUp效果图制作的评价主要包括CAD图纸导入，模型的创建，材质的制作以及场景的设置、构图等。其具体的评价细则如下。

1）单体模型的创建。

评价标准	成绩/分
模型造型设计有创意	40
单体模型尺寸协调、材质搭配合理	50
角度符合人的观察视角	10

2）鸟瞰效果图、局部效果图、立/剖面效果图和动画效果评价标准。

评价标准	成绩/分
鸟瞰效果图各模型尺度合理，材质在色彩、质感、纹理大小、方向等方面能正确表达设计意图；植物层次丰富；摄像机角度能够正确表达设计意图；效果图构图均衡、主景突出	40
局部效果图主景突出	25
立面和剖面效果图能反应空间层次，植物天际线美观，有韵律感	15
动画效果路径设置合理，能较好的展示整体鸟瞰效果	20

（4）方案文本制作评价标准

方案文本制作的评价主要包括文本封面、封底和内页的制作，以及展板的制作等方面，其具体的评价细则如下。

评价标准	成绩/分
封面、封底和内页设计风格协调统一	30
图纸在内页布局合理	30
展板设计协调，图纸布局合理	40

2. 期末现场限时考核

本阶段终结性评价，目的是测试学生对所学内容的综合掌握情况、综合应用能力以及操作熟练程度。考核方法是在规定的 2 个小时时间内完成给定 CAD 图纸的平面效果图绘制。

题目：完成给定图纸的平面效果图绘制。

时间：2 小时（上机操作）。

评分标准细则参见平面效果图制作考核评价标准。

现场限时考核在总成绩中的得分 = 现场限时考核得分 × 20%

3. 期中理论考核

本阶段考核的目的是测试学生知识的综合掌握情况、综合应用能力以及对常用命令的操作熟练程度。考核方法是在规定的 45 分钟时间内完成给定 PS 理论测试试卷。

期中理论考核在总成绩中的得分 = 期中理论考核得分 × 10%

4. 职业素养考核

该项考核贯穿于学生的整个学习过程，主要考查学生的学习态度与表现。通过课堂实际表现，以及学生利用课程网站自主学习共同考核评价，主要包括学习时长和学习行为两个方面。学习时长包括学生登录课程网站自主学习的次数、在线学习的时间长短、课程资源下载次数等组成；学习行为主要由学生出勤、课堂纪律、在线提问、发帖回帖等组成。

职业素养考核在总成绩中的得分 = 职业素养考核得分 × 5%

职业素养考核评价标准如下。

评价标准	成绩/分
包括学生登录学习平台次数和在线学习时间长短、课程资源下载次数等	50
包括学生出勤、课堂纪律、在线提问、发帖回帖等	50

附录4 《计算机园林景观效果图制作》课程教学设计方案（参考）

教学设计方案

课 程 名 称：计算机园林景观效果图制作

本次课标题：景观廊架 SU 模型创建

计 划 学 时： 4 学时

适 用 对 象：园林技术专业二年级学生

××××年××月

习近平总书记曾说：

"所有课堂都有育人功能，

教师不能只做传授书本知识的教书匠，

而要成为塑造学生品格、品行、品位的'大先生'。"

课程是教育学生过程中最小的单元，

一门课程教学组织的怎么样

不但关系到学生专业知识学的怎么样，

还关系到学生思想政治观念树立的怎么样。

一门课程就像人体的一个细胞，

一个细胞的健康与否关系到一个人的健康问题。

因此，

我们应从小入手，

从一门课程抓起，

把思政教育有效的融入到教学过程中，

做到环环相扣，

做到理论－实践－思政项项并重。

1. 教学基本情况

课程名称	计算机园林景观效果图制作	教学单元	景观廊架SU模型的制作
授课地点		课程类型	理实一体化
专业	园林工程技术	班级	
人数		课时	4
教材分析	1. 对照专业人才培养方案、课程标准、国家职业标准及企业对园林人才的需求，以黄艾编著的国家"十二五"规划教材《计算机园林景观效果图制作》为教材，该教材以助理景观设计师或园林绘图员岗位任职要求和计算机园林景观效果图制作的流程为主线，以产教融合真实案例——"某小区中心游园"系列效果图制作为载体，分为小区中心游园平面效果图制作、园林景观立面效果图制作、小区中心游园效果图制作、园林设计方案文本制作等典型工作项目展开学习过程。该教材为校企合作共同完成的项目化教材，完全符合该课程的学习需求。 2. 为了更好的满足学生对SketchUp软件的学习，特别选定参考教材：《园林景观设计SketchUp2015从入门到精通》，麓山文化编著，机械工业出版社。本次课的课前自主学习微视频"某花架模型创建"（下载课程资源包，查找视频） 			
学习平台	实施"课堂育人、实践育人、网络育人"的三联动协同育人机制，创建了全方位立体化的在线学习平台，资源全部上传在智慧职教国家资源库平台。同时开通了智慧职教-云课堂App，学生随时随地都可以通过移动终端上网学习、查看作业批改情况、参与交流讨论、下载素材资源等。 http://zjy2.icve.com.cn/design/process/edit.html?courseOpenId=mufbapsntjxbutedp-sexw			

2. 学情分析

授课对象为园林技术设计模块二年级学生。

知识背景	1. 已经学习了Sketchup软件8个课时，基本掌握了该软件的一些常用命令和操作技巧。 2. 已经学习了AutoCAD软件和园林制图相关课程，基本能够看懂廊架CAD施工图。 3. 已经学习了《园林绘画》《园林设计初步》《景观构造与材料》等课程，有一定的审美和设计基础
学习特点	1. 对廊架结构不了解，缺少尺度感。 2. 大部分学生对学习任务不能追求精益求精的品质，总是觉得"差不多就行"；并且缺乏创新创作能力。 3. 学生学习需求和学习能力差别较大，如果采用统一的标准，将近三分之一学习能力较强的学生在第4节课开始就能完成所有学习任务；但是还有一半左右学生只能依葫芦画瓢勉强完成学习任务；另外也有一部分学生几乎不能按时完成学习任务
认知结构	1. 喜欢视觉化材料。 2. 热衷信息技术以及智能移动终端。 3. 读图时代，喜欢头脑风暴。 4. 喜欢动手操作，但不喜欢动脑思考

3. 教学目标和内容

专业人才培养目标分析	专业人才培养目标：本专业面向城乡建设部门、园林企业、房地产公司培养人才等单位的生产、建设、管理、服务第一线培养人才；要求具有一定园林景观设计、施工与管理基础，掌握景观设计与表现或景观施工与养护或庭院景观营造与护理能力。在设计上追求独具匠心、质量上追求精益求精、技艺上追求尽善尽美，培养有较强的团队合作意识、责任心、能吃苦耐劳的高素质技术技能应用型人才		
	就业方向	**就业单位**	**岗位职责**
	方向1：园林景观设计与表现	园林设计公司、房地产公司、园林工程公司、效果图制作公司、模型制作公司等	园林景观方案设计、园林工程施工图绘制和园林景观效果图制作等
	方向2：园林工程施工与养护	园林工程公司、房地产公司、园林养护管理中心等	园林工程施工与管理、园林绿化养护管理等
	方向3：庭院景观营造与护理	园林设计公司、园林工程公司、装饰设计公司、房地产公司等	庭院景观设计、施工与护理等工作

课程培养目标分析	课程知识、能力目标："计算机园林景观效果图制作"课程是园林工程技术专业的一门工作岗位方向模块课程，是一门重要的专业核心课，对人才培养方案中的职业能力培养起到重要作用。其目标以就业为导向，使学生掌握园林景观效果图制作的不同方法和技巧，能熟练使用PS软件绘制各类型的平面效果图、分析图、立面/剖面效果图和方案文本的版面设计与排版；能够熟练运用SU软件创建园林建筑小品等单体模型、绘制鸟瞰效果图与局部效果图、并能根据要求完成鸟瞰场景的动画制作，为后续的专业设计打下坚实的基础。 课程思政目标：让学生掌握园林行业职业道德规范和标准，注重爱岗敬业、团结协作、高度负责的职业态度；培养精益求精、追求卓越、至善至美的职业精神；塑造追求质量、服务至上、讲求效率的职业品格；对建设中国特色社会主义产生高度的事业心和责任感

本次课教学目标分析	📖 知识目标	1. 掌握景观廊架的设计规范和空间结构。 2. 熟练掌握SU软件不同工具命令的使用方法与技巧
	📖 能力目标	1. 能够设计符合规范要求的不同类型景观廊架。 2. 能够灵活运用SU软件完成廊架模型的创建
	📖 思政目标	1. 激发学生对古今中外各式廊架的设计赏析能力，推动文化传承理念以及对我国悠久园林文化的文化自信。 2. 培养学生爱岗敬业、吃苦耐劳、团结合作、讲求效率的职业素养和利用网络平台自主学习的终身学习能力。 3. 提升学生设计上追求独具匠心、质量上追求精益求精、技艺上追求至善至美的工匠精神和举一反三的创新创作能力

教学内容分析	对照专业人才培养方案、课程标准、国家职业标准及企业对园林人才的需求，以计算机园林景观效果图制作的流程为主线，以产教融合真实案例"某小区中心游园"系列效果图制作为载体，通过小区中心游园平面效果图制作、园林景观立（剖）面效果图制作、小区中心游园SketchUp效果图制作、园林设计方案文本制作与出图等四个典型工作项目展开学习过程，授课时间为68学时

教学重点与解决方法	📖 教学重点	景观廊架设计尺度和结构的把握
	📖 解决方法	针对景观廊架设计尺度和结构难把握的特点，师生从实际案例出发讨论探究，课前小组合作完成不同廊架现场测绘，并引进3D打印技术和3D仿真动画。让学生身临其境，对廊架能够看得见、摸得着，真实体验廊架尺度和空间结构，解决了廊架模型尺度和结构难把握的问题

教学难点与解决方法	📖 教学难点	如何根据要求设计不同风格的廊架，并完成SU模型创建
	📖 解决方法	以不同风格廊架模型的绘制引入，采用基于分层教学视角的"五学-六位"线上线下混合式教学模式，教师精选案例（案例均源于企业），录制微视频和3D仿真动画，在课程学习平台建立SU模型库、CAD施工图库和廊架图片库、亭-廊-架图集、创意廊架设计PPT等资源，并通过微信交流群不断的推送各式风格廊架图片，采用头脑风暴的形式，在潜移默化中培养学生的精益求精和创新创造能力

4. 教学理念与教学策略

教学理念	以生为本	课程依托国家精品在线开放课程和智慧职教国家资源库平台，创建了全方位立体化网络学习平台。微视频的灵活性让学生能自主安排课程学习；同时，翻转课堂增加了课堂互动，实现了学生个性化学习需求。通过优秀案例和中国古典园林赏析，使学生能够将传统中华文化与专业技能相结合，并用到实践中，使其和谐发展、协同创新
	因材施教	根据学生不同的接受能力与学习要求，组建学习小组，分别创设不同的学习任务，可充分满足分类培养分层教学的人才培养需求。有助于在培养学生专业知识和专业技能的同时，提升学生的创新精神、团队合作意识和精益求精、追求卓越的工匠精神，使学生既学了"技"，更悟了"道"，达到"鱼""渔"同授的效果
	混合式学习	混合式学习既能发挥教师引导、启发、监控学习过程的主导作用，又能充分体现学生作为学习过程主体的主动性、积极性和创造性，从而取得最优化的学习效果。另外混合学习可以提供多种学习内容，使不同的学习内容形成互补，有利于培养学生的自主学习能力和终身学习能力
教学模式		根据教学理念构建了"五学-六位"混合式教学模式，即"导学-督学-自学-辅学-互学"的五学混合线上学习模式与"赏-教-学-做-创-评"六位一体的线下课堂教学方式。合理设计课堂教学与在线学习内容，润物无声地将课程思政内容贯穿其中，充分运用在线学习平台优化课堂教学过程，针对重点和难点，创建基于翻转课堂需求的碎片化教学资源

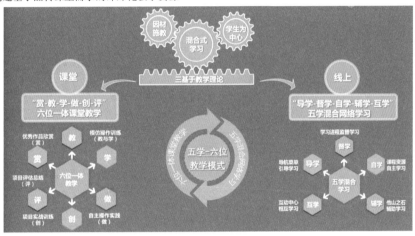

"五学-六位"教学模式

教学策略	本次课运用产教融合真实案例，采用任务驱动和头脑风暴法，将自主学习和小组合作探究相结合，借助3D仿真动画、3D打印技术、云课堂App、微信互动交流群等信息化手段，分课前自主学习、课中知识内化和课后巩固提高三个阶段展开教学。

课前：通过小组合作现场测绘、微课学习、素材库头脑风暴，使学生初步了解廊架的设计尺度、结构和廊架模型的创建流程。通过小组合作现场测绘能较好地培养学生团队合作精神和吃苦耐劳、爱岗敬业的职业素养。微课学习则能较好地培养学生自主学习能力；素材库头脑风暴能较好地激发学生的学习兴趣，通过中国古典园林优秀廊架赏析能推动文化传承理念，增强文化自信。

课中：采用"赏-教-学-做-创-评"六位一体的教学方式，分为课程导入、模仿操作、应用探究、成果交流和课程总结两个步骤。依托"导学-督学-自学-辅学-互学"网络学习平台，通过师生互动，落实到学生行动，引导学生逐步掌握廊架模型的创建能力。通过对优秀作品赏析，能在美的熏陶中潜移默化地提升学生的审美观；通过老师与学生、学生与学生间对作品的分析纠错，培养学生发现问题、剖析问题并及时解决问题的能力。通过不同类型模型的创建，塑造学生追求质量、服务至上、爱岗敬业的职业品格。通过小组合作探究学习，培养学生的团队合作意识、严谨认真和讲究实效的工作作风以及提升学生综合分析能力、自主学习能力和创新创造能力。通过汇报交流和点评让学生形成过硬的心理素质和理性的评判思维；以及设计上追求独具匠心、质量上追求精益求精、技艺上追求尽善尽美的工匠精神。

课后：通过不同风格廊架模型的赏析、企业真实案例模型的创建、作业互评和廊架模型库的收集整理等，进一步提升学生廊架模型设计创建能力。结合产教融合真实案例，让学生进入企业，通过企业人员的指导和引领，让学生更直接更深入地了解了企业文化，加速学生职业素质的提升，培养了学生对职业的热爱与敬畏、对技能的执着与精益求精。同时将企业精神、价值观念、行为准则和道德规范潜移默化地融入课堂，使学生在校期间就开始接受职业素质教育，为毕业融入企业、适应企业做好充分的准备，真正做到与企业"零距离"接轨

5. 教学实施过程

根据本次课的教学内容和教学策略，采用基于分层教学视角的"五学－六位"线上线下混合式教学模式，教学实施过程分课前自主学、课中知识内化和课后巩固提高三个阶段。同时借助 3D 仿真动画、3D 打印技术、云课堂 App、国家精品在线开放课程平台、微信互动交流群等信息化手段，在教学实施过程中，将信息技术与教学策略进行了有机融合，润物无声地将课程思政内容贯穿整个教学过程。课前自主学习详见附表中的"课前自主学习任务单"，课中知识内化则根据"赏－教－学－做－创－评"六位一体的实施方式，分为课程导入（赏）、模仿操作（教与学）、应用探究（做与创）、成果交流（评）和课程总结（评）五个环节。课后巩固提高主要为利用效果图制作实训室、省园林绿化协同创新中心和企业实战等校企合作深度融合合作机制，在培养学生专业技能和专业水平的同时，提升学生的创新精神、团队合作意识、精益求精追求卓越的工匠精神。同时将企业精神、价值观念、行为准则和道德规范潜移默化地融入课堂，使学生在校期间就开始接受职业素质教育，为毕业融入企业、适应企业做好"零距离"接轨。每个环节的教学内容、教学活动、课程思政育人、信息化资源和手段详见附表。

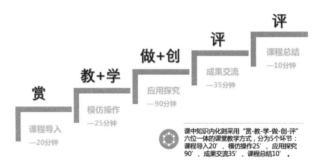

课中知识内化五环节

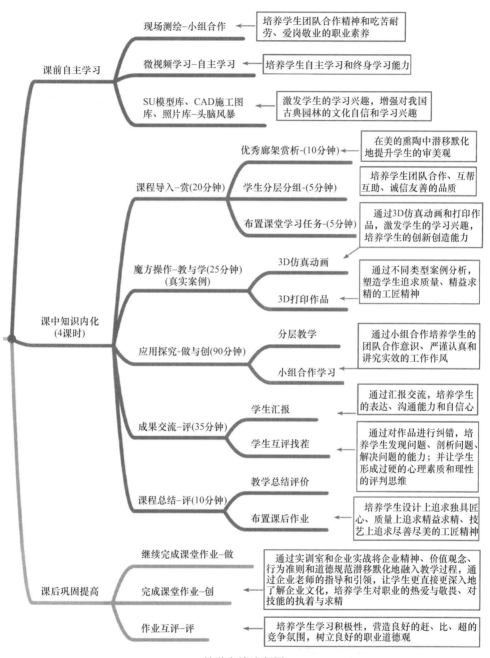

教学实施流程图

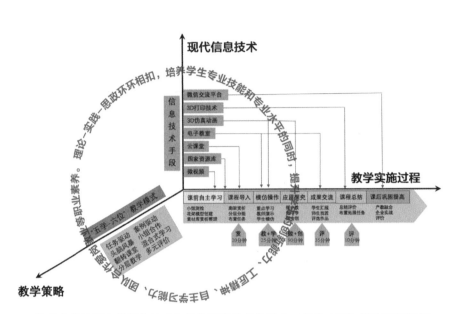

教学实施过程中信息化技术与教学策略的有机融合，理论-实践-思政环环相扣

第一阶段：课前自主学习

教学环节	教学内容	教学活动	课程思政育人	信息化资源、手段和作用
📑课前自主学习 ↓ 提前两周在课程学习平台发布学习任务单	📑任务一：小组合作完成廊架现场实测，绘制测绘草图并拍摄不同角度廊架照片，熟悉廊架设计尺度和结构。 📑任务二：观看创新景观廊架设计PPT、《04J012-3环境景观—亭、廊、架图集》、《景观构筑物设计标准》等相关文件，熟悉廊架的分类、设计原则、尺度和结构等相关知识。 📑任务三：观看某花架SU模型创建4个微视频，学习廊架模型创建的基本流程。 📑任务四：赏析廊架SU模型库、CAD施工图库和图片库，熟悉廊架的设计风格，并挑选出自己想要创建的3个不同廊架	📑教师活动：教师课前整理创意廊架设计PPT，收集图集、模型库、设计标准、微视频等，通过云课堂推送课前自主学习任务单。 📑学生活动：①分组并明确分工，小组合作完成廊架测绘任务，并尝试完成模型的创建；②自学创意廊架设计PPT、图集和设计标准等，并初步分析廊架设计尺度和结构；③自学微视频，完成花架模型的创建。 📑师生互动：通过课程学习平台或者微信交流群互动交流	📑小组合作完成实际案例的现场测绘，激发学生的求知欲，调动学生的学习兴趣，培养学生的团队合作能力，引导学生掌握廊架的设计尺度和结构。 📑创意廊架设计PPT、各类图集、模型库、施工图库和图片库，便于学生进行头脑风暴，潜移默化中提升其设计创新能力。 📑微视频结合自主学习任务单，培养学生自主学习能力	📑国家资源库课程学习平台、云课堂手机端App、微信交流群等发布课前自主学习任务单，方便快捷，师生随时随地都能交流互动。 📑"导学-督学-自学-辅学-互学"五学混合资源库学习平台，延伸了课堂的时间和空间，实现了个性化、差异化学习。 📑图片库、模型库和施工图库收集整理了各式廊架近300个，便于学生头脑风暴，增强感性认识。 📑微视频有助于学生自主学习，熟悉廊架的创建过程

廊架模型的制作

视频 1 制作石柱造型	压缩包	廊架照片库
视频 2 制作木棚格造型	压缩包	东南亚风格廊架模型
视频 3 制作石凳造型	压缩包	中式廊架模型
视频 4 创建顶部木架	压缩包	亭廊构建模型
图片 花架尺寸图	压缩包	小型廊架模型
图片 花架效果图	压缩包	欧式廊架01
文档 04J012-3环境景观--亭、廊、架图集	压缩包	欧式廊架02
文档 景观构筑物设计标准	压缩包	欧式廊架03

第二阶段：课中知识内化　环节一：课程导入（赏）

教学环节	教学内容	教学活动	课程思政育人	信息化资源、手段和作用
📖课中知识内化环节一：课程导入 ⬇ 赏（20分钟）	📌任务一：优秀廊架作品赏析，加强对廊架设计尺度、结构和造型设计的了解。📌任务二：将课前学生作品导入电子教室，师生共同分析纠错。📌任务三：将学生分层分组，并布置课堂教学任务	📌教师活动：1. 云课堂App一分钟签到。采用头脑风暴法对优秀廊架案例进行赏析，分析其设计尺度、结构和设计风格特色。2. 将课前学生作品导入电子教室，师生共同找茬纠错。3. 根据学习平台提交的作业情况和学生的学习意愿，将学生分层分组，并布置课堂教学任务。📌学生活动：1. 通过优秀案例作品赏析，增加对廊架设计的感性认识。2. 根据廊架现场照片，对作品进行纠错并指明原因	📌通过优秀案例的赏析，在美的熏陶中激发学生的学习兴趣，推动文化传承理念，增强学生对我国优秀园林文化的文化自信。📌通过对作品进行纠错，培养学生发现问题、剖析问题并及时解决问题的能力	📌通过云课堂App一分钟签到，增强学生的时间观念。📌通过优秀案例头脑风暴，在美的熏陶中激发学生的学习兴趣，培养学生的创新创造能力。📌通过对作品抢答纠错，调动学生的学习兴趣，帮助学生有效掌握廊架设计尺度和结构

现场测绘

SU模型效果

第二阶段：课中知识内化　环节二：模仿操作（教+学）

教学环节	教学内容	教学活动	课程思政育人	信息化资源、手段和作用
📖课中知识内化环节二：模仿操作 ⬇ 教与学（25分钟）	📌本环节以教师讲授，学生模仿操作为主，采用3D仿真动画体验和3D打印作品，结合创新景观廊架设计PPT，教师重点介绍廊架模型的设计尺度、空间结构和造型，让学生对廊架尺度和结构有更清晰的了解。并针对一些特殊造型，演示模型的创建方法，学生模仿操作并学会	📌教师活动：教师选择产教融合合作企业真实案例，通过3D仿真动画、3D打印作品和创新廊架设计图片，详细介绍教学重点，并通过电子教室演示模型创建的方法与技巧。📌学生活动：学生观看老师的演示和讲解，并模仿学习。📌师生互动：通过真实案例分析、讲解、演示、模仿操作，教中学，教中做	📌通过3D仿真动画和3D打印作品，激发学生的学习兴趣，培养学生的创新创造能力。📌通过不同类型案例分析，塑造学生追求质量、服务至上的职业品格	📌3D仿真动画和3D打印作品，学生能够看得见、摸得着，形象直观。可以增强学生的现实体验感，激发学生的学习兴趣。📌创新廊架设计PPT，便于学生头脑风暴，增强感性认识。📌电子教室演示操作，形象直观

电子教室集中讲授廊架　　　　3D仿真动画　　　　3D打印作品

第二阶段：课中知识内化　环节三：应用探究（做+创）

教学环节	教学内容	教学活动	课程思政育人	信息化资源、手段和作用
课中知识内化 环节三：应用探究 ↓ 做与创 （90分钟）	这一环节为应用探究，突出学生的做与创，做中学，做中创。采用分层教学和小组合作学习的方式，针对教学难点，教师根据学生课前自主学习时的学习意愿，分别准备不同类型的廊架视频或动画。课堂上根据分组分别布置难易程度不同的学习任务，要求学生以小组合作的方式自主完成相应模型的制作。教师随时捕捉学生的动态并进行个性化一对一的辅导，引导学生去思考，培养学生的创新能力	教师活动：①教师布置不同类型模型创建的学习任务，进一步设计廊架模型，并引导学生完成；②巡视小组任务实施情况，指导学生规范操作；③解答学生操作中的疑问。 学生活动：①小组头脑风暴，讨论分析任务，并使用SU软件完成模型的创建；②先完成的同学尽量完成其他小组的学习任务，或协助老师指导学习基础较差的同学完成学习任务。 师生互动：现场辅导与答疑	提升学生综合分析能力、自主学习能力和创新创造能力。 通过小组合作培养学生的团队合作意识、严谨认真和讲究实效的工作作风	课程学习平台提供的不同风格廊架的动画或微视频，能满足不同学生的学习需求。 小组合作应用探究做中学，做中创，能增强学生的学习成就感，培养学生的团结协作能力。 微视频有助于学生自主学习，熟悉廊架的创建过程

第二阶段：课中知识内化　环节四与环节五：成果交流+课程总结（评）

教学环节	教学内容	教学活动	课程思政育人	信息化资源、手段和作用
课中知识内化 ↓ 环节四：成果交流评 （35分钟） + 环节五：课程总结评 （10分钟）	任务一：学生在电子教室提交SU模型，并进行汇报，分享模型创作经验。师生共同分析，评选优秀作品，并告知学生优秀作品将获得企业老师指导并能免费打印3D作品。进一步激发学生的学习热情，营造良好的赶、比、超的学习氛围 教师对本次教学进行总结评价，并布置课后作业	教师活动：老师随机抽取学生汇报作品，并和学生一起纠错，提出修改意见。 学生活动：被抽取学生上台详细介绍自己模型的创建流程和技巧，其他同学对模型进行赏析，学习别人的经验，吸取别人的教训，在赏析纠错中提升自己的能力。 师生互动：师生共同点评分析纠错，并提出自己的修改意见和看法	通过汇报交流和分析纠错让学生形成过硬的心理素质和理性的评判思维；以及设计上追求独具匠心、质量上追求精益求精、技艺上追求尽善尽美的工匠精神	手机App随机抽取汇报学生。 学生通过电子教室上台汇报，提升学生的成就感和参与感。 优秀作品获得3D打印机会，增强学生的学习积极性

学生汇报现场师生共同点评纠错

第三阶段：课后巩固提高和企业实战

教学环节	教学内容	教学活动	课程思政育人	信息化资源、手段和作用
课后巩固提高 ↓ 做 创 评 延伸课堂与企业实战相结合	任务一：学生继续完成创作阶段作业，并将作业上交课程平台。 任务二：充分利用学校效果图制作实训室和校企合作公司平台，让优秀学生参与企业实际项目，真正做到产教融合。 任务三：学生在课程学习平台互评同学作业，并评选出最优作品5幅。 任务四：最优的5幅作品在企业老师的指导修改后，完成3D作品打印	教师活动：①在效果图制作实训室指导学生完成作品；②带领优秀学生参与企业项目实战；③和企业老师一起完成学生作品评价。 学生活动：①继续完成创作阶段作品，并将作业提交课程平台；②参与课程平台作业互评并挑选优秀作品；③部分优秀学生参与企业项目实战训练。 师生互动：通过课程学习平台或者微信交流群互动交流，也可以约定时间在效果图制作实训室现场指导	效果图制作实训室和企业实战将企业精神、价值观念、行为准则和道德规范潜移默化地融入了课堂，通过企业人员的指导和引领，让学生更直接更深入地了解了企业文化，培养了学生对职业的热爱与敬畏、对技能的执着与求精。 作业互评和最优作品3D打印机会，让学生形成过硬的心理素质和理性的评判思维；有效促进学生学习积极性，营造良好的赶、比、超的竞争氛围，树立良好的职业道德观	3D打印技术，能够增强学生的尺度感和空间，效果图制作实训室真题真做和产教融合企业实战可以增强学生的创新能力和精益求精的品质。 互动交流平台和资源库，拓展了学习时间和空间，满足个性化学习需求 实训室拓展训练 企业实战

6. 考核评价

本次课考核评价采用多元化评价方式，将课程思政育人评价贯穿整个学习过程，考核评价包括职业技能和职业精神两个方面，职业技能考核包括知识技能、操作技能和综合技能；职业精神考核则包括职业意识、职业行为习惯、职业道德以及职业创新四个要素。它们贯穿在课前、课中和课后整个学习过程评价中。

课前：小组合作测绘、微视频学习和廊架图片模型库收集。

课中：课堂表现、模型作品汇报和作品效果考核。

课后：互动交流和拓展作业考核。

采用线上评价和线下评价相结合的形式。线上评价由课程平台自动生成，线下由学生和老师共同评价模型的合理性，采用学生自评、学生互评、教师评价和企业指导老师评价相结合的形式。

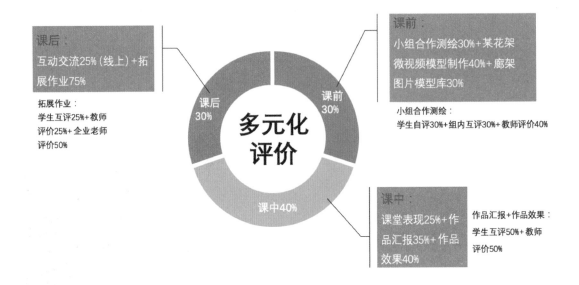

7. 教学总结

采用 3D 仿真动画和 3D 打印技术，帮助学生理解廊架结构和尺寸，使学生能够熟练的掌握教学的重点又突破教学难点。同时通过丰富的素材资源，采用头脑风暴，在潜移默化中激发学生对古今中外各式廊架的设计赏析能力和审美感，提升了学生精益求精的工匠精神和独具匠心的创新创作能力，以及对我国悠久廊架文化的文化自信。

构建的"五学－六位"教学模式，将慕课资源用作课堂教学的补充，实现了课堂翻转。同时采用分层教学，充分体现了"以学生为中心"的教育理念，教育个性化与教育信息化进行了较完美的结合，提高了课堂教学的有效性，学生的自主学习能力和举一反三的创新创造能力均有较大程度的提高。

制定多元化考核评价方式和优秀作品 3D 打印机会，让学生形成过硬的心理素质和理性的评判思维；有效地促进学生学习积极性，营造良好的赶、比、超的竞争氛围，树立良好的职业道德观。

师生共同参与学院"一支部一特色"美丽乡村庭园改造项目，真正做到产教融合，突出价值引领的培养特色。将基层党建建设与专业建设深度融合，同时在真实项目的实践过程中，培养学生爱岗敬业、吃苦耐劳、严谨认真、诚实守信、团队合作的职业素养和设计上追求独具匠心、质量上追求精益求精、技艺上追求尽善尽美的工匠精神。

8. 相关附件

《景观廊架SU模型的创建》课前自主学习任务单设计

一、学习指南

1. 单元名称

项目三任务一子任务三——景观廊架模型的创建。

教材选用：科学出版社出版的"十二五"规划教材《Photoshop+SketchUp园林景观效果图制作》。

参考教材：《园林景观设计SketchUp 2015从入门到精通》，麓山文化编著，机械工业出版社。

2. 学习目标

🔖知识目标：

（1）掌握景观廊架的设计规范和空间结构。

（2）熟练掌握SU软件不同工具命令的使用方法与技巧。

🔖能力目标：

（1）能够设计符合规范要求的廊架。

（2）能够灵活运用SU软件完成廊架模型的创建。

🔖思政目标：

（1）激发学生对古今中外各式廊架的设计赏析能力，推动文化传承理念以及对我国悠久园林文化的文化自信。

（2）培养学生爱岗敬业、吃苦耐劳、团结合作、讲求效率、诚实守信的职业素养和利用网络的自主学习的终身学习能力。

（3）提升学生设计上追求独具匠心、质量上追求精益求精、技艺上追求至善至美的工匠精神和举一反三的创新创作能力。

3. 学习方法建议

（1）先以小组为单位去学校周边的公园测绘不同形式的廊架实物，了解廊架的设计尺度和结构，并在网络学习平台上传测绘数据，分析模型创建的方法。

（2）利用国家资源库云课堂，自主学习微视频，并结合某花架的详细CAD施工图尺寸，完成某花架模型的创建，熟悉廊架模型的创建过程。

（3）利用网络资源收集不同类型廊架SU模型库和CAD施工图库和创意廊架设计PPT，进一步了解不同类型廊架的设计尺度和结构。另外通过微信交流群推送的各类型园林景观亭廊构架图片，挑选出自己喜欢和想要创建的模型图片，分析其建模的方法。

4. 课堂学习形式预告

（1）检查任务单所要求绘制的图纸，根据图纸完成情况和自己的学习意愿进行分层分组，采用分层教学分层考核的方式。

（2）根据图纸的完成情况和学习意愿，采用3D仿真动画和3D打印技术，引出教学重点与难点，学生分别进行演示讲解。

（3）应用探究阶段采用分层教学的模式，学生根据分层分组情况合作完成不同层次图纸的绘制。

（4）成果展示阶段：学生汇报展示学习成果，师生共同评价，排序优秀作品。

（5）总结并布置作业

二、学习任务

通过现场测绘、观看微课视频和网络学习平台其他相关资料，完成以下学习任务。

学习任务一：以小组为单位实地测绘廊架尺寸，并在网络学习平台上传测绘数据，熟悉廊架的尺度和结构。

学习任务二：利用国家资源库云课堂，自主学习某花架模型的创建四个微视频，完成该花架模型的创建，熟悉廊架模型的创建过程。

学习任务三：利用网络资源收集不同类型廊架SU模型库和CAD施工图库，进一步了解不同类型廊架的设计尺度和结构，另外通过微信交流群推送的各类型园林景观亭廊构架图片和创意廊架设计PPT。让学生每人提交一份收集整理的不少于100个不同类型廊架的PPT

注：该教学设计获得2018年全国职业院校技能大赛职业院校教学能力比赛一等奖。

参 考 文 献

高志清，2007年．3ds Max & Photoshop后期制作飓风[M]．北京：中国水利水电出版社．

高志清，2004年．3ds Max 园林及建筑小区规划效果图制作技能特训[M]．北京：中国水利水电出版社．

高志清，2006年．3ds Max 综合小区效果图设计与制作[M]．北京：中国水利水电出版社．

韩振兴，2014年．SketchUp经典教程：操作精讲与项目实训[M]．2版.北京：化学工业出版社．

黄心渊，翟海娟，2006年．计算机园林景观表现应用教程[M]．北京：科学出版社．

麓山文化，2015年．中文版3ds Max/VRay/Photoshop园林景观效果图表现案例详解[M]．北京：机械工业出版社．

麓山文化，2012年．园林景观设计SketchUp 8从入门到精通[M]．北京：机械工业出版社．

王芬，马亮，边海，等，2012年．SketchUp印象：园林景观设计项目实践[M]．北京：人民邮电出版社．

徐鹏，2008年．SketchUp园林景观草图设计基础与实例详解[M]．北京：电子工业出版社．

袁紊玉，李茹菡，吴蓉，等，2007年．3ds Max 9+Photoshop CS2园林效果图经典案例解析[M]．北京：电子工业出版社．